传感器原理及应用

曹光跃　主编　　徐文璞　副主编

化学工业出版社

·北京·

本书是高职高专电子类专业规划教材系列之一。

本教材内容丰富，涵盖面广，语言精练。全书共分 14 章，主要内容包括传感器基础、传感器与测量技术、电容式传感器、电感传感器、力敏传感器、热敏传感器、气敏传感器、磁敏传感器、光敏传感器、湿敏传感器、电磁波传感器、位移和流量传感器、超声波传感器和其他类型传感器在工业中的应用。

本书可作为高职高专院校、成人高校、民办高校及本科院校举办的二级职业技术学院电子类、通信类及相关专业的教学用书，也可作为社会从业人士的业务参考书及培训用书。

图书在版编目（CIP）数据

传感器原理及应用/曹光跃主编. —北京：化学工业出版社，
2010.5（2013.9 重印）
高职高专电子类专业规划教材
ISBN 978-7-122-07920-6

Ⅰ. 传… Ⅱ. 曹… Ⅲ. 传感器-高等学校：技术学院-教材
Ⅳ. TP212

中国版本图书馆 CIP 数据核字（2010）第 040637 号

责任编辑：廉　静　刘　哲　　　　　　文字编辑：徐卿华
责任校对：宋　夏　　　　　　　　　　装帧设计：王晓宇

出版发行：化学工业出版社（北京市东城区青年湖南街 13 号　邮政编码 100011）
印　　刷：北京永鑫印刷有限责任公司
装　　订：三河市前程装订厂
787mm×1092mm　1/16　印张 13¾　字数 353 千字　　2013 年 9 月北京第 1 版第 2 次印刷

购书咨询：010-64518888（传真：010-64519686）　　售后服务：010-64518899
网　　址：http://www.cip.com.cn
凡购买本书，如有缺损质量问题，本社销售中心负责调换。

定　　价：25.00 元

前言
FOREWORD

传感器是近年来发展速度最快的高技术产品之一。传感器技术、通信技术及计算机技术并称信息科学的三大支柱，分别代表了现代工业控制系统的"感觉器官"、"神经"和"大脑"。

信息科学是众多科学领域中发展最快的一门学科，也是最具有发展活力的学科之一。信息科学中的三个环节（信息捕获、信息传输和信息处理）中，信息捕获技术处于信息科学的最前沿。而作为信息处理手段的计算机技术的高速发展，使得信息捕获技术，或者说是传感器技术和检测技术相对滞后。

当今世界先进工业国家正处于由"工业经济"向"信息经济"模式转变的时期，其中技术进步因素起着极为重要的作用，它在经济增长中占70%～80%。以高新技术为核心，以信息电子化为手段，提高工业产品附加值已经成为现代工业自动化重要的发展目标。

世界各国都赋予极大的重视，投以大量人力和财力进行传感器技术的研究和开发应用。传感器技术在自动检测、自动控制、自动测量领域中起着决定性作用。在现代信息社会中，从宇宙探索，到海洋开发，从生产过程的控制，到现代文明生活，几乎每一项现代科学技术、每一个生活项目都离不开传感器技术。在工业、农业、国防、科研等各个领域，传感器得到了广泛应用，并呈现着极好的广阔前景。

本书编写的目的就在于向广大读者提供一本全面介绍传感器技术的书籍。

应该说，传感器技术不是一门独立的技术，它和检测技术、信息传递和处理技术密切相关，几乎是一个不可分割的总体。所以，在编写过程中，充分注意到传感器及其接口技术，使读者尽量能从系统的角度学习、研究传感器。

本书共分14章。首先介绍了传感器的基础知识以及检测技术，然后详细介绍了当前应用最多的几类传感器，如电容、电感式传感器，力敏、热敏、气敏、磁敏、光敏、湿敏传感器，同时也花一定的篇幅介绍了位移、流量、电磁波、超声波传感器以及传感器最新发展动态，比如电化学传感器、生物传感器、智能传感器等。

本书内容偏重于实际应用，新颖全面，涵盖较广，知识点明确，适于高等职业院校仪器仪表专业、测试专业、电子应用专业以及信息专业的教学用书，亦可供相关专业的工程技术人员参考。

全书由安徽电子信息职业技术学院曹光跃担任主编，并编写了第3～8章，并对全书作了统筹安排；蚌埠学院徐文璞（教授级高工）编写了第9～13章；蚌埠学院张会影编写了第1、2、14章。

由于编者水平所限，书中疏漏和不妥之处敬请广大读者批评指正。

编　者
2010 年 1 月

目 录
CONTENTS

第1章

传感器基础

在人类进入信息时代的今天，人们的一切社会活动都是以信息获取与信息转换为中心。信息科学是众多科学领域中发展最快的一门科学．也是最具有发展活力的学科之一。信息科学中的三个环节（信息捕获、信息传输和信息处理）中，信息捕获技术处于信息科学的最前沿。

科学研究与自动化生产过程要获取的环境信息，要通过传感器获取并通过传感器转换为易于传输与处理的电信号。没有传感器，现代化生产就失去了基础。20世纪80年代以来，世界各国都将传感器技术列为重点发展的高新技术，备受重视。

传感器是被研究的对象与测试分析系统之间的接口，处在检测系统最开始的位置，是检测控制系统与外部环境的信息通道，是获取信息的主要途径与手段，也是信息转换的重要手段。

人通过五官感觉外界对象的刺激，通过大脑对感受的信息进行判断、处理，肢体作出相应的反应。如果说，机械是人类的体力的延伸，计算机是人类智力的延伸。那么，传感器则是人类对环境感知力的延伸，称之为电五官（视、听、嗅、味、触）。

人与机器的机能对应关系见图1-1。

传感器是一种能将非电物理量、化学量、生物量等转换成电信号的器件。输出信号有不同的表现形式，能满足信息传输、处理、记录、显示、控制要求，是自动检测和自动控制系统中不可缺少的器件。

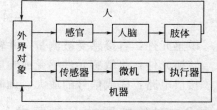

图1-1　人与机器的机能对应关系图

传感器已渗透到诸如工业生产、宇宙开发、海洋探测、环境保护、资源调查、医学诊断、生物工程、甚至文物保护等极其广泛的领域。从茫茫的太空到浩瀚的海洋，以至于各种复杂的工程系统，几乎每一个现代化项目，都离不开各种各样的传感器。

1.1 传感器的定义与组成

1.1.1 传感器的定义

国际电工委员会（International Electrotechnical Committee，IEC）对传感器的定义为：传感器是测量系统中的一种前置部件，它将输入变量转换成可供测量的信号。

中华人民共和国国家标准 GB7665—87 中关于传感器（Transducer Sensor）的定义是：能够感受规定的被测量并按照一定规律转换成可用输出信号的器件或装置。

定义中包含了以下几个方面的内容。

① 传感器是测量装置，能完成检测任务。

② 输入量是某一被测量，可能是物理量，也可能是化学量、生物量等。

③ 输出量可以是气、光、电物理量，主要是电物理量。输出量应该便于传输、转换、处理、显示。

④ 输出输入有一定的对应关系，且应有相当的精确程度。

在不同的科学领域，国内外对传感器的称呼有所不同。

国外：Transducer，Sensor，Transduction Element，Converter，Gauge，Transponder，Transmitter，Detector，Pick-up，Probe，X-meter。

国内：传感器、换能器、变换器、敏感器件、探测器、检出器、检测器，××计（如加速度计）。

如在电子技术领域，常把能感受信号的电子元件称为敏感元件，如热敏元件、磁敏元件、光敏元件、气敏元件等，在超声波技术中则强调的是能量的转换，如压电式换能器。而机械加工领域，则一般叫××器，比如加速度器、流量计等。而"传感器"则是使用最为广泛而概括的名词。

1.1.2 传感器组成

传感器通常由敏感元件、转换元件、接口电路及辅助电源等几部分组成，如图 1-2 所示。

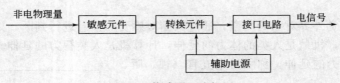

图 1-2　传感器组成框图

敏感元件：直接感受被测量，并输出与被测量有确定关系的信息。

转换元件：将敏感元件感受或响应被测量的信息转换成适于传输或测量的电信号。

接口电路：完成信号的放大、调制以及输出。

1.1.3 对传感器的一般要求

在工业控制系统中，对传感器的一般要求如下。

① 稳定性、可靠性：传感器在工作中应具有高的稳定性以及高可靠性，通常用平均无故障时间来衡量稳定性和可靠性。

② 静态精度：指传感器对微小变化的识别能力，传感器精度应满足系统的精度要求。

③ 动态性能：传感器工作时的各种动态参量，如响应速度、工作频率、稳定时间等。

④ 量程：测量被测量的范围。

⑤ 抗干扰能力：传感器能克服工业现场较恶劣的干扰环境，安全稳定运行。

⑥ 体积小、能耗低、成本低。

1.1.4 自动测控系统与传感器

自动检测和控制技术是人们对自然界物质特性及其运动规律进行了解、掌握乃至控制的技术。自动测控系统是检测器、控制器与研究对象的总和。

世界是由物质组成的，能表征其物质特性以及运动形式的参数很多，物质的电特性可分为电量和非电量两类。非电物理量不能直接使用电子仪器测量，也不能直接用现代信息处理设备比如计算机进行处理。非电量需要转换成与非电量有一定关系的电量再进行测量，而实现信号检测并转换的设备就是传感器。

一个完整的自动测控系统，一般由传感器、测量电路、显示记录装置和调节执行装置、电源等几部分组成。自动控制系统有两种基本形式，即开环控制和闭环控制。

（1）开环控制

开环控制是指被控对象在控制设备中间为单向传输，被控量（系统输出）不影响系统的控制方式，而且在控制设备的输出端和输入端之间不存在反馈联系。开环控制示意图见图1-3。

（2）闭环控制

被控量参与系统控制的方式称为闭环控制方式。闭环控制的特点是在控制器和被控对象之间，不仅存在着正向传输，而且还存在着反向传输。被控量时刻被检测（或再经过某种信号变换），并通过反馈通道送回到比较元件和给定值进行比较，比较的结果影响系统的控制方式。闭环控制从原理上提供了实现高精度控制的可能性，对控制元件的要求比开环控制方式相对要低。

图1-3　开环自动测控系统框图

闭环自动测控系统框图如图1-4所示。

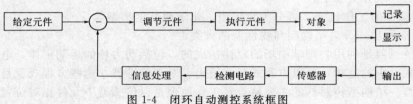

图1-4　闭环自动测控系统框图

一般来说，开环控制结构简单、成本低，因此，当系统的输入信号及扰动作用能预先知道并且系统要求精度不高时，可以采用开环控制。由于开环控制不能自动修正被控制量的偏离，因此系统的元件参数变化以及外来未知扰动对控制精度的影响较大。

闭环控制具有自动修正被控制量出现偏离的能力，因此可以修正元件参数变化及外界扰动引起的误差，其控制精度较高。

1. 1. 5　自动测控系统例

（1）粮仓温度、湿度检测

无论是金属粮仓还是土仓，为防止霉变，粮食都是分层存放，仓内温度和湿度不能超过一定的限度。

为此，需在各层安放温湿度传感器进行检测。将各层探头输出接至巡回检测仪上，通过巡回检测仪的监视器监视各点温湿度情况，并通过控制通风口来保证温湿度在要求范围内。装有温湿度探头的粮仓示意图如图1-5所示。

（2）楼层感温、感烟火灾报警器

火情监控系统组成框图如图1-6所示。

可在每一房间安放一对感温、感烟传感器，它们输出温度以及浓度信号，通过串行通信设备送入由微机组成的检测系统（集中控制器）；集控器负责汇总各房间的温度和烟雾浓度信号，并监控各房间温度、烟雾浓度是否异常，若异常，则进行声光报警并打开喷淋设备灭火。

各层集控器通过 CAN 总线、M-BUS 总线等现场总线将温度、烟雾浓度等信号送入中央监控计算机，值班人员在电脑屏幕上直接监视各房间情况。

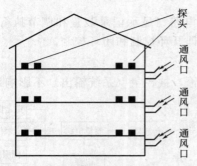

图 1-5 装有温湿度探头的粮仓示意图

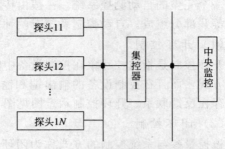

图 1-6 火情监控系统组成框图

1.2 传感器的分类

传感器技术是一门知识密集型技术，它与许多学科有关。传感器的原理各种各样，种类名目繁多，所以分类的方法也不尽相同。

传感器的大致分类如下。

① 按传感器的工作机理，可分为物理型、化学型、生物型等。

② 按构成原理，分为结构型与物性型两大类。

结构型传感器是利用物理学中场的定律构成的，包括动力场的运动定律、电磁场的电磁定律等。物理学中的定律一般以方程式形式给出。对于传感器，这些方程式就是传感器工作时的数学模型。结构型传感器的主要特点是工作原理是以传感器中元件相对位置移动引起场的变化为基础，而不是以材料特性变化为基础。

物性型传感器是利用物质定律构成的，物质定律是表示物质某种客观性质的法则，如胡克定律、欧姆定律等。这种法则大多数是以物质本身的常数形式给出。这些常数的大小，决定了传感器的性能。因此，物性型传感器的性能随材料的不同而异。如光电管，它利用了物质法则中的外光电效应。显然，其特性与涂覆在电极上的材料有着密切的关系。又如，所有半导体传感器以及所有利用各种环境变化而引起的金属、半导体、陶瓷、合金等性能变化的传感器，都属于物性型传感器。

③ 根据传感器的能量转换情况，可分为能量控制型传感器和能量转换型传感器。

在信息变化过程中，能量控制型传感器将从被测对象获取的信息能量用于调制或控制外部激励源，使外部激励源的部分能量载运信息而形成输出信号。这类传感器必须由外部提供激励源。电阻、电感、电容等电路参量传感器都属于这一类传感器。基于应变电阻效应、磁阻效应、热阻效应、光电效应、霍尔效应等的传感器也属于此类传感器。

能量转换型传感器，又称有源型或发生器型，传感器将从被测对象获取的信息能量直接转换成输出信号能量，主要由能量变换元件构成，它不需要外电源。如基于压电效应、热电效应、光电动势效应等的传感器都属于此类传感器。

④ 按照物理原理分类。

电参量式：有电阻式、电感式、电容式等。

磁电式：有磁电感应式、霍尔式、磁栅式等。

压电式：有声波传感器、超声波传感器。

光电式：有光电式、光栅式、激光式、光电码盘式、光导纤维式、红外式、图像传感器等。

气电式：有电位器式、应变式。

热电式：有热电偶、热电阻。

波式：有超声波式、微波式等。

射线式：有热辐射式、γ射线式。

半导体式：有霍尔器件、热敏电阻。

其他原理的传感器：有差动变压器、振弦式等。

有些传感器的工作原理具有两种以上的复合形式。

⑤ 按照传感器的用途分类：有位移、压力、振动、温度传感器。

⑥ 根据转换过程可逆与否：有单向和双向。

⑦ 根据传感器输出信号：有模拟信号和数字信号。

⑧ 根据传感器使用电源与否：有有源传感器和无源传感器。

为了简便起见，一般经常采用两种分类方法：一是按被测量分类；二是按传感器的工作原理分类。

1.2.1 按被测量分类

被测量物理参数大致有位移量、力、力矩、转速、振动、加速度、温度、流量、流速等。根据被测量的性质对传感器进行分类，可以有位移传感器、力传感器、转矩传感器、加速度传感器、温度传感器、湿度传感器、压力传感器、流量传感器、液位传感器等。

被测量分有基本被测量和派生被测量。例如，力可视为基本被测量，从力可派生出压力、重力、应力、力矩等派生被测量。当需要测量这些被测量时，基本上只要采用力传感器就可以了。

表 1-1 为基本被测量和派生被测量之间的关系。

表 1-1 基本被测量和派生被测量之间的关系

基本被测量		派生被测量
位移	线位移	长度、厚度、应变、振动、磨损、不平度
	角位移	旋转角、偏转角、角振动
速度	线速度	速度、振动、流量、动量
	角速度	转速、角振动
加速度	线加速度	振动、冲击、质量
	角加速度	角振动、扭矩、转动惯量
力	压力	重力、应力、力矩
时间	频率	周期、计数、统计分布
温度		热容量、气体速度、涡流
光		光通量与密度、光谱分布
湿度		水汽、水分、露点

被测量参数分类比较明确地表达了传感器的用途，便于使用者根据其用途选用。但没有区分每种传感器在转换机理上有何共性和差异，不便于使用者掌握其基本原理及分析方法。

1.2.2 按传感器工作原理分类

按照传感器的工作原理，以物理、化学、生物等学科的定理、规律和效应作为分类的标准。传感器可分为应变式、磁电式、电阻、电容、电感、光电、光栅、热电偶、超声波、激光、红外、光导纤维等类型。

按工作原理分类对传感器的工作原理比较清楚，分类类别少，有利于传感器专业工作者对传感器的深入研究分析，但不便于使用者根据用途选用。

（1）电学式传感器

电学式传感器是应用范围较广的一种传感器，常用的有电阻式、电容式、电感式、磁电式及电涡流式传感器等。

电阻式传感器是将被测量的变化转换为电阻器阻值的变化，通过对电阻值的测量达到非电量检测的目的。常用的电阻式传感器有电阻应变片、热电阻、气敏电阻、湿敏电阻等。利用电阻式传感器可以测量力、位移、形变、加速度、湿度、温度、气体成分等参数。

电容式传感器是将被测量的变化转换为电容器容量的变化，再经转换电路转换为电压、电流或频率的变化。电容式传感器需要的作用能量小，但可获得较大的相对变化量，而且能在恶劣的环境下工作。电容式传感器不但应用于位移、振动、角度、加速度、荷重等机械量的精密测量，还广泛应用于压力、压差、液位、料位、成分含量及热工参数的测量。

电感式传感器则是利用线圈自感或互感系数的变化来实现非电量测量的一种装置。利用电感式传感器能对位移、压力、振动、应变、流量等参数进行测量。

将金属导体置于交变磁场中，导体内就会有感应电流产生，这种电流的方向在金属体内自行闭合，形成旋涡状，称为电涡流。电涡流的产生将导致激励线圈的阻抗发生变化，进而引起其他电量如电压、电流的变化。

电涡流式传感器不但结构简单、频率响应宽、灵敏度高、抗干扰能力强、体积较小，而且具有非接触测量的优点。可用来测量振动、位移、厚度、转速、表面温度、硬度等参数，还可以用于无损探伤等方面。

（2）磁电式传感器

磁电式传感器是利用铁磁物质的磁效应而制成。利用传感器的输出电压随磁通密度变化而改变的原理，在移动的物体上配置磁感应元件，通过捕捉磁场强度变化，检测出物体的接近、移动或旋转，并将磁场强度变化变换成感应电势输出。磁电式传感器适合进行动态测量，而且具有较大的输出功率。主要用于位移、转矩等参数的测量。

（3）光电式传感器

光电式传感器的基本作用是将光信号转换为电信号。使用光电传感器测量物理信号（如转速、浊度）时，首先将这些非电量转换为光信号的变化，然后进行光-电转换。光电式传感器具有结构简单，精度高、反应快、非接触等优点，广泛应用于光强、光通量、位移、浓度等参量检测技术中。

（4）电势型传感器

电势型传感器是利用热电效应、光电效应、霍尔效应等原理而制成。主要用于温度、磁通、电流、速度、光强、热辐射等参数的测量。

热敏传感器是利用热敏电阻的阻值会随温度的变化而改变的原理制成的，如各种家用电器（空调、冰箱、热水器、饮水机、电饭煲等）的温度控制、火警报警器、恒温箱等。

热电偶传感器是一种能将温度直接转换成电势的装置。热电偶传感器结构简单，制造容易，使用方便。热电偶的电极不受大小和形状的限制，可按照需要进行配置。因为它的输出信号为电动势，因此测量时，可以不要外加电源。

若将金属或半导体薄片置于磁场中，磁场方向垂直于薄片，当薄片上有电流流过时，在垂直于电流和磁场的方向上将产生电动势，这种现象称为霍尔效应，所产生的电动势称为霍尔电势，上述半导体薄片称为霍尔元件。用霍尔元件做成的传感器称为霍尔传感器，霍尔传感器在检测微位移、大电流、微弱磁场等方面得到广泛的应用。

（5）压电式传感器

压电式传感器是一种典型的自发电式传感器。以某些电介质的压电效应为基础，在外力作用下，在电介质表面产生电荷。压电传感元件是力敏元件，它可以测量最终能变换为力的那些非电物理量。例如力、压力、加速度等。

（6）半导体传感器

半导体传感器是利用半导体材料的性质易受外界环境影响，利用半导体的压阻效应、内光电效应、磁电效应、半导体与气体接触产生物质变化等原理而制成的传感器。根据检出对象的不同，半导体传感器可分为物理传感器（检出对象为光、温度、磁、压力、湿度等）、化学传感器（检出对象为气体分子、离子、有机分子等）、生物传感器（检出对象为生物化学物质）。

（7）谐振式传感器

谐振式传感器是利用改变机械装置的固有参数，来改变电磁振荡器振荡频率的原理而制成。

谐振式传感器适于多种参数测量，如压力、力、转角、流量、温度、湿度、液位、黏度、密度和气体成分等。

目前的谐振式传感器种类很多。包括用合金以精密机械加工方式制成的谐振筒、谐振梁、谐振膜、谐振弯管；以及利用微机械加工技术，以硅和石英为基底制出的微结构谐振式传感器；声表面波传感器是一种振动频率高于机械振动的谐振式传感器。

基于谐振技术的谐振式传感器，由于谐振器本身为周期信号输出（准数字信号），只用简单的数字电路即可转换为微处理器容易接受的数字信号。

（8）电化学式传感器

电化学式传感器是以离子导电原理为基础而制成，可分为电位式传感器、电导式传感器、电量式传感器和电解式传感器等。电化学式传感器主要用于分析气体、液体成分、溶于液体中的固体成分、液体的酸碱度、电导率及氧化还原电位等参数的测量。

（9）数字传感器

数字传感器具有很高的测量精度，高效率，高可靠性，使用维修方便，易于实现系统的快速化、自动化和数字化。常见的数字式传感器有码盘式数字编码器、光栅、磁栅和感应同步器等。

（10）超声波传感器

超声波具有效率高、方向性好、穿透本领大、遇到杂质或分界面产生显著的反射等特点，超声波传感器广泛用在超声波探伤、流量测量、厚度测量、密度测量等方面。

1.3　传感器的基本特性

对传感器的基本要求是其能够感受被测非电量的变化并将其不失真地变换成相应的电量，如果把传感器看作二端口网络，那么网络的外部特性，即输入/输出特性应该是线性关系。传感器的基本特性可用静态特性和动态特性来描述。当输入量为常量，或变化极慢时，这一关系称为静态特性；当输入量随时间变化较快，基本上是时间的函数时，这一关系称为动态特性。

1.3.1 传感器的静态特性

传感器的静态特性指输入/输出量之间的关系式中不含有时间变量，或者说静态特性是指被测量的值处于稳定状态时的输入输出关系。

衡量静态特性的重要指标是线性度、灵敏度、迟滞和重复性。

（1）非线性误差

传感器输入/输出关系可能是线性的，也可能是非线性的。描述输入/输出之间的线性程度的参数称线性度，又称非线性误差。

传感器的 I/O 关系可用一个多项式表示：

$$y = a_0 + a_1 x + a_2 x^2 + a_3 x^3 + \cdots + a_n x^n \tag{1-1}$$

式中 y，x——输出、输入量；

     a_0——零点输出；

     a_1——线性灵敏度；

a_2、a_3、$\cdots$、a_n——高次项的灵敏度，或称非线性项系数。

各项系数不同，决定了特性曲线的形状不相同。

① 若非线性项系数 a_2、a_3、$\cdots$、a_n 均为 0，则 $y = a_0 + a_1 x$，函数中仅含有一次项，输入、输出呈理想的线性特性。二端口网络只有具备这样的特性才能正确无误地反映被测量的值。线性关系曲线见图 1-7。

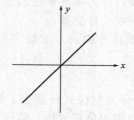

图 1-7 传感器的线性度

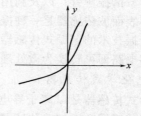

图 1-8 传感器的非线性度

② 若仅有偶次非线性项：$y = a_0 + a_2 x^2 + a_4 x^4 + \cdots$ 其非线性关系曲线见图 1-8。

可以看出，仅有的偶次非线性项的输入/输出关系线性范围较窄，线性度较差，一般传感器设计很少采用这种特性。

③ 若仅有奇次非线性项：$y = a_1 x + a_3 x^3 + a_5 x^5 + \cdots$ 由于奇次非线性项中尚有线性项 $a_1 x$ 的存在，所以网络通过一定的补偿措施，可获得较理想的线性特性。

传感器采用差动式结构可实现偶次项和零次项的消除，使表达式仅含奇次项。除非网络是理想特性，否则对网络的非线性特性均应进行线性补偿。

常用的对传感器非线性大小评定方法有理论直线法、端点线法、割线法、最小二乘法和计算程序法等。

在标准工作状态下，用标准仪器设备对传感器进行标定，得到其输入输出实测曲线，即校准曲线，然后作一条理想直线，称为拟合直线。

图 1-9 为常见的几种直线拟合方法。其中，粗实线为校准曲线，细实线为拟合直线。

校准曲线与拟合直线之间的最大偏差与传感器满量程输出之比，即为传感器的非线性误差，通常用相对误差表示：

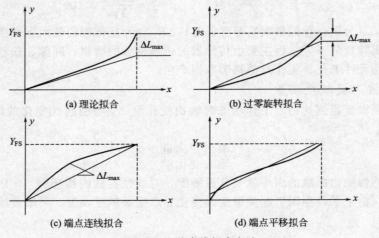

图 1-9　几种直线拟合方法

$$\gamma_L = \pm \frac{\Delta L_{max}}{Y_{FS}} \times 100\% \qquad (1\text{-}2)$$

式中，ΔL_{max} 为最大非线性绝对误差；Y_{FS} 为满量程输出。

（2）迟滞

迟滞是指传感器在正反行程（输入量从大到小或从小到大）中输入输出曲线不重合的现象。迟滞曲线见图 1-10。

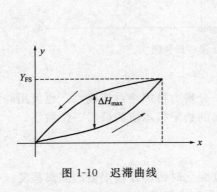

图 1-10　迟滞曲线

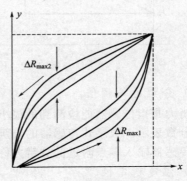

图 1-11　重复特性曲线

在行程环（正反行程的闭合曲线）中同一输入量对应的不同输出量的差值叫滞环误差 ΔH，最大滞环误差 ΔH_{max} 与满量程输出值 Y_{FS} 的比值称最大滞环率 γ_H，其数值用最大偏差或最大偏差的一半与满量程输出值的百分比表示：

$$\gamma_H = \pm (1/2)(\Delta H_{max}/Y_{FS}) \times 100\% \qquad (1\text{-}3)$$

迟滞现象反映了传感器机械结构和制造工艺上的缺陷，如轴承摩擦、间隙、螺钉松动、元件腐蚀及灰尘等。

（3）重复性

重复性指在同一工作条件下，输入量按同一方向在全测量范围内连续变动多次所得特性曲线的不一致性，见图 1-11。

重复性误差属于随机误差，常用标准偏差表示，也可用正反行程中的最大偏差表示：

$$\gamma_R = \pm \frac{(2\sim3)\sigma}{Y_{FS}} \times 100\% = \pm \frac{1}{2} \times \frac{\Delta R_{max}}{Y_{FS}} \times 100\% \quad (1-4)$$

其中，ΔR_{max1} 为正行程的最大重复性偏差；ΔR_{max2} 为反行程的最大重复性偏差。

传感器输出特性的不重复性主要由传感器的机械部分的磨损、间隙、松动及部件的内摩擦、积尘，电路元件老化、工作点漂移等原因产生。

（4）灵敏度与灵敏度误差

传感器的灵敏度指到达稳定工作状态时输出变化量 Δy 与引起此变化的输入变化量 Δx 之比：

$$k = \frac{输出变化量}{输入变化量} = \frac{\Delta y}{\Delta x} \quad (1-5)$$

可见，传感器输出曲线的斜率就是其灵敏度。对线性特性的传感器，k 是一常数，与输入量大小无关。由于某种原因引起灵敏度的变化，产生灵敏度误差。灵敏度误差用相对误差表示：

$$\gamma_S = \frac{\Delta k}{k} \times 100\% \quad (1-6)$$

传感器的灵敏度及误差示意图见图 1-12。

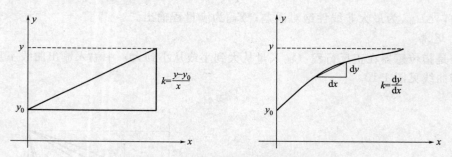

图 1-12　传感器的灵敏度及误差示意图

（5）分辨力与阈值

分辨力是指传感器能检测到的最小的输入增量。分辨力可用绝对值表示，也可用与满量程的百分数表示。数字式传感器的分辨力一般指输出的数字指示值的最后一位数字。

在传感器输入零点附近的分辨力称为阈值。

（6）温度稳定性

温度稳定性又称温度漂移，简称温漂，表示温度变化时传感器输出值的偏离程度。一般以单位温度变化（1℃）时输出最大偏差与满量程的百分比表示：

$$温漂 = \frac{\Delta_{max}}{Y_{FS}} \times 100\% \quad (1-7)$$

测试时先将传感器置于一定温度（如20℃），将其输出调至零点或某一特定点，使温度上升或下降一定的度数（如5℃或10℃），再读出输出值，前后两次输出值之差即为温度稳定性误差。

（7）抗干扰稳定性

抗干扰稳定性是指传感器对外界干扰的抵抗能力。例如抗冲击和振动的能力、抗潮湿的能力、抗电磁场干扰的能力等。

（8）工作稳定性

工作稳定性指传感器在长时间工作情况下输出量发生的变化，有时称为零点漂移。

测试时先将传感器输出调至零点或某一特定点，相隔 4h、8h 或一定的工作次数后，再读出输出值，前后两次输出值之差即为稳定性误差。它可用相对误差表示，也可用绝对误差表示。

（9）静态误差

静态误差是指传感器在其全量程内任一点的输出值与其理论值的偏离程度。静态误差是统计误差，其求取方法如下：把全部校准数据与拟合直线上对应值的误差，看成随机分布，求出其标准偏差 σ：

$$\sigma = \sqrt{\frac{1}{n-1}\sum_{i=1}^{n}(\Delta y_i)^2} \tag{1-8}$$

式中，Δy_i 为各种测试点的残差；n 为测试点数。

取 2σ 或 3σ 值即为传感器静态误差。

静态误差也可用相对误差表示，即：

$$\gamma = \pm\frac{3\sigma}{Y_{FS}} \times 100\% \tag{1-9}$$

静态误差是一项综合性指标，基本上包含了前面叙述的非线性误差、迟滞误差、重复性误差、灵敏度误差等。所以也可以把这几个单项误差综合而得，即

$$\gamma = \pm\sqrt{\gamma_H^2 + \gamma_L^2 + \gamma_R^2 + \gamma_S^2} \tag{1-10}$$

1.3.2 传感器的动态特性

动态特性是指传感器对随时间变化的输入量的响应特性。若被测量是时间的函数，则传感器的输出量也是时间的函数。对快速变化的输入信号，要求传感器能迅速准确地响应被测信号的变化，输出完全再现输入量的变化规律，或者说输出、输入具有相同的时间函数，即传感器必须拥有良好的动态特性。而实际上，除了是理想的特性外，输出将不会与输入具有相同的时间函数，它们的差异即所谓的动态误差。

例如把一支热电偶从温度为 t_0（℃）环境中迅速插入一个温度为 t（℃）的恒温水槽中（插入忽略时间不计），这时热电偶测量的介质温度从 t_0℃突然上升到 t℃，而热电偶反映出来的温度从 t_0（℃）变化到 t（℃）需要经历一段时间，即有一段过渡过程，如图 1-13 所示。

热电偶反映出来的温度与介质温度的差值就称为动态误差。

造成热电偶输出波形失真和产生动态误差的原因，是因为温度传感器具有热惯性和传热热阻，使得在动态测温时传感器输出总是滞后于被测介质的温度变化。热惯性由传感器的比热容和质量大小决定。

表征传感器动态特性输入/输出量的关系方法是微分方程和传递函数，分析当输入信号为正弦信号和阶跃信号时传感器的动态特性。对于正弦输入信号，传感器的响应称为频率响应或稳态响应；对于阶跃输入信号，则称为传感器的阶跃响应或瞬态响应。

虽然传感器的种类和形式很多，但它们一般可以简化为一阶或二阶系统，高阶可以分解成若干个低阶环节，因此，分析一阶和二阶系统动态特性是传感器最基本的分析方法。

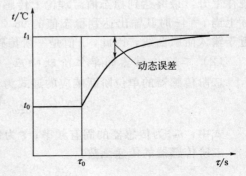

图1-13 动态测温误差示意图

1.3.2.1 瞬态响应特性

传感器的瞬态响应是时间响应。研究传感器的动态特性常用的分析方法是时域分析法，常用激励信号有阶跃函数、斜坡函数、脉冲函数。

下面以传感器的单位阶跃响应来评价传感器的动态性能指标。

(1) 一阶传感器的单位阶跃响应

在工程上，一般将公式 $\tau\dfrac{\mathrm{d}y(t)}{\mathrm{d}t}+y(t)=x(t)$ 视为一阶传感器单位阶跃响应的通式。

式中，$x(t)$、$y(t)$ 分别为传感器的输入量和输出量，均为时间的函数；τ 表征传感器的时间常数，量纲为"s"。

一阶传感器的传递函数：

$$H(s)=\frac{Y(s)}{X(s)}=\frac{1}{\tau s+1} \tag{1-11}$$

对初始状态为零的传感器，当输入一个单位阶跃信号 $x(t)=\begin{cases}0 & t\leqslant 0\\ 1 & t>0\end{cases}$ 时，由于 $x(t)=1(t)$，$X(s)=1/s$，传感器输出的拉氏变换为

$$Y(s)=H(s)X(s)=\frac{1}{\tau s+1}\times\frac{1}{s}$$

一阶传感器的单位阶跃响应信号为 $y(t)=1-\mathrm{e}^{t/\tau}$，相应的响应曲线如图 1-14 所示。

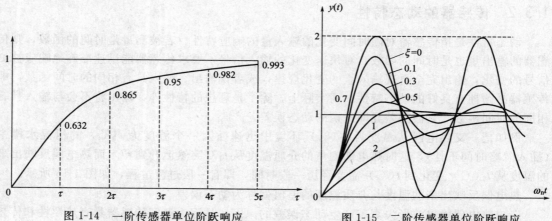

图 1-14　一阶传感器单位阶跃响应　　　　图 1-15　二阶传感器单位阶跃响应

由图可见，传感器存在惯性，它的输出不能立即复现输入信号，而是从零开始，按指数规律上升，最终达到稳态值。理论上传感器的响应只在 t 趋于无穷大时才达到稳态值，但实际上当 $t=4\tau$ 时其输出达到稳态值的 98.2%，可以认为已达到稳态。τ 越小，响应曲线越接近于输入阶跃曲线，因此，τ 值是一阶传感器重要的性能参数。

(2) 二阶传感器的单位阶跃响应

二阶传感器的单位阶跃响应的通式为

$$\frac{\mathrm{d}^2y(t)}{\mathrm{d}t^2}+2\xi\omega_n\frac{\mathrm{d}y(t)}{\mathrm{d}t}+\omega_n^2y(t)=\omega_n^2x(t)$$

式中，ω_n 为传感器的固有频率；ξ 为传感器的阻尼比。

二阶传感器的传递函数：

$$H(s)=\frac{\omega_n^2}{s^2+2\xi\omega_n s+\omega_n^2} \tag{1-12}$$

传感器输出的拉氏变换：

$$H(s)X(s) = \frac{\omega_n^2}{s(s^2 + 2\xi\omega_n s + \omega_n^2)} \tag{1-13}$$

图 1-15 为二阶传感器的单位阶跃响应曲线。

二阶传感器对阶跃信号的响应在很大程度上取决于阻尼比 ξ 和固有频率 ω_n，ω_n 越高，传感器的响应越快，ω_n 由传感器主要结构参数所决定。

当 ω_n 为常数时，传感器的响应取决于阻尼比 ξ。ξ 直接影响超调量和振荡次数。$\xi=0$，为临界阻尼，超调量为 100%，产生等幅振荡，达不到稳态。$\xi>1$，为过阻尼，无超调也无振荡，但达到稳态所需时间较长。$\xi<1$，为欠阻尼，衰减振荡，达到稳态值所需时间随 ξ 的减小而加长。$\xi=1$ 时响应时间最短。但实际使用中常按稍欠阻尼调整，ξ 取 $0.7\sim0.8$ 为最好。

1.3.2.2 频率响应特性

传感器对正弦输入信号的响应特性，称为频率响应特性。频率响应法是从传感器的频率特性出发研究传感器的动态特性，常用的方法是拉氏变换。

（1）零阶传感器的频率响应

在零阶传感器中，$a_0 y = b_0 x$，只有 a_0 与 b_0 两个系数，微分方程为：

$$y = (b_0/a_0)x = Kx \tag{1-14}$$

K 称作静态灵敏度。

零阶输入系统的输入量无论随时间如何变化，其输出量总是与输入量成确定的比例关系。在时间上也不滞后，幅角等于零，如电位器传感器。在实际应用中，许多高阶系统在变化缓慢、频率不高时，都可以近似地当作零阶系统处理。

（2）一阶传感器的频率响应

将一阶传感器的传递函数中的 s 用 $j\omega$ 代替后，即可得频率特性表达式，即

$$H(j\omega) = \frac{1}{\tau(j\omega) + 1} \tag{1-15}$$

幅频特性 $A(\omega) = \dfrac{1}{\sqrt{1 + (\omega\tau)^2}}$，相频特性 $\phi(\omega) = -\arctan(\omega\tau)$。

可以看出，时间常数 τ 越小，频率响应特性越好。当 $\omega\tau \ll 1$ 时，$A(\omega) \approx 1$，$\phi(\omega) \approx 0$，表明传感器输出与输入为线性关系，且相位差也很小。减小 τ 可改善传感器的频率特性。

（3）二阶传感器的频率响应

很多传感器，如振动传感器、压力传感器等属于二阶传感器，二阶传感器的传递函数、幅频特性、相频特性分别为

传递函数：　　　　　　$H(s) = k/(s^2 + 2\xi s\tau + 1)$

频率特性：　　　　　　$H(j\omega) = k/(1 - \omega^2\tau^2 + 2j\xi\omega\tau)$

幅频特性：　　　　$k(\omega) = k/\sqrt{(1 - \omega^2\tau^2)^2 + (2\xi\omega\tau)^2}$

相频特性：　　　　$\phi(\omega) = -\arctan[2\xi\omega\tau/(1 - \omega^2\tau^2)]$

不同阻尼比情况下二阶传感器的幅频特性即动态特性，如图 1-16 所示，二阶传感器的相频响应特性曲线如图 1-17 所示。

从公式和图中可见，传感器的频率响应特性的好坏主要取决于传感器的固有频率 $\omega\tau$ 和阻尼比 ξ。

当 $\xi \to 0$ 时，在 $\omega\tau = 1$ 处 $k(\omega)$ 趋近无穷大，这一现象称之为谐振。随着 ξ 的增大，谐振现象逐渐不明显。当 $\xi \geqslant 0.707$ 时，不再出现谐振，这时 $k(\omega)$ 将随着 $\omega\tau$ 的增大而单调

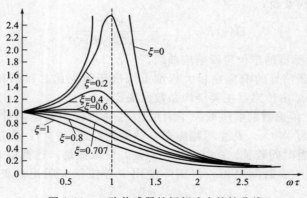

图 1-16　二阶传感器的幅频响应特性曲线

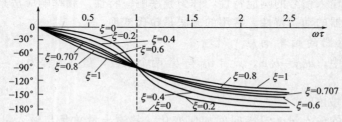

图 1-17　二阶传感器的相频响应特性曲线

下降。

1.4　传感器的标定

利用标准器具对新研制或生产的传感器进行全面的技术检定和标度，称为标定。对传感器在使用中或储存后进行的性能复测，称为校准。

标定和校准的基本方法是：利用标准仪器产生已知的非电量，输入到待标定的传感器中，然后将传感器输出量与输入的标准量作比较，获得一系列校准数据或曲线，即用试验的方法获得的输入量与输出量之间的关系曲线，称标定曲线。

根据不同使用条件下关心的特性指标不同，标定分静态标定和动态标定两类。

静态标定的目的是确定传感器静态特性指标，如线性度、灵敏度、滞后和重复性等。

动态标定的目的是确定传感器的动态特性参数，如频率响应、时间常数、固有频率和阻尼比等。有时，根据需要也要对横向灵敏度、温度响应、环境影响等进行标定。

由于动态标定的过程比较复杂，这里只讨论静态标定。

1.4.1　传感器的静态特性标定

所谓标定，就是根据试验数据确定传感器的各项性能指标，实际上也是确定传感器的测量精度，所以在标定时，所用的测量仪器的精度至少要比被标定传感器的精度高一个等级。这样，标定后的静态性能指标才是可靠的，所确定的精度才是可信的。

按传感器的种类和使用情况不同，其标定方法也不同。荷重、应力、压力传感器等的静标定方法是利用压力试验机进行标定；它们更精确的标定则是在压力试验机上用专门的荷载标定器标定；位移传感器的标定则是采用标准量块或位移标定器。

传感器的静态特性是在静态标准条件下进行标定的。所谓静态标准是指没有加速度、振动、冲击及室温（20±5℃），相对湿度不大于85%，大气压力为7kPa的情况。

标定方法大致如下。

① 将传感器的全部测量范围分成若干等间距点。

② 根据传感器量程分点情况，由小到大逐渐一点一点地输入标准量值，测量并记录下与各输入值相对的输出值。

③ 再将输入值由大到小一点一点地减少下来，测量、记录下与各输入值相对应的输出值。

④ 按前两步所述过程，对传感器进行正、反行程往复循环多次测试，将得到的输出-输入测试数据用表格列出或画成曲线。

⑤ 对测试数据进行必要的处理，根据处理结果就可以确定传感器的线性度、灵敏度、滞后和重复性等静态特性指标，即完成标定。

1.4.2 静态标定例——电涡流传感器的静态标定

电涡流传感器由平面线圈和金属涡流片组成。当线圈中通以高频交变电流后，在与其平行的金属片上会感应产生电涡流，电涡流的大小影响线圈的阻抗 Z，而涡流的大小与金属涡流片的电阻率、磁导率、厚度、温度以及与线圈的距离 X 有关，当平面线圈、被测体（涡流片）、激励源确定，并保持环境温度不变，阻抗 Z 只与距离 X 有关，将阻抗变化转为电压信号 U 输出，则输出电压是距离 X 的单值函数。见图1-18。

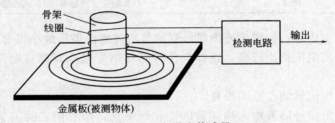

图1-18 电涡流传感器

标定部件有电涡流传感器、电涡流传感器实验模块、螺旋测微仪、电压表、示波器。

标定步骤如下。

① 连接传感器电源及接口，电涡流线圈（平绕线圈）与涡流片需保持平行，安装好测微仪，涡流变换器输出接电压表。

② 开启主机电源，用测微仪带动涡流片移动，当涡流片完全紧贴线圈时使输出电压为零（如不为零可适当改变支架中的线圈角度），然后旋动测微仪使涡流片离开线圈，从电压表有读数时每隔0.2mm记录一个电压值，将 U、X 数值填入下表，作出 U-X 曲线，见表1-2，指出线性范围，求出灵敏度。

表1-2 U-X 数据表

X/mm	0	0.2	0.4	0.6	0.8	1	1.2	1.4	1.6	1.8	2	2.2	2.4	2.6	2.8	3	3.2	3.4	3.6	3.8	4
U/V																					

③ 示波器接电涡流线圈与实验模块输入端口，观察电涡流传感器的激励信号频率，随着线圈与电涡流片距离的变化，信号幅度也发生变化，当涡流片紧贴线圈时电路停振，输出为零。

对于测量静态机械量或缓慢变化的机械量，传感器或测量系统一般只作静态标定，对于测量频率很高的机械参量，除作静态标定外，还应作动态标定。

1.5 传感器接口电路

1.5.1 传感器输出信号的特点

① 传感器的输出形式各式各样。比如同是温度传感器，热电偶随温度变化输出的是电压，热敏电阻则阻抗发生变化，双金属温度传感器则输出开关信号。

传感器的一般输出形式见表1-3。

表 1-3 传感器的输出信号形式

输出形式	输出变化量	传感器的例子
开关信号型	机械触点	双金属温度传感器
	电子开关	霍尔开关式集成传感器
模拟信号型	电压	热电偶、磁敏元件、气敏元件
	电流	光敏二极管
	电阻	热敏电阻,应变片
	电容	电容式传感器
	电感	电感式传感器
其他	频率	多普勒速度传感器、谐振式传感器

② 传感器的输出信号，一般比较微弱，有的传感器输出电压最小仅有 $0.1\mu V$。

③ 传感器的输出阻抗都比较高，这样会使传感器信号输入到测量电路时，产生较大的信号衰减。

④ 传感器的输出信号动态范围很宽。

⑤ 传感器的输出信号随着输入物理量的变化而变化，但它们之间的关系不一定是线性比例关系。

⑥ 传感器的输出信号大小会受温度的影响，有温度系数存在。

1.5.2 典型的传感器接口电路

完成传感器输出信号处理的各种接口电路统称传感器检测电路。电路的基本组成如下。

① 直接用传感器输出的开关信号驱动控制电路和报警电路工作。

② 传感器输出信号达到设置的比较电平时，比较器输出状态发生变化，驱动控制电路及报警电路工作。

③ 由数字式电压表将检测结果直接显示出来。

典型的应用接口电路如表1-4所示。

(1) 阻抗匹配器

传感器输出阻抗都比较高，为防止信号的衰减，常常采用高输入阻抗的阻抗匹配器作为传感器输入到测量系统的前置电路。阻抗匹配器可以用以下三种器件构成。

① 半导体管阻抗匹配器，实际上是一个半导体管共集电极电路，又称为射极输出器。

② 场效应管是一种电平驱动元件，栅漏极间电流很小，其输入阻抗可高达 $10^{12}\Omega$ 以上，可作阻抗匹配器。

表 1-4 典型的传感器接口电路

接口电路	信号预处理的功能
阻抗变换电路	在传感器输出为高阻抗的情况下,变换为低阻抗,以便于检测电路准确地拾取传感器的输出信号
放大电路	将微弱的传感器输出信号放大
电流电压转换电路	将传感器输出的电流信号转换成电压信号
电桥电路	把传感器的电阻、电容、电感变化转换为电流或电压的变化
频率电压转换电路	把传感器输出的频率信号转换为电流或电压
电荷放大器	将电场型传感器输出产生的电荷转换为电压
有效值转换电路	在传感器为交流输出的情况下,转为有效值,变为直流输出
滤波电路	通过低通及带通滤波器消除传感器的噪声成分
线性化电路	在传感器的特性不是线性的情况下,用来进行线性校正
对数压缩电路	当传感器输出信号的动态范围较宽时,用对数电路进行压缩

③ 运算放大器的输入阻抗极高,亦可用来作阻抗匹配器。

（2）电桥电路

电桥电路是传感器检测电路中经常使用的电路,主要用来把传感器的电阻、电容、电感量的变化转换为电压或电流的变化。

① 直流电桥　它是由直流电源供电的电桥电路,电阻构成桥式电路的桥臂,桥路的一对角线是输出端,一般接有高输入阻抗的放大器。在电桥的另一对角线接点上加有直流电压。直流电桥的基本电路如图 1-19 所示。

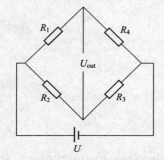

图 1-19 直流电桥的基本电路

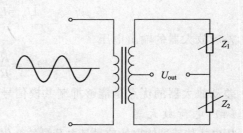

图 1-20 电感式传感器配用的交流电桥

电桥的输出电压可由下式给出,即

$$U_{out} = \frac{U(R_2 R_4 - R_1 R_3)}{(R_1 + R_4)(R_2 + R_3)} \tag{1-16}$$

从上式可以看出,当式子的分子为 0,即 $R_2 R_4 = R_1 R_3$ 时,输出电压为零。$R_2 R_4 = R_1 R_3$ 称为电桥平衡条件。当电桥四个臂的电阻发生变化而产生增量时,电桥的平衡被打破,电桥此时的输出电压为

$$U_{out} = \frac{R_1 R_4 U}{(R_1 + R_4)^2} \left(\frac{\Delta R_4}{R_4} - \frac{\Delta R_3}{R_3} + \frac{\Delta R_2}{R_2} - \frac{\Delta R_1}{R_1} \right)$$

如果 $R_1 = R_2 = R_3 = R_4$ 时,则电桥电路称为四等臂电桥,此时输出灵敏度最高,而非线性误差最小,因此在传感器的实际应用中多采用四等臂电桥。

② 交流电桥　图 1-20 为交流电桥示意图。其中,Z_1 和 Z_2 为阻抗元件,它们同时可以是电感器或电容器,电桥两臂为差动方式,又称为差动交流电桥。

在初始状态时,$Z_1 = Z_2 = Z_0$,电桥平衡,输出电压 $U_{out} = 0$。

测量时一个元件的阻抗增加,另一个元件的阻抗减小,假定 $Z_1 = Z_0 + \Delta Z$,$Z_2 = Z_0 -$

ΔZ，则电桥的输出电压为

$$U_{\text{out}} = \left(\frac{Z_0 + \Delta Z}{2Z_0} - \frac{1}{2} \right) U = \frac{\Delta Z}{2Z_0} U \tag{1-17}$$

其中，U 为变压器副边输入电压。

（3）放大电路

传感器的输出信号一般比较微弱，因而在大多数情况下都需要放大电路。目前检测系统中的放大电路，除特殊情况外，一般都采用运算放大器构成。

运算放大器常用放大电路形式见图 1-21。

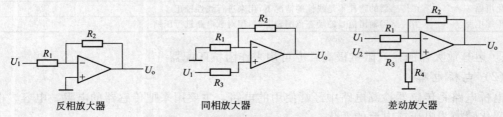

反相放大器   同相放大器   差动放大器

图 1-21   运算放大器常用放大电路形式

反相放大器的输出电压

$$U_{\text{o}} = -U_1 \frac{R_2}{R_1}$$

同相放大器的输出电压

$$U_{\text{o}} = U_1 \left(1 + \frac{R_2}{R_1} \right)$$

差动放大器的输出电压

$$U_{\text{o}} = \frac{R_2}{R_1} (U_2 - U_1)$$

差动放大器的优点是能够抑制共模信号。

（4）电荷放大器

压电式传感器输出的信号是电荷量的变化，配上适当的电容后，输出电压很高，可达几十伏到数百伏，但信号功率却很小，信号源的内阻也很大。所以放大器应采用输入阻抗高、输出阻抗低的电荷放大器。电荷放大器是一种带电容负反馈的高输入阻抗、高放大倍数的运算放大器。

 思考题

1. 什么叫传感器？它由哪几部分组成？它们的作用与相互关系如何？
2. 简述传感器的地位和作用。
3. 传感器分类有哪几种？它们各适合在什么情况下使用？
4. 什么是传感器的静态特性？它有哪些性能指标？如何用公式表征这些性能指标？
5. 什么是传感器的动态特性？其分析方法有哪几种？
6. 传感器有哪些主要静特性指标？
7. 传感器何时需要进行标定？对标定的环境条件有何要求？
8. 为什么要建立传感器的动态数学模型？怎样建立？
9. 简述传感器接口电路的特点。
10. 传感器的典型接口有哪些？

第2章

传感器与测量技术

2.1 电参量测量技术

电参量的测量主要是电压、电流、阻抗以及频率、时间和相位的测量。其中电压、电流的测量是最基本的测量方式。

频率、时间的应用与人们日常生活息息相关，例如，邮电通信、大地测量、地震预报、人造卫星、宇宙飞船、航天飞机的导航定位控制等都与频率、时间密切相关，因此准确测量时间和频率是十分重要的。

相位是描述交流信号的三要素之一。相位差的测量是研究信号、网络特性不可缺少的重要方面。

2.1.1 电压的测量

电量测量中的很多参数，包括电流、功率、设备的灵敏度等都可以视作电压的派生量，可以通过电压测量获得这些参数的量值，称为间接测量。而直接测量的电压可以是交流电压，也可以是直流电压。

电压的测量分为模拟和数字两种方法。模拟电压表的优点是结构简单，价格便宜，测量频率范围较宽；缺点是准确度、分辨力低，不便于与计算机组成自动测试系统。数字式电压表则正好相反。

（1）直流电压的测量

① 普通直流电压表 普通直流电压通常由动圈式高灵敏度直流电流表串联适当的电阻构成，如图 2-1 所示。

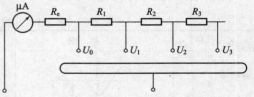

图 2-1 普通直流电压表电路

设电流表的满偏电流为 I_m，电流表本身内阻为 R_e，串联电阻 R_n 所构成的电压表的满度电压为

$$U_m = I_m(R_e + R_n)$$

所构成的电压表的内阻为

$$R_v = R_e + R_n = \frac{U_m}{I_m}$$

如图中电流表串接 3 个电阻后，除最小电压量程 $U_0 = I_m R_e$ 外，又增加了 U_1、U_2、U_3 三个量程，根据所需扩展的量程，可估算出 3 个扩展电阻的阻值：

$$R_1 = U_1/I_m - R_e$$
$$R_2 = (U_2 - U_1)/I_m$$
$$R_3 = (U_3 - U_2)/I_m$$

动圈式直流电压表的结构简单，使用方便，缺点是灵敏度不高和输入电阻低。工程测量

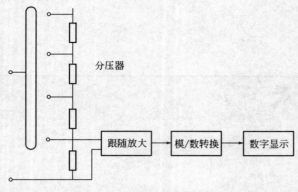

图 2-2 直流数字电压表框图

中为了满足测量准确度的要求，常采用输入电阻和电压灵敏度高的模拟式直流电子电压表进行测量。

② 直流数字电压表 图 2-2 为直流数字电压表框图。被测电压经过分压器分压后送入放大器，并将模拟量电压量化后送数字显示器。

（2）交流电压的测量

① 交流电压的表征 交流电压可以用峰值、平均值、有效值、波形系数以及波峰系数来表征。

• 峰值。周期性交流电压 $U(t)$ 在一个周期内偏离零电平的最大值称为峰值。

• 平均值。实质上就是被测电压的直流分量 U_0。在电子测量中，平均值通常指交流电压检波（也称整流）以后的平均值。

• 有效值。一个交流电压和一个直流电压分别加在同一电阻上，若它们产生的热量相等，则交流电压有效值 U（或 U_{rms}）等于该直流电压，可表示为

$$U = \sqrt{\frac{1}{T}\int_0^T u^2(t)\,\mathrm{d}t} \tag{2-1}$$

• 波形系数、波峰系数。

交流电压的波形系数 K_F 定义为该电压的有效值与平均值之比：

$$K_F = U/\overline{U}$$

交流电压的波峰系数 K_p 定义为该电压的峰值与有效值之比：

$$K_p = U_p/U$$

不同电压波形，其 K_F、K_p 值不同，表 2-1 列出了几种常见电压的有关参数。

表 2-1 几种常见电压的有关参数

名　　称	波　形　图	波形系数	波峰系数	有效值	平均值
正弦波		1.11	1.414	$A/\sqrt{2}$	$2A/\pi$
半波整流		1.57	2	$A/2$	A/π
全波整流		1.11	1.414	$A/\sqrt{2}$	$2A/\pi$
三角波		1.15	1.73	$A/\sqrt{3}$	$A/2$
方波		1	1	A	A
锯齿波		1.15	1.73	$A/\sqrt{3}$	$A/\sqrt{2}$

续表

名　称	波　形　图	波形系数	波峰系数	有效值	平均值
脉冲波				$\sqrt{\dfrac{t_k}{T}}A$	$\dfrac{t_k}{T}A$
白噪声		1.25	3	$\sqrt{\dfrac{T}{t_k}}$	$\sqrt{\dfrac{T}{t_k}}$

② 交流电压的测量方法　按 AC/DC 转换器的类型分为检波法、热电转换法。按检波特性的不同，检波法又可分成平均值检波、峰值检波和有效值检波等。

按照 AC/DC 变换的先后不同，模拟式交流电压表大致可分成下列三种类型：检波-放大式；放大-检波式；外差式电压表。

③ 低频交流电压（1MHz 以下）的测量　这类电压一般采用放大-检波式，检波器类型分为平均值检波器和有效值检波器。分别构成两种测量表：均值电压表，有效值电压表。

④ 高频交流电压的测量　高频交流电压的测量不采用放大-检波式，以避免高频测量受放大器通频带的限制，而采用检波-放大式或外差式电压表来测量。

（3）高电压测量技术

在有些电子设备中，有高达万伏的电压；在电力系统中则常遇到需测量数十万伏甚至更高电压的问题。电力系统广泛应用电压互感器配上低压电压表来测量高电压，在实验室条件下则用高压静电电压表、峰值电压表、球隙测压器、高压分压器等仪器来测量高电压。

当被测电压很高时，可采用高压分压器来分出一小部分电压，然后进行测量。对分压器最重要的技术要求一是分压比的准确度和稳定性（幅值误差要小）；二是分出的电压与被测高电压波形的相似性（波形畸变要小）。

2.1.2　阻抗的测量

电阻 R、电感 L 和电容 C 是电路的三种基本元件，在测量技术中，许多类型的传感器如电阻式、电感式和电容式传感器是将被测量转换为电阻、电感和电容量进行输出。

（1）阻抗定义

阻抗是描述一个元器件或电路网络中电压、电流关系的特征参量，其定义为：

$$Z=\frac{\dot{U}}{\dot{I}}=R+jX=|Z|e^{j\theta}=|Z|(\cos\theta+j\sin\theta) \tag{2-2}$$

理想的电阻只有电阻分量，没有电抗分量；而理想电感和理想电容则只有电抗分量。电感电抗和电容电抗分别简称为感抗 X_L 和容抗 X_C，表示为：

$$\begin{cases} X_L=\omega L=2\pi fL \\ X_C=\dfrac{1}{\omega C}=\dfrac{1}{2\pi fC} \end{cases} \tag{2-3}$$

实际使用的任一单个的电阻、电感和电容元件，它们都不同程度地存在着寄生电容、寄生电感和损耗。在测量时应该充分考虑分布参数的影响。

（2）直流电阻测量

从测量角度出发将电阻分为：小电阻，如接触电阻、导线电阻等；中值电阻；大电阻，如绝缘材料电阻。

电阻的测量方法很多，按原理可分为直接测量法、比较测量法、间接测量法。具体采用电表法、电桥法、谐振法、利用变换器测量电阻等方法。

① 电表法　电表法测量电阻的原理建立在欧姆定律之上，有如下三种方法：伏特-安培表法（简称伏-安法）、欧姆表法和三表法。

② 电桥法　测量直流电阻最常用的是电桥法。电桥分为直流电桥和交流电桥两大类，直流电桥主要用于测量电阻。

直流电桥由四个桥臂、检流计和电源组成，其原理电路如图 2-3 所示。

③ 直流小电阻的测量　测量小电阻时，因为被测电阻本身阻值很小，在接入仪表时的接线电阻、接触电阻不可忽略，必须采取措施减少或消除这些因素对测量结果的影响。

测量小电阻可以采用直流双电桥、数字微欧计和脉冲电流测量法。

④ 直流大电阻的测量　常用的大电阻测量方法有冲击电流计法、高阻电桥法、兆欧表法等。大阻值电阻测量时要注意防护（安全防护和测量防护）。

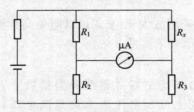

图 2-3　直流电阻电桥

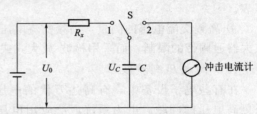

图 2-4　冲击法测量大电阻原理

• 冲击电流计法。冲击电流计法测量原理如图 2-4 所示。图中，R_x 为被测电阻。当开关 S 倒向"1"时，电容 C 被充电 t s，其上的电压为 $U_C = U_0(1 - e^{-t/\tau})$，电荷量为 $Q_C = CU_C$。其中，$\tau = R_x C$。

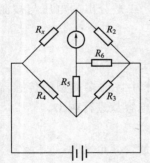

图 2-5　高阻电桥测量原理

将 Q_C 级数展开并取前两项，得

$$Q_C = CU_0 - CU_0[1 + (-t/\tau)] = CU_0(t/\tau) = U_0 t/R_x$$

即 $R_x = U_0 t/Q_C$。t s 后，开关 S 由"1"倒向"2"，冲击电流计测出 Q_C 为 $Q_C = C_Q \alpha_m$。

于是有 $R_x = U_0 t/(C_Q \alpha_m)$。式中，$C_Q$ 为冲击电流计的冲击常数，α_m 为电流计的最大偏转角。

• 高阻电桥法。高阻电桥法利用图 2-5 所示的六臂电桥，通过电路变换并结合四臂电桥的基本平衡条件就可推得关系式为

$$R_x = \frac{R_2 R_3 R_4 + R_2 R_3 R_5 + R_2 R_4 R_5 + R_2 R_4 R_6}{R_3 R_6} \tag{2-4}$$

高阻电桥测量范围为 $10^8 \sim 10^{17}\,\Omega$。在此范围内，测量误差为 0.1%。当被测电阻值小于 $10^8 \sim 10^{17}\,\Omega$ 时，测量误差为 0.03%。这种电桥的供电电压在 $50 \sim 1000$V 范围。

2.1.3　交流阻抗及 L、C 的测量

在交流条件下，R、L、C 元件必须考虑损耗、引线电阻、分布电感和分布电容的影响，实际阻抗随环境以及工作频率的变化而变化。

测量交流阻抗和 L、C 参数的方法有传统的交流电桥，也可以用变量器电桥和数字式阻

抗测量仪等仪器来测量。

(1) 交流阻抗电桥

图 2-6 是交流阻抗电桥原理图。由 4 个桥臂阻抗 Z_1、Z_2、Z_3 和 Z_4，1 个激励源 U 和 1 个零电位指示器 G 组成。

当电桥平衡时，$|Z_1| e^{j\phi_1} |Z_3| e^{j\phi_3} = |Z_2| e^{j\phi_2} |Z_4| e^{j\phi_4}$。零电位指示器读数 $I_G = 0$。

设 Z_1 为被测阻抗，调节其他三个桥臂阻抗使电桥平衡，然后根据其他三个桥臂的阻抗即可求出 Z_1。

交流电桥至少应有两个可调节的标准元件，通常是用一个可变电阻和一个可变电抗，大多采用标准电容器作为标准电抗器。

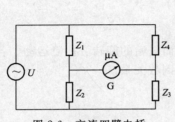

图 2-6 交流四臂电桥

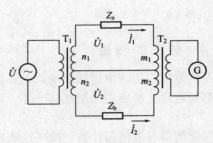

图 2-7 双边式变量器电桥

(2) 变量器电桥

交流四臂电桥适用于在低频时测量交流电阻、电感、电容等，且使用不太方便。变量器电桥可用于高频时的阻抗测量。变量器电桥有变压式、变流式和双边式三种结构，双边式是前两种结构形式的组合。图 2-7 为双边式变量器电桥示意图。

(3) 数字式阻抗测量仪

传统的阻抗测量仪是模拟式的，主要采用电桥法、谐振法和伏安法进行测量，缺点较多。测量技术的发展，要求对阻抗的测量既精确又快速，并实现自动测量和数字显示。近年来，由于高性能微处理器的使用，使得现在的阻抗测量仪向数字化、智能化方向发展。

① 矢量阻抗测量原理 目前带有微处理器的数字式阻抗测量仪多采用矢量阻抗测量法，根据被测阻抗元件两端的电压矢量和流过它的电流矢量计算出其矢量值。图 2-8 为阻抗测量原理示意图。

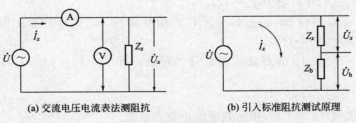

(a) 交流电压电流表法测阻抗

(b) 引入标准阻抗测试原理

图 2-8 阻抗测量原理

被测阻抗 Z_x 两端电压 $\dot{U}_x$ 与标准阻抗 Z_b 两端电压 $\dot{U}_b$ 的矢量关系如图 2-9 所示。

只要知道两个电压矢量在直角坐标轴上的投影，则经过运算，就可求出被测阻抗 Z_x。

② 数字式阻抗测量仪组成 组成数字式阻抗测量仪有多种方案，图 2-10 是采用鉴相原理的阻抗-电压变换器，用它与数字电压表结合，可以实现对阻抗的数字化测量。

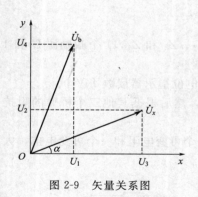

图 2-9 矢量关系图

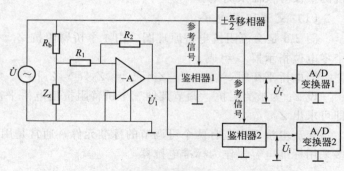

图 2-10 采用鉴相原理的阻抗-电压变换器

2.1.4 频率的测量

在工业生产领域中周期性现象十分普遍，如各种周而复始的旋转、往复运动、各种传感器和测量电路变换后的周期性脉冲等。周期与频率互为倒数关系：

$$f = T^{-1}$$

频率测量可以使用计数（数字）法或模拟法。

（1）计数法测量频率

计数法就是在一定的时间间隔 T 内，对周期性脉冲的重复次数进行计数。若周期性脉冲的周期为 T_A，则计数结果为

$$N = T/T_A \tag{2-5}$$

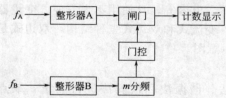

图 2-11 通用计数器的基本组成

通用计数器一般都具有测频和测周两种方式，基本组成如图 2-11 所示。

整形器是将频率为 f_A（或 f_B）的正弦信号整形为周期为 $T_A = 1/f_A$（或 T_B）的脉冲信号。门控电路是将周期为 mT_B 的脉冲变为闸门时间为 $T = mT_B$ 的门控信号，将 $T = mT_B$ 代入式(2-5)，可得十进制计数器的计数结果为：

$$N = mT_B/T_A = mf_A/f_B \tag{2-6}$$

可得出：图中计数结果 N 与 f_A/f_B 成正比，此时计数器工作在频率比测量方式。

若 A 端的输入信号为被测信号 f_x，B 输入端的信号为晶振标准频率 f_c，则计数器工作在测频方式，此时式(2-6)变为 $f_x = Nf_c/m$。

若将被测信号 f_x 接到 B，晶振标准频率 f_c 信号接到 A，则计数器工作在测周方式，此时式(2-6)变为 $T_x = N/(mf_c)$。

分频系数 m 一般取 10 的整数次幂且分挡可选，即 $m = 10^n$（$n = 0，1，2，3\cdots$可选）。此时，$f_x = \dfrac{N}{10^n}f_c$。

改变 n 只是改变 f_x 和 T_x 的指示数字的小数点位置。

例如：$N = 100$，$f_c = 1\text{MHz}(T_c = 1\mu s)$，若取 $n = 2$，则 $f_x = 1\text{MHz}$，$T_x = 1\mu s$。若取 $n = 3$，则 $f_x = 0.1\text{MHz}$，$T_x = 0.1\mu s$。

（2）模拟法测量频率

模拟法测量频率有直读法测频、比较法测频和示波器测频三种方法。其中直读法测频还可以分为电桥法测频、谐振法测频和频率-电压（f-V）转换法测频。

2.1.5　时间间隔的数字测量

时间间隔的测量方案和周期测量基本相同，所不同的仅是此处的门控电路不再采用计数触发方式，而是要求根据测量时间间隔，给出起始计数和终止计数两个触发信号。

图 2-12 为时间间隔测量原理图。

若时间间隔即门控信号的宽度（闸

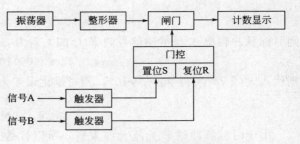

图 2-12　时间间隔测量原理图

门时间）为 t_x，选用时标周期为 T_c（图中 $T_c=1\mu s$，$10\mu s$，…，10s 分挡可选），则计数结果为 $N=t_x/T_c=t_x f_c$

时间间隔的测量相当于分频系数 $m=1$ 时的周期的测量情况。一般来说，测量时间间隔的误差比测周期时大。

2.1.6　相位差的数字测量

测量相位差的方法主要有：用示波器测量；与标准移相器比较（零示法）；把相位差转换为电压来测量；把相位差转换为时间间隔来测量等。

（1）相位-电压转换法

相位-电压转换式数字相位计的原理框图如图 2-13 所示。

图 2-13　相位-电压转换式数字相位计的原理框图

输入信号 A、B 之间存在着相位差，将两信号经过放大、整形，形成前后沿陡峭的方波信号；经过微分电路取出两者的前沿信号并送入鉴相器；经过鉴相后输出的方波前后沿的时间差与两信号相位差成正比。再经过相位-电压转换后形成电压输出。最后输出的电压与输入信号 A、B 之间的相位差成正比。

（2）相位-时间转换法

将上述相位-电压转换法中鉴相器的时间间隔 T_x 用计数法对它进行测量，便构成相位-时间转换式相位计，如图 2-14 所示。

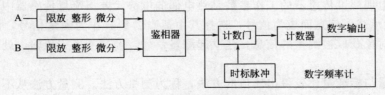

图 2-14　相位-时间转换式相位计原理

相位-时间转换式相位计与时间间隔的计数测量原理基本相同，若时标脉冲周期为 T_c，则在 T_x 时间内的计数值为

$$N=\frac{T_x}{T_c}=\frac{\phi_x}{360°}\times\frac{T}{T_c} \tag{2-7}$$

如果采用十进制计数器计数，而且时标脉冲周期 T_c 与被测信号周期 T 满足以下关系式：

$$T_c = \frac{T}{360° \times 10^n}$$

则时标脉冲频率 f_c 与被测信号频率 f_x 的关系为

$$f_c = 360 \times 10^n \times f$$

则代入式（2-7）可得 $\phi_x = N/10^n$，相对量化误差为

$$\frac{\Delta\phi}{\phi_x} = \frac{1}{N}$$

由于时标脉冲频率 f_c 不允许太高，所以计数式相位计只能用于测量低频率信号的相位差，而且要求测量精度越高（即 n 越大），能测量的频率 f_x 越低。当被测信号频率 f_x 改变时，时标脉冲频率 f_c 也必须相应改变。

2.2 检测技术基础

人类已进入瞬息万变的信息时代，在科学技术高度发达的现代社会中，人们从事工业生产和科学实验活动主要依靠对信息资源的开发、获取、传输和处理。

传感器处于研究对象与测控系统的接口位置，是感知、获取与检测信息的窗口，一切科学实验和生产过程，特别是自动检测和自动控制系统要获取的信息，都要通过传感器将其转换为容易传输与处理的电信号。

在工程实践和科学实验中提出的检测任务是正确及时地掌握各种信息，大多数情况下是要获取被测对象信息的大小，即被测量的大小。这样，信息采集的主要含义就是取得测量数据。

"测量系统"这一概念是传感技术发展到一定阶段的产物。在工程中，需要有传感器与多台仪表组合在一起，才能完成信号的检测，这样便形成了测量系统。

2.2.1 测量与测量方法

测量是以确定量值为目的的一系列操作。所以测量也就是将被测量与同种性质的标准量进行比较，确定被测量对标准量的倍数。它可由下式表示：

$$x = nu \tag{2-8}$$

式中，x 为被测量值；u 为标准量，即测量单位；n 为比值（纯数），含有测量误差。

由测量所获得的被测的量值叫测量结果，结果应包括比值、测量单位和测量误差。

被测量值和比值等都是测量过程的信息，这些信息依托于物质才能在空间和时间上进行传递。例如热电偶温度传感器的工作参数是热电偶的电势，差压流量传感器中的工作参数是差压 Δp。参数承载了信息而成为信号，选择其中适当的参数作为测量信号，测量过程就是传感器从被测对象获取被测量的信息，建立起测量信号，经过变换、传输、处理，从而获得被测量的量值。

实现被测量与标准量比较得出比值的方法，称为测量方法。测量方法从不同角度有不同的分类方法。

（1）直接测量、间接测量与组合测量

在使用仪表或传感器进行测量时，对仪表读数不需要经过任何运算就能直接表示测量所需要的结果的测量方法称为直接测量。例如，用磁电式电流表测量电路的某一支路电流，用弹簧管压力表测量压力等，都属于直接测量。

测量时，首先对与测量有确定函数关系的几个量进行测量，将被测量代入函数关系式，

经过计算得到所需要的结果，这种测量称为间接测量。

若被测量必须经过求解联立方程组，才能得到最后结果，则称这样的测量为组合测量。组合测量是一种特殊的精密测量方法，操作手续复杂，花费时间长，多用于科学实验或特殊场合。

（2）等精度测量与不等精度测量

用相同仪表与测量方法对同一被测量进行多次重复测量，称为等精度测量。

用不同精度的仪表或不同的测量方法，或在环境条件相差很大时对同一被测量进行多次重复测量称为非等精度测量。

（3）偏差式测量、零位式测量与微差式测量

用仪表指针的位移（即偏差）决定被测量的量值，这种测量方法称为偏差式测量。

用指零仪表的零位指示检测测量系统的平衡状态，在测量系统平衡时，用已知的标准量决定被测量的量值，这种测量方法称为零位式测量。

微差式测量是综合了偏差式测量与零位式测量的优点而提出的一种测量方法。它将被测量与已知的标准量相比较，取得差值后，再用偏差法测得此差值。应用这种方法测量时，不需要调整标准量，而只需测量两者的差值。

设 N 为标准量，x 为被测量，Δ 为二者之差，则 $x=N+\Delta$。

微差式测量的优点是反应快，而且测量精度高，特别适用于在线控制参数的测量。

2.2.2　测量系统

测量系统是传感器与测量仪表、变换装置等的有机组合。图 2-15 为测量系统原理结构框图。

图 2-15　测量系统原理结构框图

系统中的传感器是感受被测量的大小并输出相对应的可用输出信号的器件或装置。

当测量系统的几个功能环节独立地分隔开的时候，则必须由一个地方向另一个地方传输数据，而数据传输环节就是用来完成这种传输功能。

数据处理环节是将传感器输出信号进行处理和变换。如对信号进行放大、运算、线性化、数-模或模-数转换，变成另一种参数的信号或变成某种标准化的统一信号等，使其输出信号便于显示、记录，既可用于自动控制系统，也可与计算机系统连接，以便对测量信号进行信息处理。

数据显示环节将被测量信息变成人感官能接受的形式，以完成监视、控制或分析的目的。测量结果可以采用模拟显示，也可采用数字显示，也可以由记录装置进行自动记录或由打印机将数据打印出来。

（1）开环测量系统

开环测量系统全部信息变换只沿着一个方向进行，如图 2-16 所示。

图 2-16　开环测量系统框图

其中，x 为输入量；y 为输出量；k_1、k_2、k_3 为各个环节的传递系数。

则输入、输出之间的关系是

$$y = k_1 k_2 k_3 x$$

采用开环方式构成的测量系统，结构较简单，但各环节特性的变化都会造成测量误差。

（2）闭环测量系统

闭环测量系统有两个通道，一为正向通道，二为反馈通道，其结构如图 2-17 所示。

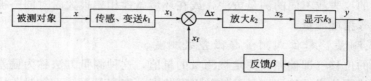

图 2-17　闭环测量系统框图

其中，Δx 为正向通道的输入量，$\Delta x = x_1 - x_f$，正向通道的总传递系数 $k = k_2 k_3$。β 为反馈环节的传递系数，$x_f = \beta y$。则

$$y = k\Delta x = k(x_1 - x_f) = kx_1 - ky\beta, \quad y = \frac{k}{1 + k\beta}x_1 = \frac{1}{\frac{1}{k} + \beta}x_1$$

当 $k \gg 1$ 时，$y = \dfrac{1}{\beta}x_1$，即整个系统的输入输出关系由反馈环节的特性决定，放大器等环节特性的变化不会造成测量误差，或者说造成的误差很小。

2.3　传感器信息融合

2.3.1　信息融合的概念

传感器信息融合（Sensor Data Fusion）又称数据融合，它是对多种信息的获取、表示及其内在联系进行综合处理和优化的技术。

传感器融合技术从多信息的视角进行处理及综合，得到各种信息的内在联系和规律，从而剔除无用的和错误的信息，保留正确的和有用的成分，最终实现信息的优化。它也为智能信息处理技术的研究提供了新的观念。

传感器信息融合可以定义如下：它是将经过集成处理的多传感器信息进行合成，形成一种对外部环境或被测对象某一特征的表达方式。

单一传感器只能获得环境或被测对象的部分信息段，而多传感器信息经过融合后能够完善地、准确地反映环境的特征。经过融合后的传感器信息具有以下特征：信息冗余性、信息互补性、信息实时性、信息获取的低成本性。

2.3.2　传感器信息融合的应用

传感器信息融合技术的理论和应用涉及到信息电子学、计算机和自动化学多个学科，是一门应用广泛的综合性高新技术。

（1）在信息电子学领域

信息融合技术的实现和发展以信息电子学的原理、方法、技术为基础。信息融合系统要采用多种传感器收集各种信息，包括声、光、电、运动、视觉、触觉、力觉以及语言文字等。信息融合技术中的分布式信息处理结构通过无线网络、有线网络、智能网

络、宽带智能综合数字网络等汇集信息，传给融合中心进行融合。除了自然信息外，信息融合技术还融合社会类信息，以语言文字为代表，涉及到大规模汉语资料库、语言知识的获取理论与方法、机器翻译、自然语言解释与处理技术等，信息融合采用分形、混沌、模糊推理、人工神经网络等数学和物理的理论及方法。它的发展方向是对非线性、复杂环境因素的不同性质的信息进行综合、相关，从各个不同的角度去观察、探测世界。

（2）在计算机科学领域

在计算机科学中，目前正开展着并行数据库、主动数据库、多数据库的研究。信息融合要求系统能适应变化的外部世界，因此，空间、时间数据库的概念应运而生，为数据融合提供了保障。空间意味着不同种类的数据来自于不同的空间地点，时间意味着数据库能随时间的变化适应客观环境的相应变化。信息融合处理过程要求有相应的数据库原理和结构，以便融合随时间、空间变化了的数据。在信息融合的思想下，提出的空间、时间数据库，是计算机科学的一个重要的研究方向。

（3）在自动化领域

以各种控制理论为基础，信息融合技术采用模糊控制、智能控制、进化计算等系统理论，结合生物、经济、社会、军事等领域的知识，进行定性、定量分析。按照人脑的功能和原理进行视觉、听觉、触觉、力觉、知觉、注意、记忆、学习和更高级的认识过程，将空间、时间的信息进行融合，对数据和信息进行自动解释，对环境和态势给予判定。目前的控制技术，已从程序控制进入了建立在信息融合基础上的智能控制。智能控制系统不仅用于军事，还应用于工厂企业的生产过程控制和产供销管理、城市建设规划、道路交通管理、商业管理、金融管理与预测、地质矿产资源管理、环境监测与保护、粮食作物生长监测、灾害性天气预报及防治等涉及宏观、微观和社会的各行各业。

2.3.3　传感器信息融合的分类

① 组合　是由多个传感器组合成平行或互补方式来获得多组数据输出的一种处理方法，是一种最基本的方式，组合方法应该注意输出方式的协调、综合以及传感器的选择。

② 综合　是信息优化处理中的一种获得明确信息的有效方法。例如，在虚拟现实技术中，使用两个分开设置的摄像机同时拍摄到一个物体的不同侧面的两幅图像，综合这两幅图像可以复原出一个准确的有立体感的物体的图像。

③ 融合　是当将传感器数据组之间进行相关或将传感器数据与系统内部的知识模型进行相关，而产生信息的一个新的表达式。

④ 相关　通过处理传感器信息获得某些结果，不仅需要单项信息处理，而且需要通过相关来进行处理，获悉传感器数据组之间的关系，从而得到正确信息，剔除无用和错误的信息。相关处理的目的是对识别、预测、学习和记忆等过程的信息进行综合和优化。

2.3.4　信息融合的结构

信息融合的结构分为串联和并联两种。

（1）串联结构

信息融合串联结构的优点是具有很好的性能及融合效果，它的缺点在于对线路的故障非常敏感。由于融合的顺序是固定的，一旦串联链中某一传感器发生故障，信息传递将终止，整个信息融合亦将停止。信息融合的串联结构如图 2-18 所示。

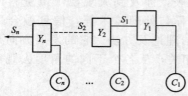

图 2-18　信息融合的串联结构

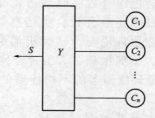

图 2-19　信息融合的并联结构

（2）并联结构

信息融合的并联结构只有当接收到来自所有传感器的信息后才对信息进行融合。与串联结构相比，并联结构的信息优化效果更好，而且可以防止串联结构信息融合的缺点，但是并联融合结构的信息处理速度比串联结构慢。信息融合的并联结构如图 2-19 所示。

2.3.5　传感器信息融合的一般方法

（1）嵌入约束法

由传感器所获得的数据就是客观环境按照某种映射关系形成的像，信息融合就是通过像求解原像，对客观环境加以了解。

用数学语言描述就是：所有传感器的全部信息，也只能描述环境的某些方面的特征，而具有这些特征的环境却有很多，要使所获得的各个被测对象的多组数据对应惟一的环境，就必须对原像和映射本身增加约束条件，使问题能有惟一的解。

嵌入约束法最基本的方法有 Bayes 估计法和卡尔曼滤波公式，有效克服数据处理不稳定性或系统模型线性程度的误差对融合过程产生的影响。

（2）证据组合法

证据组合法认为完成某项智能任务是依据有关环境某方面的信息作出几种可能的决策，而多传感器数据信息在一定程度上反映环境这方面的情况。因此，分析每一数据作为支持某种决策证据的支持程度，并将不同传感器数据的支持程度进行组合，即证据组合，分析得出现有组合证据支持程度最大的决策作为信息融合的结果。

（3）人工神经网络法

通过模仿人脑的结构和工作原理，设计和建立相应的机器和模型并完成一定的智能任务。神经网络多传感器信息融合的实现，分三个重要步骤。

① 根据智能系统要求及传感器信息融合的形式，选择其拓扑结构。

② 各传感器的输入信息综合处理为一总体输入函数，并将此函数映射定义为相关单元的映射函数，通过神经网络与环境的交互作用使环境的统计规律反映网络本身结构。

③ 对传感器输出信息进行学习、理解，确定权值的分配，完成知识获取信息融合，进而对输入模式作出解释。

2.3.6　传感器信息融合的实例

自主移动装配机器人中融合了各种传感器信息，见图 2-20。

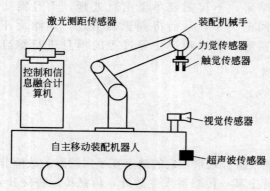

图 2-20　多传感器信息融合自主移动装配机器人

2.4　传感器网络

通信技术和计算机技术的飞速发展，人类社会已经进入了网络时代。

智能传感器的开发和大量使用，导致了在分布式控制系统中，对传感信息交换提出了许多新的要求。

单独的传感器数据采集已经不能适应现代控制技术和检测技术的发展，取而代之的是分布式数据采集系统组成的传感器网络，如图 2-21 所示。

图 2-21　分布式传感器网络系统结构

2.4.1　传感器网络的作用

传感器网络可以实施远程采集数据，并进行分类存储和应用。

传感器网络上的多个用户可同时对同一过程进行监控。

凭借智能化软硬件，灵活调用网上各种计算机、仪器仪表和传感器各自的资源特性和潜力。区别不同的时空条件和仪器仪表、传感器的类别特征，测出临界值，作出不同的特征响应，完成各种形式、各种要求的任务。

专家们高度评价和推崇传感器网络，把传感器网络同塑料、电子学、仿生人体器官一起，看作是全球未来的四大高技术产业。

2.4.2　传感器网络的结构

传感器网络的结构形式多种多样，可以是如图 2-21 所示全部互连形式的分布式传感器网络系统，也可以是如图 2-22 所示的多个传感器计算机工作站和一台服务器组成的主从结构传感器网络。

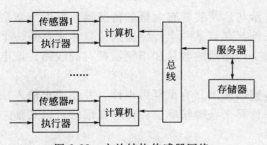

图 2-22　主从结构传感器网络

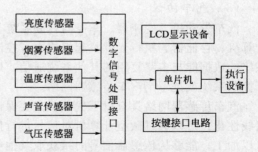

图 2-23　传感器网络组成的智能传感器

传感器网络还可以是多个传感器和一台计算机或单片机组成的智能传感器，如图 2-23 所示。

传感器网络可以组成个人网、局域网、城域网，或者连接国际互联网，如图 2-24 所示。

若将数量巨大的传感器加入互联网络，则可以将互联网延伸到更多的人类活动领域。随着移动通信技术的发展，传感器网络也正朝着开发无线传感器网络的方向发展。

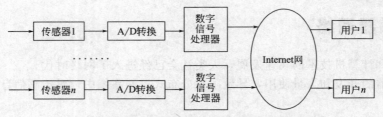

图 2-24 数量巨大的传感器加入 Internet 互联网络

2.4.3 传感器网络信息交换体系

传感器网络信息交换体系涉及到：协议、总线、器件标准总线、复合传输、隐藏、数据链接控制。

协议是传感器网络上各分布式系统之间进行信息交换而达成共识的一套规则或约定。

对于一个给定的具体应用，在选择协议时，必须考虑传感器网络系统功能和使用硬件、软件与开发工具的能力。

传感器网络上各分布式系统之间进行可靠的信息交换，最重要的是选择和制定协议。

一个统一国际标准的协议可以使各厂家都生产符合标准规定的产品，不同厂家的传感器和仪器仪表可以互相代用，不同的传感器网络可以互相连接，相互通信。

（1）OSI 开放系统互连参考模型

国际标准化组织（ISO）定义了一种开放系统互连参考模型，即 OSI 参考模型。

OSI 把网络从逻辑上分为七层。各层通信设备和功能模块分别为一个实体，相对独立，通过接口与其相邻层连接。相应协议也分七层，每一层都建立在下层之上，每一层的目的都是为上层提供一定的服务，并对上层屏蔽服务实现的细节。

（2）传感器网络通信协议

在分布式传感器网络系统中，一个网络节点应包括传感器（或执行器）、本地硬件和网络接口。传感器用一个并行总线提供数据包从不同的发送者到不同的接收者间传送。

一个高水平的传感器网络使用 OSI 模型中第一～三层以提供更多的信息并且简化用户系统的设计及维护。

（3）汽车协议

汽车发动机、变速器、车身与行驶系统、显示与诊断装置有大量的传感器。它们与微型计算机、存储器、执行元件一起组成电子控制系统。来自某一个传感器的信息和来自某一个系统的数据能与多路复用的其他系统通信，以减少传感器的数目和车辆需拥有的线路。该电子控制系统就是一个汽车传感器网络。

汽车传感器网络具有以下优点：只要保证传感器输出具有重复再现性，并不要求输入输出线性化；可以通过微型计算机对信号进行修正计算来获得精确值；传感器信号可以共享并可以加工；能够从传感器信号间接获取其他信息。

用于汽车传感器网络的汽车协议已经趋于规范化。

汽车协议应用实例：基于分布式控制的航空发动机智能温度传感器。

系统主要包括上电自检测电路、热电偶信号处理电路、显示电路接口、DSP 与 CAN 的接口电路、电源电路等几部分，如图 2-25 所示。

（4）工业网络协议

分布式传感器网络的功能很容易在工厂自动化的应用中显示出来。工业网络协议比汽车

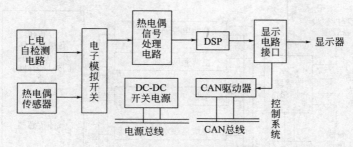

图 2-25　航空发动机智能温度传感器

网络协议有更多的提议和正在研发的标准。"现场总线"是在自动化工业进程中的非专有双向数字通信标准。"现场总线"标准定义了 ISO 模型的应用层、数据链路层和物理层，并带有一些第四层的服务内容。图 2-26 为一个现场总线控制系统结构。

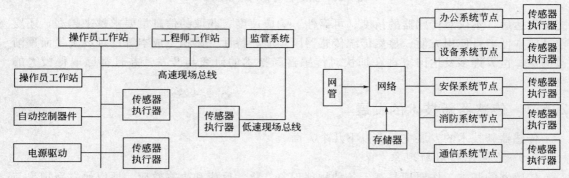

图 2-26　现场总线控制系统　　　　　图 2-27　办公室与楼宇自动化网络系统

（5）办公室与楼宇自动化网络协议

办公室与楼宇自动化网络协议结构示意图如图 2-27 所示。

在办公室和楼宇的各个需要的部位，节点传感器的信息随环境而变。将状态和信息通过网络传送给能够响应这种改变的节点。由节点执行器依据相关信息作出调整和动作。

例如断开或关闭气阀、改变风扇速度、花木喷灌、能源使用监视、启动防火开关、启动报警、故障自诊断、数据记录、接通线路、传呼通信、信号验证等。

（6）家庭自动化网络协议

家庭自动化网络系统如图 2-28 所示。

家庭的计算机控制是智能化住宅工程的目标。

家庭自动化网络系统的信息传输速度有高有低，取决于连接到系统的设备，信息数量的大小及通信协议的复杂程度都属于中等。

家庭自动化网络协议有 X-10 协议、CE Bus、Ton Talk TM 等。

用于家庭自动化网络接口的有：供暖、通风、空调系统、热水器、安全系统和照明，还有公用事业公司在家庭应用方面的远程抄表和用户设备管理。

2.5　传感器技术的发展

在今天的信息时代，信息产业包括信息采集、传输、处理三部分，即传感技术、通信技术、计算机技术。现代的计算机技术和通信技术由于超大规模集成电路的飞速发展，而已经

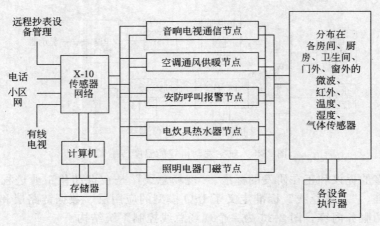

图 2-28　家庭自动化网络系统

充分发达后,不仅对传感器的精度、可靠性、响应速度、获取的信息量要求越来越高,还要求其成本低廉且使用方便。显然传统传感器因功能、特性、体积、成本等已难以满足而逐渐被淘汰。世界许多发达国家都在加快对传感器新技术的研究与开发,并且都已取得极大的突破。

2.5.1　传感器新技术的发展

传感器新技术的发展主要有以下几个方面。

（1）发现并利用新现象

传感器的基本工作原理是基于各种物理现象、化学反应和生物效应,所以研发新现象与新效应是传感器技术发展的重要工作。

比如,利用超导技术研制成功高温超导磁性传感器,是传感器技术的重大突破,其灵敏度高,仅次于超导量子干涉器件。

又比如利用抗体和抗原在电极表面上相遇复合时,会引起电极电位变化的现象,制作出免疫传感器。用这种抗体制成的免疫传感器可对某生物体内是否有这种抗原作检查,早期发现疾病,及时治疗。

（2）开发新材料

传感器材料是传感器技术的重要基础,由于材料科学的进步,人们在制造时,可任意控制它们的成分,从而设计制造出用于各种传感器的功能材料。用复杂材料来制造性能更加良好的传感器是今后的发展方向之一。

比如,半导体氧化物可以制造各种气体传感器,陶瓷传感器工作温度远高于半导体,而光导纤维的应用是传感器材料的重大突破。

高分子聚合物能随周围环境的相对湿度大小成比例地吸附和释放水分子,改变其介电常数。将高分子电介质做成电容器,测定电容容量的变化,即可得出相对湿度。利用这个原理制成等离子聚合法聚苯乙烯薄膜温度传感器。

（3）新工艺的采用

在发展新型传感器中,离不开新工艺的采用。新工艺的含义范围很广,这里主要指与发展新型传感器联系特别密切的微细加工技术。该技术又称微机械加工技术,是近年来随着集成电路工艺发展起来的,它是离子束、电子束、分子束、激光束和化学刻蚀等用于微电子加工的技术,目前已越来越多地用于传感器领域。

（4）集成化和多功能化

为同时测量几种不同被测参数，可将几种不同的传感器元件复合在一起，形成集成块。集成化后的传感元件不仅可同时进行多种参数的测量，还可对这些参数的测量结果进行综合处理和评价，反映出被测系统的整体状态。

集成传感器还可以将辅助电路中的元件与传感元件同时集成在一块芯片上，使之具有校准、补偿、自诊断和网络通信的功能。

（5）智能化

智能化传感器是一种对外界信息具有检测、数据处理、逻辑判断、自诊断和自适应能力的集成一体化多功能传感器，是计算机技术和传感器技术相结合的结果。这种传感器可自行选择最佳方案，并能将已获得的大量数据进行分割处理，实现高速度、高精度远距离传输。

2.5.2 改善传感器性能的技术途径

（1）差动技术

差动技术是传感器中普遍采用的技术。它的应用可显著地减小温度变化、电源波动、外界干扰等对传感器精度的影响，抵消了共模误差，减小非线性误差等。

（2）平均技术

在传感器中普遍采用平均技术，其原理是利用若干个传感单元同时感受被测量，其输出则是这些单元输出的平均值，根据误差理论，总的误差将减小。

（3）补偿与修正技术

对于传感器特性，找出误差的变化规律，采用适当的方法加以补偿或修正。补偿与修正可以针对传感器本身特性，也可以针对传感器的工作条件或外界环境。补偿与修正的手段可以利用电子线路（硬件）来解决，也可以采用计算机通过软件来实现。

（4）屏蔽、隔离与干扰抑制

传感器的现场工作环境往往是难以充分预料的，甚至是恶劣的。各种外界因素会影响传感器的精度与各有关性能。为了减小测量误差，保证其原有性能，就应设法削弱或消除外界因素对传感器的影响。

（5）稳定性处理

作为长期使用的器件，传感器的稳定性显得特别重要。造成传感器性能不稳定的原因是随着时间的推移和环境条件的变化，构成传感器的各种材料与元器件性能将发生变化。

提高传感器性能的稳定性措施可以有附加的调整元件以及增加老化强度等。

 思考题

1. 有哪些需要测量的电参量？
2. 交直流电压需要测量哪些测量？
3. 频率的测量使用了哪些方法？
4. 简述测量系统的基本组成。
5. 什么是信息融合？信息融合的一般方法是什么？
6. 传感器网络的作用是什么？

第3章

电容式传感器

3.1 电容式传感器工作原理和类型

电容器是电子技术的三大类无源元件（电阻、电感和电容）之一，以电容器为敏感元件，将被测非电量转换为电容量变化的传感器称为电容式传感器。

电容式传感器具有测量范围大、灵敏度高、结构简单、适应性强、动态响应时间短、易实现非接触测量等优点。由于材料、工艺，特别是测量电路及半导体集成技术等方面已达到了相当高的水平，寄生电容的影响得到了较好的解决，使电容式传感器的优点得以充分发挥。电容式传感器广泛用于压力、位移、厚度、加速度、液位、物位、湿度和成分含量等测量之中。

3.1.1 工作原理

电容器结构原理见图 3-1。

由绝缘介质分开的两个平行金属板即构成了一个平板电容器。设电容极板间介质的介电常数为 ε、两平行板所覆盖的面积为 S、初始极距为 δ 时，如果不考虑边缘效应，则电容器的电容量为

$$C = \frac{\varepsilon S}{\delta} = \frac{\varepsilon_r \varepsilon_0 S}{\delta} \tag{3-1}$$

式中，ε_0 为真空介电常数，$\varepsilon_0 = 80854 \times 10^{-12}$ F/m；ε_r 为极板间介质相对介电常数，对于空气介质 $\varepsilon_r \approx 1$。

当被测参数变化使得式中的 S、ε 或 δ 发生变化时，电容量 C 也随之变化。如果保持其中两个参数不变，而仅改变其中一个参数，就可把该参数的变化转换为电容量的变化，通过测量电路就可转换为电量输出。

图 3-1　电容器结构示意图　　　　　　图 3-2　电容式传感器分类

因此，电容式传感器可分为：改变极板之间距离 δ 的变极距型；改变极板遮盖面积 S 的变面积型以及改变电介质之介电常数 ε 的变介质型三种类型。见图 3-2。

常用电容式传感元件的结构形式见图 3-3。

3.1.2 变极距型电容式传感器

变极距型电容式传感器结构示意图见图 3-4。

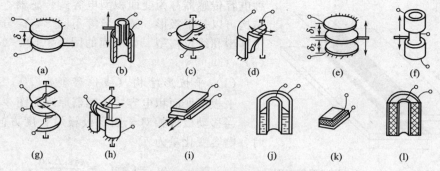

图 3-3　电容式传感元件的各种结构形式

图中，极板 1 固定不动，称为定片；极板 2 为可动电极，称为动片。当动片随被测量变化而移动时，使两极板间距变化，从而使电容量产生变化。

若极板间距 δ 因被测量变化而变化 $\Delta\delta$ 时，则有

$$\Delta C = \frac{\varepsilon S}{\delta - \Delta\delta} - \frac{\varepsilon S}{\delta} = \frac{\varepsilon S}{\delta} \times \frac{\Delta\delta}{\delta - \Delta\delta} = C_0 \frac{\Delta\delta}{\delta - \Delta\delta} \tag{3-2}$$

式中，C_0 为极距为 δ 时的初始电容量。

电容的相对变化量为 $\dfrac{\Delta C}{C_0} = \dfrac{\Delta\delta}{\delta_0 - \Delta\delta} = \dfrac{\dfrac{\Delta\delta}{\delta_0}}{1 - \dfrac{\Delta\delta}{\delta_0}}$，当 $\dfrac{\Delta\delta}{\delta_0} \ll 1$ 时，$\dfrac{\Delta C}{C_0} \approx \dfrac{\Delta\delta}{\delta_0}$，即容量的相对变化量与位移相对变化量成正比。

考虑到在设计时要满足 $\dfrac{\Delta\delta}{\delta_0} \ll 1$ 的条件，一般 $\Delta\delta$ 只能在极小的范围内变化。

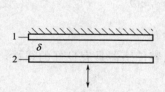

图 3-4　变极距型电容式传感器结构示意图

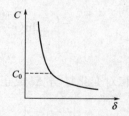

图 3-5　变化 $C\text{-}\delta$ 特性曲线

图 3-5 为变化 $C\text{-}\delta$ 特性曲线。

传感器的灵敏度为

$$K = \frac{\Delta C}{\Delta\delta} = \frac{C_0}{\delta_0} = \frac{\varepsilon S}{\delta_0^2} \propto \frac{1}{\delta_0^2} \tag{3-3}$$

一般变极板间距离电容式传感器的起始电容在 $20 \sim 100\text{pF}$ 之间，极板间距离在 $25 \sim 200\mu\text{m}$ 的范围内，最大位移应小于间距的 $1/10$，所以，变极距型电容式传感器在微位移测量中应用最广。

在实际应用中，为了改善非线性、提高灵敏度和减小外界因素（如电源电压、环境温度）的影响，常常做成差动式结构并采用适当的测量电路。

3.1.3　变面积型电容式传感器

被测量通过动极板移动引起两极板有效覆盖面积 S 改变，从而得到电容量的变化。这

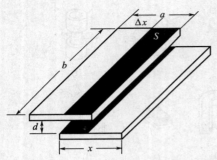

图 3-6 平板形变面积电容式传感器原理图

种电容传感器称为变面积型电容式传感器。传感器的结构可以是平板形、圆柱形等不同形状。分别称为角位移型和线位移型。如前面的图 3-3(b)、(c)、(d)、(g)、(i)。

（1）平板形结构（线位移型）

平板形变面积电容式传感器原理见图 3-6。

当移动极板相对于固定极板沿长度方向平移 Δx 时，电容变化量为

$$\Delta C = C - C_0 = \frac{\varepsilon_0 \varepsilon_r \Delta x b}{d} \qquad (3-4)$$

式中，$C_0 = \frac{\varepsilon_0 \varepsilon_r ab}{d}$ 为初始电容。

电容相对变化量为 $\frac{\Delta C}{C_0} = \frac{\Delta x}{a}$，电容量 C 与水平位移 Δx 呈线性关系。

（2）圆柱形结构（线位移型）

变面积型电容式传感器中，平板形结构对极距变化特别敏感，测量精度受到影响。而圆柱形结构受极板径向变化的影响很小，成为实际中最常采用的结构。

图 3-7 为线位移桶式电容传感器原理图。

其中线位移式的电容量 C 在忽略边缘效应时为

$$C = \frac{2\pi l \varepsilon}{\ln(r_2/r_1)} \qquad (3-5)$$

其中，l 为外圆筒与内圆柱覆盖部分的长度；r_2、r_1 为圆筒内半径和内圆柱外半径。

当两圆筒相对移动 Δl 时，电容变化量为

$$\Delta C = \frac{2\pi l \varepsilon}{\ln(r_2/r_1)} - \frac{2\pi(l - \Delta l)\varepsilon}{\ln(r_2/r_1)} = \frac{2\pi \Delta l \varepsilon}{\ln(r_2/r_1)} = C_0 \frac{\Delta l}{l}$$

则

$$\frac{\Delta C}{C_0} = \frac{\Delta l}{l}$$

容量的相对变化量与 Δl 成正比，即圆柱形变面积电容传感器具有良好的线性。

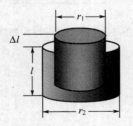

图 3-7 线位移桶式电容式传感器原理图

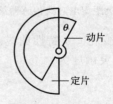

图 3-8 角位移式电容传感器原理示意图

（3）角位移结构

图 3-8 为角位移式电容传感器原理示意图。

设定片、动片轴线之间的夹角为 θ，当 $\theta = 0$ 时，$C_0 = \frac{\varepsilon S}{\delta}$，当动片有一个角位移，$\theta \neq 0$ 时，与定极板间的有效覆盖面积减小，从而改变了两极板间的电容量，则

$$C = \frac{\varepsilon S(1 - \theta/\pi)}{\delta} = C_0(1 - \theta/\pi) \qquad (3-6)$$

可以看出，传感器的电容量 C 与角位移 θ 呈线性关系。

3.1.4 变介电常数型电容式传感器

变介电常数型电容式传感器有较多的结构形式，大多用来测量电介质的厚度、液位。还可根据极间介质的介电常数随温度、湿度改变而改变来测量介质材料的温度、湿度。

（1）单组式平板形厚度传感器

若忽略边缘效应，单组式平板形厚度传感器如图 3-9 所示。

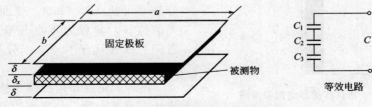

图 3-9 电容式厚度传感器示意图

传感器的电容量与被测物体厚度的关系为

$$C_0 = \frac{ab}{(\delta - \delta_x)/\varepsilon_0 + \delta_x/\varepsilon} \tag{3-7}$$

其中，ε 为被测物介电常数；ε_0 为空气介电常数。

（2）单组式平板形位移传感器

单组式平板形线位移传感器如图 3-10 所示。

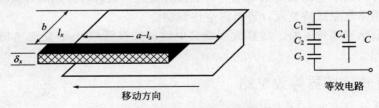

图 3-10 忽略边缘效应示意图

若忽略边缘效应，传感器的电容量与位移的关系为

$$C = \frac{l_x b}{(\delta - \delta_x)/\varepsilon_0 + \delta_x/\varepsilon} + \frac{b(a - l_x)}{\delta/\varepsilon_0} \tag{3-8}$$

其中，l_x 为被测物进入两极板间的长度；b 为电极板的宽度；δ_x 为被测物体的厚度。电容相对变化率为

$$\frac{\Delta C}{C_0} = \frac{C - C_0}{C_0} = \frac{(\delta_x - 1)l_x}{a}$$

可见，电容的变化与电介质 δ_x 的移动量 l_x 呈线性关系。

（3）圆筒式液位传感器

图 3-11 是一种变极板间介质的电容式传感器用于测量液位高低的结构原理图。

设被测介质的介电常数为 ε_r，液面高度为 h，变换器总高度为 H，内筒外径为 d，外筒内径为 D，若忽略边缘效应，则此时变换器电容值为

$$C = \frac{2\pi\varepsilon_r h}{\ln\frac{D}{d}} + \frac{2\pi\varepsilon(H-h)}{\ln\frac{D}{d}} = \frac{2\pi\varepsilon H}{\ln\frac{D}{d}} + \frac{2\pi h(\varepsilon_r - \varepsilon)}{\ln\frac{D}{d}} = C_0 + \frac{2\pi h(\varepsilon_r - \varepsilon)}{\ln\frac{D}{d}} \tag{3-9}$$

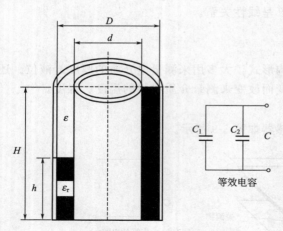

图 3-11 液位传感器结构原理图

从公式的后一项可以看出，此变换器的电容增量正比于被测液位高度 h。

式中，ε 为空气介电常数；C_0 为由变换器的基本尺寸决定的初始电容值，$C_0 = \dfrac{2\pi\varepsilon H}{\ln\dfrac{D}{d}}$。

变极距型适用于较小位移的测量，量程在 1cm 至零点几毫米、精度可达 0.01mm、分辨率可达 0.001mm；变面积型能测量较大的位移，量程为零点几毫米至数百毫米之间、线性优于 0.5%、分辨率为 0.01～0.001mm。

电容式角度和角位移传感器的动态范围为 0.1°至几十度，分辨率约 0.1°，零位稳定性可达角秒级，广泛用于精密测角，如用于高精度陀螺和摆式加速度计。

3.2 电容式传感器的信号测量及转换电路

电容式传感器中电容值以及电容变化值都十分微小，在皮法数量级。这样微小的电容量不便为显示仪表所显示，也不便于传输。这就必须借助于测量电路检出这一微小电容增量，并将其转换成与其成单值函数关系的电压、电流并放大，或者转换成随容量变化频率改变的信号。也可以用来改变脉冲宽度，进行占空比调制。

信号转换电路有调频电路、运算放大器式电路、二极管双 T 形交流电桥、脉冲宽度调制电路等。

3.2.1 电容式传感器等效电路

电容式传感器的完整等效电路见图 3-12(a)。

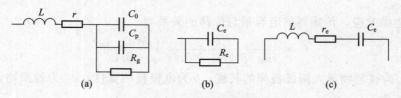

图 3-12 电容式传感器等效电路

图中，L 包括引线电缆电感和电容式传感器本身的电感；r 由引线电阻、极板电阻和金属支架电阻组成；C_0 为传感器本身的电容；C_p 为引线电缆、所接测量电路及极板与外界所形成的总寄生电容；R_g 是极间等效漏电阻，它包括极板间的漏电损耗和介质损耗、极板与外界间的漏电损耗和介质损耗，其值在制造工艺上和材料选取上应保证足够大。

当供电电源频率较低或高温高湿环境条件下使用时，R_g 不能忽略，这时传感器可等效成图 3-12(b) 所示的电路。

电源频率高至几兆赫时，R_g 可以忽略，但电流趋肤效应使导体的电阻增加，必须考虑传输线的分布电感和电阻，这时电容传感器可等效为图 3-12(c) 所示电路。

计算有效电容 C_e：$\dfrac{1}{j\omega C_e}=\dfrac{1}{j\omega C}+j\omega L$，则 $C_e=\dfrac{C}{1-\omega^2 LC}$。

可以看出，由于分布参数 L 的影响，电容传感器存在着本征频率 $\omega_0=\dfrac{1}{\sqrt{LC}}$。

当电容传感器工作频率等于或接近 ω_0 时，电容器处于谐振状态，不能稳定工作。因此，工作频率应该选择低于 ω_0。一般采取工作频率为 ω_0 的 $1/3\sim1/2$。

所以，电容式传感器的有效电容除与位移有关外，还与工作频率有关。因此，在实际应用时必须与标定的工作频率相同。

3.2.2 调频测量电路

调频测量电路把电容式传感器作为谐振回路的一部分。当输入物理量导致电容量发生变化时，振荡器的振荡频率就发生变化。

虽然可将频率作为测量系统的输出量，用以判断被测非电量的大小，但此时系统是非线性的，不易校正。因此，可以利用鉴频器，将频率的变化转换为振幅的变化，经过放大就可以用仪器指示或记录仪记录下来。调频测量电路原理框图如图 3-13 所示。

图 3-13 调频测量电路原理框图

调频振荡器的振荡频率为

$$f=\dfrac{1}{2\pi\sqrt{LC}} \tag{3-10}$$

式中 L——振荡回路的电感；

         C——振荡回路的总电容，$C=C_1+C_2+C_0\pm\Delta C$；

         C_1——振荡回路固有电容；

         C_2——传感器引线分布电容；

$C_0\pm\Delta C$——传感器的电容。

当被测信号为 0 时，$\Delta C=0$，则 $C=C_1+C_2+C_0$，所以振荡器有一个固有频率 f_0。

$$f_0=\dfrac{1}{2\pi\sqrt{(C_1+C_2+C_0)L}}$$

当被测信号不为 0 时，$\Delta C\neq0$，振荡器频率有相应变化，此时频率为

$$f=\dfrac{1}{2\pi\sqrt{(C_1+C_2+C_0\pm\Delta C)L}}=f_0\pm\Delta f$$

调频电容传感器测量电路具有很高的灵敏度，可以测至 $0.01\mu m$ 级的位移变化量。频率输出易于用数字仪器测量和与计算机通信，抗干扰能力强，可以无线开路发送、接收以实现遥测遥控。

3.2.3 电桥电路

将电容式传感器接入交流电桥的一个臂或两个相邻臂，另两个臂可以是固定电阻、固定电容或固定电感，也可是变压器的两个二次线圈。

电容传感器交流电桥的不同接法见图 3-14。

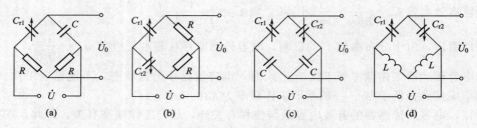

图 3-14 电容传感器构成的交流电桥

使用电容和电感构成的电桥 [图 3-14(d)]，由于采用了紧耦合的电感臂，使电桥具有较高的灵敏度和稳定性，且寄生电容影响极小，大大简化了电桥的屏蔽和接地，适合于高频电源下工作。而变压器式电桥使用元件最少，桥路内阻最小，因此目前较多采用。

电容及紧耦合电感电桥电路见图 3-15。

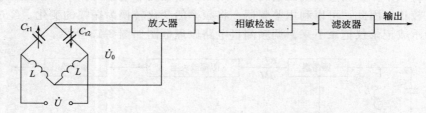

图 3-15 电容及紧耦合电感电桥电路

电容量的变化转换为电桥的电压输出，经放大、相敏检波、滤波后，再推动显示、记录仪器。

3.2.4 二极管双 T 形交流电桥

二极管双 T 形交流电桥电容传感电路原理示意图见图 3-16。

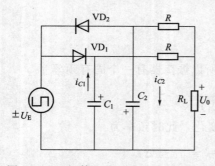

图 3-16 二极管双 T 形交流电桥原理图

VD_1、VD_2 为特性完全相同的两个二极管，$R_1 = R_2 = R$，C_1、C_2 为传感器的两个差动电容。当传感器没有输入时，$C_1 = C_2$。

高频电源是幅值为 U_E、周期为 T、占空比为 50% 的方波。若将二极管理想化，则当电源为正半周时，完成对电容 C_1 的充电；当电源为负半周时，完成对电容 C_2 的充电。则 R_L 上输出电压的平均值为

$$U_0 = \frac{RR_L(R+2R_L)}{(R+R_L)^2} \times \frac{U_E}{T}(C_1 - C_2)$$

可以看出，输出电压的平均值 U_0 不仅与电源电压的幅值和频率有关，而且与 T 形网络中的电容 C_1 和 C_2 的差值有关。当电源电压的幅值和频率为常数时，输出电压的平均值与差动电容 C_1 与 C_2 的差值成正比。

3.2.5 差动脉冲宽度调制电路

差动脉冲宽度调制电路利用对传感器电容的充放电使电路输出脉冲的宽度随传感器电容量变化而变化。通过低通滤波器得到对应被测量变化的直流信号。

图 3-17 为差动脉冲宽度调制电路原理图。

图中，C_1、C_2 为差动式传感器的两个电容，若用单组式，则其中一个为固定电容，其电容值与传感器电容初始值相等；A_1、A_2 是两个比较器，U_r 为参考电压。

当接通电源后，若触发器 Q 端为高电平，$\overline{Q}$ 端为低电平，则触发器通过 R_1 对 C_1 充电；当 F 点电位 U_F 升到与参考电压 U_r 相等时，比较器 A_1 产生一脉冲使触发器翻转，

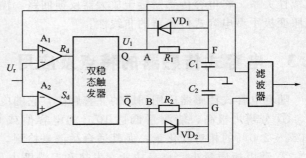

图 3-17 差动脉冲调宽电路

从而使 Q 端为低电平，Q 端电压为 U_1。此时，由电容 C_1 通过二极管 VD_1 迅速放电至零，而触发器由 $\overline{Q}$ 端经 R_2 向 C_2 充电；当 G 点电位 U_G 与参考电压 U_r 相等时，比较器 A_2 输出一脉冲使触发器翻转，如此交替激励。即比较器的输出控制双稳态触发器的状态。双稳态触发器的输出提供差动电容器的电压。电容端的电压又反过来控制比较器的翻转。

根据电路知识可知电路中 A 点和 B 点电压的平均值 U_A、U_B 分别为

$$U_A = \frac{T_1}{T_1 + T_2}U_1, \quad U_B = \frac{T_2}{T_1 + T_2}U_1 \tag{3-11}$$

T_1 和 T_2 为 C_1 和 C_2 的充电时间，即 Q 端和 $\overline{Q}$ 端输出方波脉冲的宽度，它们分别为

$$T_1 = R_1 C_1 \ln \frac{U_1}{U_1 + U_r}, \quad T_2 = R_2 C_2 \ln \frac{U_1}{U_1 + U_r} \tag{3-12}$$

A、B 两点间的电压经低通滤波器滤波后获得，等于 A、B 两点电压平均值 U_A 与 U_B 之差：

$$U_o = U_A - U_B = \frac{T_1}{T_1 + T_2}U_1 - \frac{T_2}{T_1 + T_2}U_1 = \frac{T_1 - T_2}{T_1 + T_2}U_1 \tag{3-13}$$

若 $R_1 = R_2 = R$，将式(3-11)代入式(3-13)得 $U_o = \frac{C_1 - C_2}{C_1 + C_2}U_1$。即输出的直流电压与传感器两电容差值成正比。

差动脉冲调宽电路适用于任何差动电容式传感器，并具有理论上的线性特性，转换效率高，经过低通放大器就有较大的直流输出，且调宽频率的变化对输出没有影响。

3.2.6 运算放大器式电路

图 3-18 为运算放大器测量电路原理图。

根据基尔霍夫定律，可列出方程组：

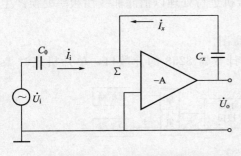

图 3-18 运算放大器测量电路原理图

$$\begin{cases} U_i = \dfrac{I_i}{j\omega C_0} \\ U_o = \dfrac{I_x}{j\omega C_x} \\ I_i = -I_x \end{cases}$$

解方程组，得 $U_o = -\dfrac{C_0}{C_x}U_i$。式中负号表示输出电压与电源电压相反。

从公式中可以看出，输出电压与电容极板间距

成线性关系。将电容传感器接于放大器反馈回路，输入端接固定电容，构成反相放大器。能克服变极距型电容式传感器的非线性。

3.3 电容式传感器的特点及应用

随着电容式传感器应用问题的完善解决，它的应用优点十分明显。

① 分辨力极高，能测量低达 10^{-7} 的电容值或 $0.01\mu m$ 的绝对变化量和高达 $\Delta C/C=100\%\sim200\%$ 的相对变化量，尤其适合微信息检测。

② 动极板质量小，自身功耗、发热和迟滞极小，可获得较好的静态精度和动态特性。

③ 结构简单，不含有机材料或磁性材料，对环境（除高湿外）的适应性较强。

④ 过载能力强。

⑤ 电容式传感器可实现无接触测量。

电容传感器可用来测量直线位移、角位移、振动振幅（可测至 $0.05\mu m$ 微小振幅），尤其适合测量高频振动振幅、精密轴系回转精度、加速度等机械量，还可用来测量压力、差压力、液位、料面、成分含量（如油、粮食中的含水量）、非金属材料的涂层、油膜等的厚度，测量电介质的湿度、密度、厚度等，在自动检测和控制系统中也常常用来作为位置信号发生器。

用来测量金属表面状况、距离尺寸、振幅等量的电容传感器，往往用单极式变间隙电容传感器，使用时常将被测物作为传感器的一个极板，而另一个电极板在传感器内。

3.3.1 差动式电容测厚传感器

图 3-19 所示为频率型差动式电容测厚传感器系统组成框图。

传感器上下两个极板与金属板上下表面间构成电容传感器。将被测电容 C_1、C_2 分别加入两个变换振荡器的谐振回路，则振荡器的振荡频率为

$$f_1=\frac{1}{2\pi[L(C_{x1}+C_0)]^{1/2}}, \quad f_2=\frac{1}{2\pi[L(C_{x2}+C_0)]^{1/2}}$$

$$(3-14)$$

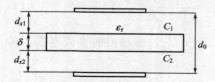

图 3-19 频率型差动式电容测厚传感器系统组成框图

式中，C_0 为耦合和寄生电容。两个电容器容量分别为：$C_{x1}=\dfrac{\varepsilon_r S}{d_{x1}}$，$C_{x2}=\dfrac{\varepsilon_r S}{d_{x2}}$。

通过测量振荡频率，即可得出两个电容器的间距 d_{x1}、d_{x2} 的信息。所以板厚 $\delta=d_0-(d_{x1}+d_{x2})$。

式中，ε_r 为极板间介质的相对介电常数；S 为极板面积；d_0 为传感器外侧距离。

各频率值通过取样计数器获得数字量，然后由微机进行处理以消除非线性频率变换产生的误差，即可获得板材厚度。

图 3-20 为调频式差动电容式测厚传感器原理示意图。

经过电容传感器得到的两个不同频率 f_1、f_2 送计数器 8253 的计数口，单片机定时 1s

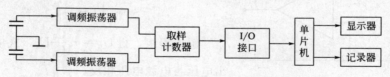

图 3-20 调频式差动电容式测厚传感器原理示意图

取 8253 计数器中的计数值，即为 f_1、f_2。然后利用前面的公式即可算出厚度。

3.3.2　电容式料位传感器

图 3-21 是电容式料位传感器结构示意图。测定电极安装在罐的顶部，这样在罐壁和测定电极之间就形成了一个电容器。

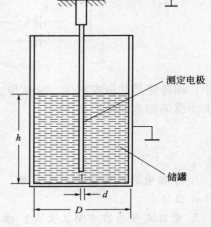

当罐内放入被测物料时，由于被测物料介电常数的影响，传感器的电容量将发生变化，电容量变化的大小与被测物料在罐内高度有关，且成比例变化。检测出这种电容量的变化就可测定物料在罐内的高度。

传感器的静电电容可由下式表示：

$$C = \frac{k(\varepsilon_s - \varepsilon_0)h}{\ln \dfrac{D}{d}} \qquad (3\text{-}15)$$

式中　k——比例常数；

　　　ε_s——被测物料的相对介电常数；

　　　ε_0——空气的相对介电常数；

　　　D——储罐的内径；

　　　d——测定电极的直径；

　　　h——被测物料的高度。

图 3-21　电容式料位传感器结构示意图

假定罐内没有物料时的传感器静电电容为 C_0，放入物料后传感器静电电容为 C_1，则两者电容差为 $\Delta C = C_1 - C_0$。

由上式可见，两种介质常数差别越大，极径 D 与 d 相差越小，传感器灵敏度就越高。

3.3.3　电容式接近开关

电容式接近开关示意图见图 3-22。

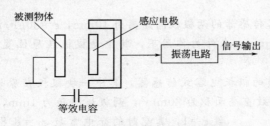

图 3-22　电容式接近开关示意图

测量头构成电容器的一个极板，另一个极板是物体本身，当物体移向接近开关时，物体和接近开关的介电常数发生变化，使得和测量头相连的电路状态也随之发生变化。接近开关的检测物体，并不限于金属导体，也可以是绝缘的液体或粉状物体。

3.3.4　液体燃料测量

液体燃料测量使用了圆柱形电容传感器，其结构见图 3-23。

其电容为

$$C_x = C_1 + C_2 = \frac{2\pi\varepsilon_1(H - h_2)}{\ln(r_1/r_2)} + \frac{2\pi\varepsilon_2 h_2}{\ln(r_1/r_2)} = \frac{2\pi\varepsilon_1 H}{\ln(r_1/r_2)} + \frac{2\pi(\varepsilon_2 - \varepsilon_1)h_2}{\ln(r_1/r_2)} = C_{x0} + \Delta C$$

当燃油增大，h_2 增大，ΔC 也增大，即传感器的电容增大；燃油减少，h_2 减少，ΔC 也

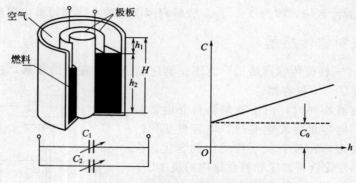

图 3-23　液体燃料测量电容传感器

减小，即传感器的电容减少。这样传感器就把油量的变化转换为电容的变化，通过测量电容的大小就能知道油量的多少。

 思考题

1. 根据电容式传感器工作原理，可将其分为几种类型？每种类型各有什么特点？各适用于什么场合？

2. 电容式传感器有哪三大类？推导电容变化后的输出公式。

3. 有一变极距型电容传感器，两极板的重合面积为 $8cm^2$，两极板间的距离为 1mm，已知空气的相对介电常数为 1.0006，试计算该传感器的位移灵敏度。

4. 如何改善单极式变极距型电容传感器的非线性？

5. 采用运算放大器作电容传感器的测量电路，其输出特性是否为线性的？为什么？

6. 一个变极距型电容式位移传感器的有关参数为：初始极距 $\delta = 1mm$，$\varepsilon_r = 1$，$S = 314mm^2$。当极板极距变化为 $\Delta\delta = 10\mu m$ 时，计算该电容传感器的电容绝对变化量和相对变化量各是多少？

7. 已知变面积型电容传感器的两极板间距离为 10mm，$\varepsilon = 50\mu F/m$，两极板几何尺寸一样，为 $30mm \times 20mm \times 5mm$。在外力作用下，其中动极板在原位置上向外移动了 10mm，试求 $\Delta C = ?$　$K = ?$

8. 有个以空气为介质的极板电容式传感器，其中一块极板在原始位置上平移了 15mm后，与另一极板之间的有效重叠面积为 $20mm^2$，两极板间距为 1mm，已知空气相对介电常数 $\varepsilon = 1$，真空时的介电常数 $\varepsilon_0 = 8.854 \times 10^{-12} F/m$。求该传感器的位移灵敏度 K。

9. 图 3-24 为电容式传感器的双 T 形电桥测量电路，已知 $R_1 = R_2 = 40k\Omega$，$R_L = 20k\Omega$，$E = 10V$，$f = 1MHz$，$C_0 = 10pF$，$C_1 = 10pF$，$\Delta C = 1pF$。求 U_L 的表达式及对应上述已知参数的 U_L 值。

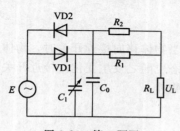

图 3-24　第 9 题图

10. 简述差动电容测厚传感器系统的工作原理。

11. 设计一个油料液位监测系统。当液位高于 x_1 时，鸣响振铃并点亮红色 LED 灯；当液位低于 x_2 时，鸣响振铃并点亮黄色 LED 灯；当液位处于两者之间时，亮绿色 LED 灯。

第4章

电感式传感器

利用电磁感应原理将被测非电物理量如位移、压力、流量、振动等转换成线圈自感量 L 或互感量 M 的变化，再由测量电路转换为电压或电流的变化量输出，这种装置称为电感式传感器。

$$被测非电物理量 \xrightarrow{\text{电磁感应}} 电感自感或互感 \longrightarrow 电信号电压或电流$$

电感式传感器具有结构简单、工作可靠、测量精度高、零点稳定、输出功率较大等一系列优点，其主要缺点是灵敏度、线性度和测量范围相互制约，传感器自身频率响应低，不适用于快速动态测量。这种传感器能实现信息的远距离传输、记录、显示和控制，在工业自动控制系统中被广泛采用。

电感式传感器可分为自感式、互感式（变压器式）和电涡流式三种类型。

4.1 自感式传感器

4.1.1 工作原理

自感式传感器亦称变磁阻式传感器，它由线圈、铁芯（定铁芯）和衔铁（动铁芯）三部分组成。其结构如图4-1所示。

在铁芯和衔铁之间有气隙，气隙厚度为 δ，传感器的运动部分与衔铁相连。当衔铁移动时，气隙厚度 δ 发生改变，引起磁路中磁阻变化，也导致电感线圈的电感值变化。因此，只要能测出这种电感量的变化，就能确定衔铁位移量的大小和方向。

对于变隙式传感器，因为气隙很小，所以可以认为气隙中的磁场是均匀的。若忽略磁路磁损，则磁路总磁阻为

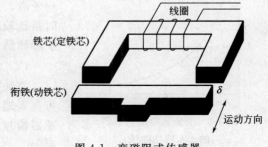

图4-1 变磁阻式传感器

$$R_{\mathrm{m}} = \frac{l_1}{\mu_1 S_1} + \frac{l_2}{\mu_2 S_2} + \frac{2\delta}{\mu_0 S_0} = 铁芯磁阻 + 衔铁磁阻 + 气隙磁阻$$

式中　μ_0——空气的磁导率；

$\quad\quad \mu_1$——铁芯材料的磁导率；

$\quad\quad \mu_2$——衔铁材料的磁导率；

$\quad\quad l_1$——磁通通过铁芯的长度；

$\quad\quad l_2$——磁通通过衔铁的长度；

$\quad\quad S_1$——铁芯的截面积；

$\quad\quad S_2$——衔铁的截面积；

S_0——气隙的截面积；

δ——气隙的厚度。

通常气隙磁阻远大于铁芯和衔铁的磁阻，则上式可近似为

$$R_m = \frac{2\delta}{\mu_0 S_0}$$

根据电感定义，线圈中电感量可由公式 $L = \Psi/I = W\Phi/I$ 确定。式中，Ψ 为线圈总磁链；I 为通过线圈的电流；W 为线圈的匝数；Φ 为穿过线圈的磁通。

由磁路欧姆定律，得 $\Phi = IW/R_m$，可得

$$L = \frac{W^2}{R_m} = \frac{W^2 \mu_0 S_0}{2\delta} \tag{4-1}$$

此式表明，当线圈匝数 W 为常数时，电感 L 仅仅是磁路中磁阻 R_m 的函数，只要改变气隙的厚度 δ 或气隙的截面积 S_0 均可导致电感变化。因此又可分为变 δ 和变 S_0 的变磁阻式传感器。使用最广泛的是变气隙厚度 δ 式电感传感器。

（1）气隙型自感传感器

① 当衔铁上移使气隙减小 $\Delta\delta$ 时，$\delta = \delta_0 - \Delta\delta$，则此时输出电感为 $L = L_0 + \Delta L$。

$$L = L_0 + \Delta L = \frac{W^2 \mu_0 S_0}{2(\delta_0 - \Delta\delta)} = \frac{L_0}{1 - \dfrac{\Delta\delta}{\delta_0}}$$

当 $\dfrac{\Delta\delta}{\delta_0} \ll 1$ 时，$\dfrac{\Delta L}{L_0} = \dfrac{\Delta\delta}{\delta_0}$。

② 当衔铁下移 $\Delta\delta$ 时，可以得出同样结论。

式（4-1）也表明，实际使用的气隙型电感传感器与 δ 之间是非线性关系，特性曲线如图 4-2 所示。

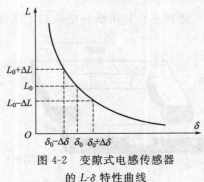

图 4-2 变隙式电感传感器的 L-δ 特性曲线

气隙型自感传感器的测量范围与灵敏度及线性度相矛盾，所以变隙式电感式传感器用于测量微小位移时是比较精确的。为了减小非线性误差，提高灵敏度，实际测量中广泛采用差动变气隙式电感传感器。

（2）差动自感传感器

差动技术是传感器中普遍采用的技术。它的应用可显著地减小温度变化、电源波动、外界干扰等对传感器精度的影响，抵消了共模误差，减小非线性误差等。

① 差动式电感传感器工作原理 差动气隙式电感传感器由两个相同的电感线圈 L_1、L_2 和磁路组成，见图 4-3。

测量时，衔铁通过导杆与被测位移量相连，当被测体上下移动时，导杆带动衔铁也以相同的位移上下移动，衔铁与上下线圈的距离 δ_1、δ_2 一个增大，一个减小，使两个磁回路中磁阻发生大小相等、方向相反的变化，导致一个线圈的电感量增加，另一个线圈的电感量减小，形成差动形式。若将这两个差动线圈分别接入测量电桥邻臂，则当磁路总气隙改变时，自感亦相应变化。差动传感器电感相对变化量为

$$\frac{\Delta L}{L_0} = 2\frac{\Delta\delta}{\delta_0} \tag{4-2}$$

② 差动式电感传感器特性 采用差动技术，还可使灵敏度增大。与单线圈电感传感器相比，差动式电感传感器有下列优点。

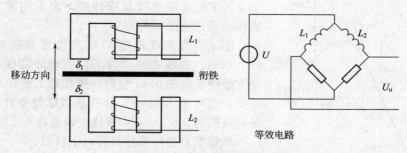

图 4-3　差动气隙式电感传感器原理及等效电路

- 线性好。
- 灵敏度提高一倍，即衔铁位移相同时输出信号大一倍。
- 对一些共模干扰，比如温度变化、电源波动、环境噪声对传感器精度的影响，由于能相互抵消而减小。
- 电磁吸力对测力变化的影响也由于能相互抵消而减小。

气隙式传感器工作行程较小，若取 $l_\delta = 2\text{mm}$，则行程为（0.2～0.5）mm；较大行程的位移测量，常利用螺管型自感传感器。

（3）螺管型自感传感器

螺管型自感传感器有单线圈和差动式两种结构形式。

单线圈螺管型传感器的主要元件为一只螺管线圈和一根圆柱形铁芯，见图 4-4。

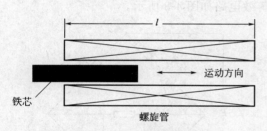

图 4-4　单线圈螺管型传感器结构图

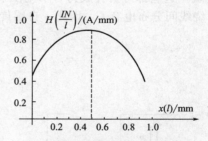

图 4-5　螺管线圈内磁场分布曲线

传感器工作时，因铁芯在线圈中伸入长度的变化，引起螺管线圈自感值的变化。当用恒流源激励时，则线圈的输出电压与铁芯的位移量有关。

螺管线圈内磁场分布曲线见图 4-5。

铁芯在开始插入（$x=0$）或几乎离开线圈时的灵敏度，比铁芯插入线圈的 1/2 长度时的灵敏度小得多。只有在线圈中段才有可能获得较高的灵敏度，并且有较好的线性特性。

若被测量与伸入长度的变化量 Δl_c 成正比，则变化的电感量 ΔL 与被测量也成正比。实际上由于磁场强度分布不均匀，输入量与输出量之间关系为非线性的。

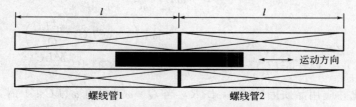

图 4-6　差动螺管型自感传感器结构示意图

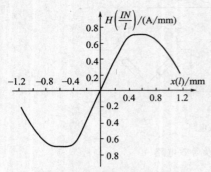

图 4-7 差动螺旋管式自感
传感器磁场分布曲线

为了提高灵敏度与线性度，常采用差动螺管型自感传感器，见图 4-6。

图 4-7 为差动螺管型自感传感器磁场分布曲线 $H=f(x)$。曲线表明：为了得到较好的线性，铁芯长度取线圈长度的 0.61 倍时，则铁芯工作在 H 曲线的拐弯处，此时 H 变化小。这种差动螺管型自感传感器的测量范围为 5~50mm，非线性误差在 0.5% 左右。

螺管型自感传感器具有以下特点。

- 结构简单，制造装配容易。
- 由于空气间隙大，磁路的磁阻高，因此灵敏度低，但线性范围大。
- 由于磁路大部分为空气，易受外部磁场干扰。
- 由于磁阻高，为了达到某一自感量，需要的线圈匝数多，因而线圈分布电容大。
- 要求线圈框架尺寸和形状必须稳定，否则影响其线性和稳定性。

4.1.2 测量电路

电感式传感器的测量电路有交流电桥式、交流变压器式以及谐振式等几种形式。

（1）自感线圈的等效电路

电感式传感器的线圈并非是纯电感，有功分量包括线圈线绕电阻和涡流损耗电阻及磁滞损耗电阻，这些都可折合成为有功电阻，其总电阻可用 R 来表示。无功分量包含线圈的自感 L，绕线间分布电容 C。因此，自感传感器的等效电路如图 4-8 所示。

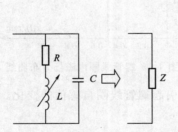

图 4-8 自感传感器等效电路

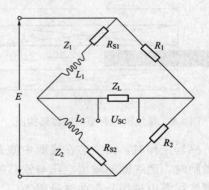

图 4-9 交流电桥原理图

等效线圈阻抗为
$$Z=\frac{(R+\mathrm{j}\omega L)\left(\dfrac{-\mathrm{j}}{\omega C}\right)}{R+\mathrm{j}\omega L-\dfrac{\mathrm{j}}{\omega C}}$$

$$Z=\frac{R}{(1-\omega^2 LC)^2+\left(\dfrac{\omega^2 LC}{Q}\right)^2}+\frac{\mathrm{j}\omega L\left(1-\omega^2 LC-\dfrac{\omega^2 LC}{Q^2}\right)}{(1-\omega^2 LC)^2+\left(\dfrac{\omega^2 LC}{Q}\right)^2}$$

将上式有理化并应用品质因数 $Q=\omega L/R$，当 $Q\gg\omega^2 LC$ 且 $\omega^2 LC\ll 1$ 时，上式可近似为 $Z=R+\mathrm{j}\omega L$。

（2）交流电桥式测量电路

交流电桥是自感传感器的主要测量电路，为了提高灵敏度，改善线性度，自感线圈一般接成差动形式。图4-9所示为交流电桥测量电路，把传感器的两个线圈作为电桥的两个桥臂 Z_1 和 Z_2，另外两个相邻的桥臂用纯电阻 R_1、R_2 代替。

电桥平衡条件：

$$\frac{Z_1}{Z_2} = \frac{R_1}{R_2}$$

设 $Z_1 = Z_2 = Z = R_S + j\omega L$；$R_1 = R_2 = R$；$R_{S1} = R_{S2} = R_S$；$L_1 = L_2 = L$。

E 为桥路电源，Z_L 是负载阻抗。工作时，$Z_1 = Z + \Delta Z$ 和 $Z_2 = Z - \Delta Z$。

$$U_{SC} = E\frac{\Delta Z}{Z} \times \frac{Z_L}{2Z_L + R + Z}, \text{ 当 } Z_L \to \infty \text{ 时}$$

$$U_{SC} = E\frac{\Delta Z}{2Z} = \frac{E}{2} \times \frac{\Delta R_S + j\omega\Delta L}{R_S + j\omega L}$$

其输出电压幅值　$U_{SC} = \frac{\sqrt{\omega^2\Delta L^2 + \Delta R_S^2}}{2\sqrt{R_S^2 + (\omega L)^2}}E \approx \frac{\omega\Delta L}{2\sqrt{R_S^2 + (\omega L)^2}}E$

输出阻抗　$Z = \dfrac{\sqrt{(R + R_S)^2 + (\omega L)^2}}{2}$

$$U_{SC} = \frac{E}{2}\frac{1}{\left(1 + \dfrac{1}{Q^2}\right)}\left[\left(\frac{1}{Q^2} \times \frac{\Delta R_S}{R_S} + \frac{\Delta L}{L}\right) + j\frac{1}{Q}\left(\frac{\Delta L}{L} - \frac{\Delta R_S}{R_S}\right)\right]$$

其中，$Q = \dfrac{\omega L}{R_S}$ 为自感线圈的品质因数。

桥路输出电压 U_{SC} 包含与电源 E 同相和正交两个分量。

在实际测量中，只希望有同相分量，如能使 $\dfrac{\Delta L}{L} = \dfrac{\Delta R_S}{R_S}$ 或 Q 值比较大，均能达到此目的。

但在实际工作时，$\dfrac{\Delta R_S}{R_S}$ 一般很小，所以要求线圈有高的品质因数。

当 Q 值很高时，$U_{SC} = \dfrac{E}{2} \times \dfrac{\Delta L}{L}$；当 Q 值很低时，自感线圈的电感远小于电阻，电感线

圈相当于纯电阻（$\Delta Z = R_S$），交流电桥即为电阻电桥，此时输出电压 $U_{SC} = \dfrac{E}{2} \times \dfrac{\Delta R_S}{R_S}$。

该电桥结构简单，其电阻 R_1、R_2 可用两个电阻和一个电位器组成，调零方便。

（3）变压器式交流电桥

变压器式交流电桥测量电路如图4-10所示。

电桥两臂 Z_1、Z_2 为传感器线圈阻抗，另外两桥臂为交流变压器次级线圈的 $1/2$ 阻抗。当负载阻抗为无穷大时，桥路输出电压：

$$U_{SC} = \frac{E}{Z_1 + Z_2}Z_2 - \frac{E}{2} = \frac{E}{2} \times \frac{Z_2 - Z_1}{Z_1 + Z_2}$$

平衡臂为变压器的两个副边，当负载阻抗为无穷大时，流入工作臂的电流为

$$I = \frac{E}{Z_1 + Z_2}$$

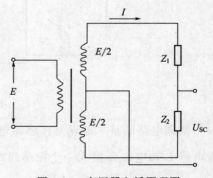

图4-10　变压器电桥原理图

当传感器的衔铁处于中间位置，初始 $Z_1 = Z_2 =$

$Z=R_{\mathrm{S}}+\mathrm{j}\omega L$，则 $U_{\mathrm{SC}}=0$，电桥平衡。

当传感器衔铁上移或下移时，设 $Z_1=Z+\Delta Z$ 和 $Z_2=Z-\Delta Z$，相当于差动式自感传感器的衔铁向一侧移动，则 $U_{\mathrm{SC}}=\dfrac{E}{2}\times\dfrac{\Delta Z}{Z}$；同理反方向移动时 $U_{\mathrm{SC}}=-\dfrac{E}{2}\times\dfrac{\Delta Z}{Z}$。

衔铁上下移动时，输出大小相等方向相反的电压，由于是交流电压，输出指示无法判断位移方向，需接入专门的相敏检波电路。

变压器电桥的输出电压幅值

$$U_{\mathrm{SC}}=\frac{\omega\Delta L}{2\sqrt{R_{\mathrm{S}}^2+\omega^2 L^2}}E$$

输出阻抗为（略去变压器副边的阻抗，它远小于电感的阻抗）

$$Z=\frac{\sqrt{R_{\mathrm{S}}^2+\omega^2 L^2}}{2}$$

变压器电桥与电阻平衡电桥相比，元件少，输出阻抗小，桥路开路时电路呈线性。但变压器副边不接地，易引起来自原边的静电感应电压，使高增益放大器不能工作。

（4）谐振式测量电路

谐振式测量电路有谐振式调幅电路和谐振式调频电路。

① 谐振式调幅电路　谐振式调幅电路示意图及振幅曲线见图 4-11。

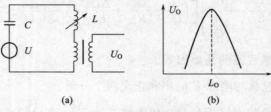

图 4-11　谐振式调幅电路

在调幅电路中，传感器电感 L 与电容 C，变压器原边串联在一起，接入交流电源，变压器副边将有电压 U_{O} 输出，输出电压的频率与电源频率相同，而幅值随着电感 L 而变化，图4-11(b) 所示为输出电压 U_{O} 与电感 L 的关系曲线，其中 L_{O} 为谐振点的电感值，此电路灵敏度很高，但线性差，适用于线性要求不高的场合。

② 谐振式调频电路　谐振式调频电路示意图及频率曲线见图 4-12。

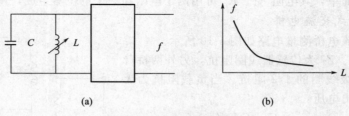

图 4-12　谐振式调频电路

调频电路的基本原理是传感器电感 L 变化将引起输出电压频率的变化。一般是把传感器电感 L 和电容 C 接入一个振荡回路中，其振荡频率 $f=\dfrac{1}{2\pi\sqrt{LC}}$。当 L 变化时，振荡频率随之变化，根据 f 的大小即可测出被测量的值。图 4-12(b) 表示 f 与 L 的特性，它具有明显的非线性关系。

4.1.3　变磁阻式传感器的应用

变磁阻式传感器可以用来测量振动、厚度、应变、压力、加速度等各种物理量。

（1）膜盒式变隙式差动电感压力传感器

图 4-13 所示是变隙式差动电感压力传感器的结构图。它由膜盒、铁芯、衔铁及线圈等组成，衔铁与膜盒的上端连在一起。

当压力进入膜盒时，膜盒的顶端在压力 p 的作用下产生与压力 p 大小成正比的位移。于是衔铁也发生移动，从而使气隙发生变化，流过线圈的电流也发生相应的变化，电流表指示值就反映了被测压力的大小。

（2）弹簧管式变隙式差动电感压力传感器

图 4-14 所示为变隙式差动电感压力传感器结构示意图。

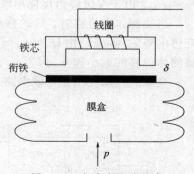

图 4-13　变隙式差动电感
压力传感器结构图

变隙式差动电感压力传感器主要由 C 形弹簧管、衔铁、铁芯和线圈等组成。

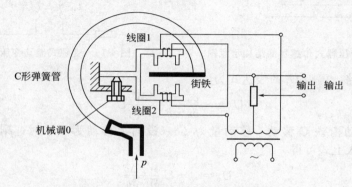

图 4-14　变隙式差动电感压力传感器

当被测压力进入 C 形弹簧管时，C 形弹簧管产生变形，其自由端发生位移，带动与自由端连接成一体的衔铁运动，使线圈 1 和线圈 2 中的电感发生大小相等、符号相反的变化，即一个电感量增大，另一个电感量减小。电感的这种变化通过电桥电路转换成电压输出。由于输出电压与被测压力之间成比例关系，所以只要用检测仪表测量出输出电压，即可得知被测压力的大小。

4.2　差动变压器式传感器

变压器式传感器是将非电量变化转换为线圈间互感变化的一种磁电机构，很像变压器的工作原理，而且次级绕组用差动形式连接，故称差动变压器式传感器。

差动变压器结构形式有变隙式、变面积式和螺线管式等，基本原理都差不多。

在非电量测量中，应用最多的是螺线管式差动变压器，它可以测量 1～100mm 机械位移，并具有测量精度高、灵敏度高、结构简单、性能可靠等优点。

4.2.1　变隙式差动变压器工作原理

闭磁路变隙式差动变压器式变压器的结构如图 4-15 所示。

在 A、B 两个铁芯上绕有 $W_{1a}=W_{1b}=W_1$ 的两个初级绕组和 $W_{2a}=W_{2b}=W_2$ 两个次级绕

组。两个初级绕组的同名端顺向串联，而两个次级绕组的同名端则反向串联。

没有位移时，衔铁 C 处于平衡位置，C 与两个铁芯的间隙 $\delta_{a0}=\delta_{b0}=\delta_0$，绕组 W_{1a}、W_{2a} 间的互感 M_a 与绕组 W_{1b}、W_{2b} 的互感 M_b 相等，致使两个次级绕组的互感电势相等，即 $e_{2a}=e_{2b}$。由于次级绕组反向串联，因此，差动变压器输出电压 $U_o=e_{2a}-e_{2b}=0$。

当被测体有位移时，C 的移动使间隙发生变化，$\delta_a \neq \delta_b$，互感 $M_a \neq M_b$，两次级绕组的互感电势 $e_{2a} \neq e_{2b}$，则 $U_o=e_{2a}-e_{2b} \neq 0$，差动变压器有电压输出，此电压的大小与极性反映被测体位移的大小和方向。

变隙式差动变压器等效电路见图 4-16。

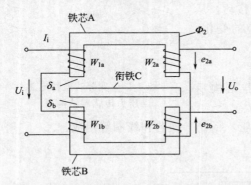

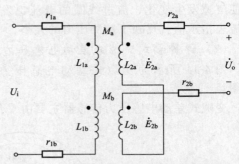

图 4-15 差动变压器式传感器的结构示意图   图 4-16 变隙式差动变压器等效电路

根据等效电路，可得 U_o 的表达式为

$$U_o=-\frac{\delta_b-\delta_a}{\delta_b+\delta_a} \times \frac{W_2}{W_1} U_i \qquad (4-3)$$

若被测体带动衔铁 C 移动，移动量为 $\Delta\delta$（设向上移动为正）时，则有 $\delta_a=\delta_0-\Delta\delta$，$\delta_b=\delta_0+\Delta\delta$，代入上式可得

$$U_o=--U_i \frac{W_2}{W_1} \frac{\Delta\delta}{\delta_0}$$

这表明：输出电压 U_o 与衔铁位移量 $\Delta\delta/\delta_0$ 成正比。

负号的意义：当衔铁向上移动时，$\Delta\delta/\delta_0$ 定义为正，U_o 与输入电压 U_i 反相；而当衔铁向下移动时，U_o 与输入电压 U_i 同相。

将式(4-3) 写成 $U_o=-\frac{W_2}{W_1} \times \frac{U_i}{\delta_0} \Delta\delta=-K\Delta\delta$，称 $K=\frac{W_2}{W_1} \times \frac{U_i}{\delta_0}$ 为变隙式差动变压器灵敏度。

从 K 表达式中可以看出，增加 W_2/W_1 的比值和减小 δ_0 都能使灵敏度 K 值提高。

4.2.2 误差因素分析

（1）激励电压幅值与频率的影响

激励电源电压幅值的波动，会使线圈激励磁场的磁通发生变化，直接影响输出电势。而频率的波动，只要适当地选择频率，其影响不大。

（2）温度变化的影响

周围环境温度的变化，引起线圈及导磁体磁导率的变化，从而使线圈磁场发生变化，产生温度漂移。当线圈品质因数较低时，影响更为严重，因此，采用恒流源激励比恒压源激励有利。适当提高线圈品质因数并采用差动电桥可以减少温度的影响。

（3）零点残余电压

当差动变压器的衔铁处于中间位置时，理想条件下其输出电压为零。但实际上，当使用桥式电路时，在零点仍有一个微小的电压值（从零点几毫伏到数十毫伏）存在，称为零点残余电压。

零点残余电压产生原因如下。

① 基波分量 由于差动变压器两个次级绕组不可能完全一致，初级线圈中铜损电阻及导磁材料的铁损和材质的不均匀，分布电容的存在等因素，所以等效电路各参数不可能相同，从而导致两个次级绕组的感应电势数值不等。

② 高次谐波 由于磁滞损耗和铁磁饱和的影响，导磁材料磁化曲线的非线性，使得激励电流与磁通波形不一致，产生了高次谐波分量（主要是三次谐波），从而在次级绕组感应出非正弦电势。

消除零点残余电压方法如下。

① 从设计和工艺材料上保证结构对称性 提高加工精度，线圈选配成对，采用磁路可调节结构。并选用高磁导率、低矫顽力、低剩磁感应的导磁材料，而且经过热处理，消除残余应力，以提高磁性能的均匀性和稳定性。

② 选用合适的测量线路 采用相敏检波电路不仅可鉴别衔铁移动方向，而且可以把衔铁在中间位置时，因高次谐波引起的零点残余电压消除掉。

③ 采用补偿线路

4.2.3 差动变压器式传感器测量电路

差动变压器输出的是交流电压，若用交流电压表测量，只能反映衔铁位移的大小，而不能反映移动方向（相位）。另外，其测量值中将包含零点残余电压。为了达到能辨别移动方向及消除零点残余电压的目的，实际测量时，常常采用差动整流电路和相敏检波电路。

（1）差动整流电路

这种电路是把差动变压器的两个次级输出电压分别整流，然后将整流的电压或电流的差值作为输出，图 4-17 给出了几种典型电路形式。图 (a)、(c) 适用于交流负载阻抗，图 (b)、(d) 适用于低负载阻抗，电阻 R_0 用于调整零点残余电压。

下面以全波电压输出为例［见图 (c)］，分析差动整流工作原理。

从电路结构可知，不论两个次级线圈的输出瞬时电压极性如何，流经电容 C_1 的电流方向总是从 2 到 4，流经电容 C_2 的电流方向从 6 到 8。故整流电路的输出电压为 $U_2 = U_{24} - U_{68}$。

当衔铁在零位时，因为 $U_{24} = U_{68}$，所以 $U_2 = 0$；当衔铁在零位以上时，因为 $U_{24} > U_{68}$，则 $U_2 > 0$；而当衔铁在零位以下时，因为 $U_{24} < U_{68}$，则 $U_2 < 0$。

差动整流电路具有结构简单，不需要考虑相位调整和零点残余电压的影响，分布电容影响小和便于远距离传输等优点，因而获得广泛应用。

（2）相敏检波电路

相敏检波电路如图 4-18 所示。用四个性能相同的二极管，以同一方向串联成一个闭合回路，形成环形电桥。

U_i：输入信号，差动变压器式传感器输出的调幅波电压，通过变压器 T_1 加到环形电桥的一个对角线。

U_r：参考信号，通过变压器 T_2 加入环形电桥的另一个对角线。U_r 的幅值要远大于 U_i，以便有效控制四个二极管的导通状态，且 U_r 和 U_i 由同一振荡器供电，保证二者同频、同相（或反相）。

U_o：输出信号，从变压器 T_1 与 T_2 的中心抽头引出。

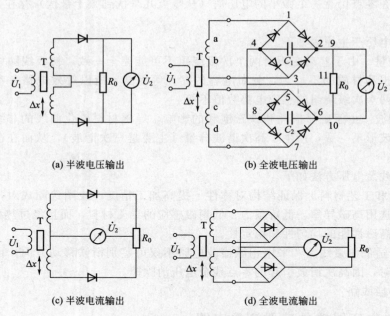

(a) 半波电压输出　　　　　　　(b) 全波电压输出

(c) 半波电流输出　　　　　　　(d) 全波电流输出

图 4-17　差动整流电路

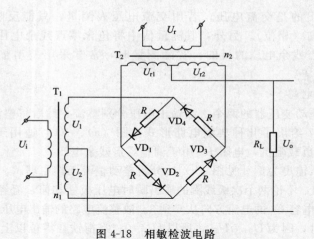

图 4-18　相敏检波电路

平衡电阻 R 起限流作用，避免二极管导通时变压器 T_2 的次级电流过大。R_L 为负载电阻。

其中，n_1、n_2 为变压器 T_1、T_2 的变比。

四个二极管的导通情况如下。

① VD_1 导通时输出电压　　　$U_o = U_1 + U_{r1} = \dfrac{U_i}{n_1} + \dfrac{U_r}{n_2}$

VD_3 导通时输出电压　　　　$U_o = U_2 + U_{r2} = \dfrac{U_i}{n_1} + \dfrac{U_r}{n_2}$

由于 VD_1、VD_3 导通时，输出电压在负载上均为上正下负。则输出电压为 $U_o =$ $\left(\dfrac{U_i}{n_1} + \dfrac{U_r}{n_2} \right) \dfrac{R_L}{\dfrac{R}{2} + R_L}$，对有效输入电压来说：

$$U_o = \frac{U_i}{n_1} \times \frac{R_L}{\frac{R}{2} + R_L} = \frac{U_i R_L}{2n_1(R + 2R_L)}$$

② 同样可得 VD$_2$、VD$_4$ 导通时的输出电压表达式：

VD$_2$ 导通时输出电压：　$U_o = -(U_2 + U_{r1}) = -\left(\frac{U_i}{n_1} + \frac{U_r}{n_2}\right)$

VD$_4$ 导通时输出电压：　$U_o = -(U_1 + U_{r1}) = -\left(\frac{U_i}{n_1} + \frac{U_r}{n_2}\right)$

对有效输入电压来说，输出电压

$$U_o = -\frac{U_i}{n_1} \times \frac{R_L}{\frac{R}{2} + R_L} = -\frac{U_i R_L}{2n_1(R + 2R_L)}$$

所以，对于一个完整的信号周期，输出电压：

$$U_o = -\frac{R_L U_i}{n_1(R + 2R_L)} \tag{4-4}$$

上述相敏检波电路输出电压 U_o 的变化规律充分反映了被测位移量的变化规律，即 U_o 的值反映位移 Δx 的大小，而 U_o 的极性则反映了位移 Δx 的方向。

4.2.4 差动变压器式传感器的应用

差动变压器式传感器可直接用于位移测量，也可以测量与位移有关的任何机械量，如振动、加速度、应变、比重、张力和厚度等。

（1）差动变压器式加速度传感器

图 4-19 所示为差动变压器式加速度传感器的结构示意图。它由悬臂梁和差动变压器等构成。测量时，将悬臂梁底座及差动变压器的线圈骨架固定，而将衔铁的 A 端与被测振动体相连。当被测体带动衔铁以 $\Delta x(t)$ 振动时，导致差动变压器的输出电压也按相同规律变化。

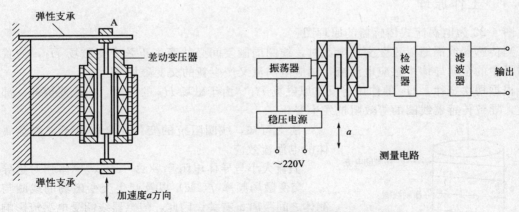

图 4-19 差动变压器式加速度传感器的结构示意图

（2）微压力传感器

将差动变压器和弹性敏感元件（膜片、膜盒和弹簧管等）相结合，可以组成各种形式的微压力传感器，见图 4-20。微压力传感器接口电路如图 4-21 所示。

这种传感器可分挡测量 $-5 \times 10^5 \sim 6 \times 10^5 \, \text{N/m}^2$ 压力，输出信号电压为 $0 \sim 50 \, \text{mV}$，精度为 1.5 级。

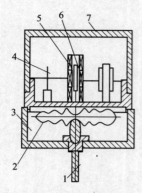

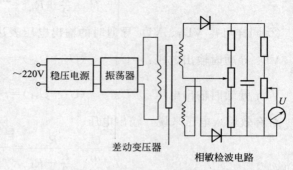

图 4-20　微压力传感器

1—接头；2—膜盒；3—底座；4—线路板；

5—差动变压器；6—衔铁；7—罩壳

图 4-21　微压力传感器接口电路

4.3　电涡流式传感器

　　根据法拉第电磁感应原理，块状金属导体置于变化的磁场中或在磁场中作切割磁力线运动时，导体内将产生呈涡旋状的感应电流，称为电涡流，以上现象称为电涡流效应。根据电涡流效应制成的传感器称为电涡流式传感器。

　　按照电涡流在导体内的贯穿情况，电涡流式可分为高频反射式和低频透射式两类，但从基本工作原理上来说仍是相似的。

　　电涡流式传感器最大的特点是能对位移、厚度、表面温度、速度、应力、材料损伤等进行非接触式连续测量，另外还具有体积小、灵敏度高、重复性好、频率响应宽等特点，应用非常广泛。

4.3.1　工作原理

　　图 4-22 为电涡流式传感器的原理图。

　　当传感器线圈通以正弦交变电流时，线圈周围空间必然产生正弦交变磁场 H_1，使置于此磁场中的金属导体中感应电涡流，感应电涡流又产生新的交变磁场 H_2。

　　根据楞次定律，H_2 的作用将反抗原磁场 H_1，由于磁场 H_2 的作用，涡流要消耗一部分能量，导致传感器线圈的等效阻抗发生变化。

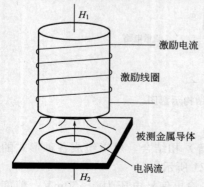

图 4-22　电涡流式传感器原理图

　　由上可知，线圈阻抗的变化完全取决于被测金属导体的电涡流效应。

　　涡流大小与导体电阻率 $\rho(\Omega \cdot cm)$、导体相对磁导率 μ_r、交变磁场频率 $f(Hz)$ 以及产生交变磁场的线圈与被测体之间距离 x 有关。因此，传感器线圈受电涡流影响时的等效阻抗 Z 的函数关系式为 $Z = f(\rho, \mu, r, f, x)$。

　　式中，r 为线圈与被测体的尺寸因子。

　　如果保持上式中其他参数不变，而只改变其中一个参数，传感器线圈阻抗 Z 就仅仅是这个参数的单值函数。通过与传感器配用的测量电路测出阻抗 Z 的变化量，即可实现对该参数的测量。

磁场变化频率愈高，涡流的集肤效应愈显著，即涡流穿透深度愈小，其穿透深度 h 可表示为

$$h = 5030\sqrt{\frac{\rho}{\mu_r f}}$$

4.3.2 电涡流传感器测量电路

电涡流传感器测量的基本原理是当传感器的线圈与被测体之间的距离发生变化时，将引起线圈的等效阻抗变化，也就是线圈阻抗 Z、线圈电感 L、品质因数 Q 都是位移 x 的单值函数。因此，测量电路的任务就是将 Z、L 和 Q 转换为有用的电压或电流的变化。相应地将有三种测量电路：阻抗测量电路、Q 值测量电路、电感测量电路。

（1）阻抗测量电路（Z 值测试法）

阻抗测量电路示意图如图 4-23 所示，当位移发生变化时，直接检测线圈的阻抗值的变化，通常采用电桥法测量。

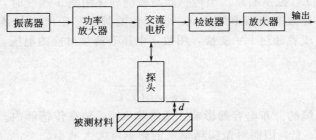

图 4-23 Z 值测试法示意图

振荡器产生的高频振荡电流经过功率放大器放大后送给交流电桥，当位移发生变化时，将使线圈阻抗变化，从而破坏电桥平衡，电桥不平衡电压信号输出，经过放大、检波以后，其输出信号就反映了被测量的变化。

（2）调幅测试电路（Q 值测试法）

将传感器线圈接入电容三点式振荡器的振荡回路中，在无被测体时，设回路谐振频率为 f_0，此时输出电压 e 即为谐振电压。当被测体接近传感线圈时，线圈的阻抗随之变化，不但振荡器的谐振频率发生变化，其振荡幅度也发生变化，即谐振曲线不但向两边移，而且变得平坦，此时振荡器输出的频率和幅值都发生了变化，取其输出电压为输出，它直接反映了 Q 值的变化，也就反映了位移量的变化。

图 4-24 为 Q 值测试法谐振曲线。

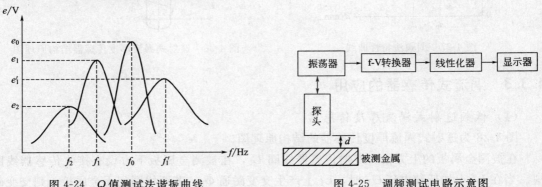

图 4-24 Q 值测试法谐振曲线　　　　　图 4-25 调频测试电路示意图

（3）调频测试电路（电感法）

调频测试电路示意图见图 4-25。

调频式测量实际电路见图 4-26。

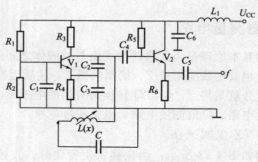

图 4-26　调频式振荡电路

传感器线圈接入 LC 振荡回路，当传感器与被测导体距离 x 改变时，在涡流影响下，传感器的电感变化，将导致振荡频率的变化，该变化的频率是距离 x 的函数。该频率可由数字频率计直接测量，或者通过 f-V 变换，用数字电压表测量对应的电压。

振荡器的频率为

$$f = \frac{1}{2\pi \sqrt{L(x)C}} \qquad\qquad (4-5)$$

为了避免输出电缆的分布电容的影响，通常将 L、C 装在传感器内。此时电缆分布电容并联在大电容 C_2、C_3 上，因而对振荡频率 f 的影响将大大减小。

由于频率与位移之间的非线性特性，如图 4-27 所示，还需加线性化器校正其非线性特性。该测量电路在减小温度对灵敏度的影响上明显优于 Z 值测试法和 Q 值测试法。

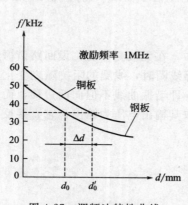

图 4-27　调频法特性曲线

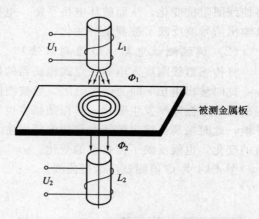

图 4-28　透射式涡流厚度传感器结构原理图

4.3.3　涡流式传感器的应用

（1）低频透射式涡流厚度传感器

图 4-28 为透射式涡流厚度传感器的结构原理图。

在被测金属板的上方设有发射传感器线圈 L_1，在被测金属板下方设有接收传感器线圈 L_2。当在 L_1 上加低频电压 U_1 时，L_1 上产生交变磁通 Φ_1，若两线圈间无金属板，则交变磁

通直接耦合至 L_2 中，L_2 产生感应电压 U_2。如果将被测金属板放入两线圈之间，则 L_1 线圈产生的磁场将导致在金属板中产生电涡流，并将贯穿金属板，此时磁场能量受到损耗，使到达 L_2 的磁通将减弱为 Φ_1'，从而使 L_2 产生的感应电压 U_2 下降。金属板越厚，涡流损失就越大，电压 U_2 就越小。因此，可根据 U_2 电压的大小得知被测金属板的厚度。透射式涡流厚度传感器的检测范围可达 $1\sim100\mathrm{mm}$，分辨率为 $0.1\mu\mathrm{m}$，线性度为 1%。

（2）高频反射式涡流厚度传感器

高频反射式涡流测厚仪测试系统见图 4-29。

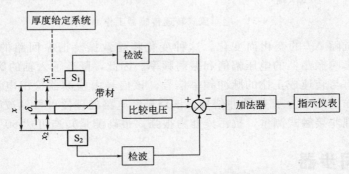

图 4-29 高频反射式涡流测厚仪测试系统

高频反射式涡流传感器结构示意图见图 4-30。

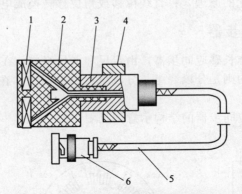

图 4-30 高频反射式涡流传感器结构示意图

1—线圈；2—框架；3—衬套；4—支架；5—电缆；6—插头

为了克服带材不够平整或运行过程中上下波动的影响，在带材的上、下两侧对称地设置了两个特性完全相同的涡流传感器 S_1 和 S_2。S_1 和 S_2 与被测带材表面之间的距离分别为 x_1 和 x_2。若带材厚度不变，则被测带上、下表面之间的距离总有 $x_1+x_2=$ 常数的关系存在。两传感器的输出电压之和为 $2U_0$，数值不变。

如果被测带材厚度改变量为 $\Delta\delta$，则两传感器与带材之间的距离也改变一个 $\Delta\delta$，两传感器输出电压此时为 $2U_0\pm\Delta U$。ΔU 经放大器放大后，通过指示仪表即可指示出带材的厚度变化值。带材厚度给定值与偏差指示值的代数和就是被测带材的厚度。

（3）电涡流式转速传感器

图 4-31 所示为电涡流式转速传感器工作原理图。在软磁材料制成的输入轴上加工一键槽，在距输入表面 d_0 处设置电涡流传感器，输入轴与被测旋转轴相连。

当被测旋转轴转动时，电涡流传感器与输出轴的距离变为 $d_0+\Delta d$。由于电涡流效应，

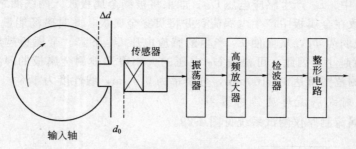

图 4-31 电涡流式转速传感器工作原理图

使传感器线圈阻抗随 Δd 的变化而变化，这种变化将导致振荡谐振回路的品质因数发生变化，它们将直接影响振荡器的电压幅值和振荡频率。因此，随着输入轴的旋转，从振荡器输出的信号中包含有与转速成正比的脉冲频率信号。该信号由检波器检出电压幅值的变化量，然后经整形电路输出频率为 f_n 的脉冲信号。该信号经电路处理便可得到被测转速。

特点：可实现非接触式测量，抗污染能力很强，最高测量转速可达 60 万转/分。

4.4 感应同步器

感应同步器是一种测量位移的平面变压器式位移-数字传感器。利用两个平面形绕组的互感随相对位置不同而变化的原理，将直线位移或角位移转换成电信号。

4.4.1 直线式感应同步器

直线式感应同步器又称长感应同步器，由定尺和滑尺组成，在定尺（转子）上的是连续绕组，在滑尺（定子）上的则是分段绕组。分段绕组分为两组，在空间相差 90°相角，故又称为正、余弦绕组。

长感应同步器和圆感应同步器的结构示意图见图 4-32。

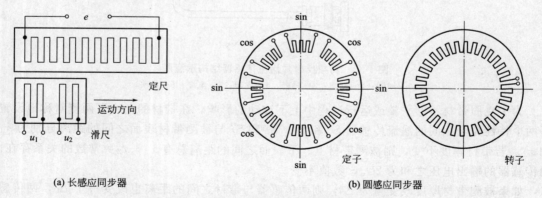

(a) 长感应同步器 (b) 圆感应同步器

图 4-32 长感应和圆感应同步器的结构示意图

工作时滑尺在定尺上滑动，在滑尺正、余弦绕组上通以交流激励电压，由于电磁耦合，在定尺绕组上就产生感应电动势，该电动势随定尺与滑尺的相对位置不同呈正弦、余弦函数变化，再通过对此信号的检测处理，便可测量出直线或转角的位移量。

感应同步器具有较高的精度与分辨力；抗干扰能力强；使用寿命长，维护简单；可以作长距离位移测量；工艺性好，成本较低，便于复制和成批生产。被广泛地应用于大位移静态与动态测量中。

4.4.2 信号处理方式

（1）鉴相方式

鉴相方式就是根据产生的感应电势相位的大小来测量位移。滑尺上加有等幅等频，相位差为90°的交流电压，即分别以 $\sin\omega t$ 和 $\cos\omega t$ 来激励，这样，就可以根据感应电势的相位来鉴别位移量，故叫鉴相型。当正弦绕组单独激励时励磁电压为 $u_s = U_m\sin\omega t$，正、余弦绕组空间位置相差 $(n+1/4)W$，则感应电势为 $e_s = k_v U_m\sin(2\pi x/W)\cos\omega t$。

当余弦绕组单独激励时，励磁电压为 $u_c = -U_m\cos\omega t$，感应电势为 $e_c = k_v U_m\cos(2\pi x/W)\sin\omega t$。

按叠加原理求得定尺上总感应电动势为

$$e = e_s + e_c = k_v U_m\sin(\omega t - \theta_x)$$

其中，相位角 $\theta_x = 2\pi x/W$。它在一个节距 W 之内与定尺和滑尺的相对位移有一一对应的关系，每经过一个节距，变化一个 2π 周期。

（2）鉴幅方式

设加到滑尺两相绕组交流励磁电压为 $u_s = U_s\sin\omega t$，$u_c = -U_c\sin\omega t$。它们分别在定尺绕组上感应出的电动势为 $e_s = k_v U_s\sin(2\pi x/W)\cos\omega t$，$e_c = -k_v U_c\cos(2\pi x/W)\cos\omega t$。

定尺的总感应电动势为

$$e = e_s + e_c = k_v\cos\omega t(U_s\sin\theta_x - U_c\cos\theta_x)$$

采用函数变压器使励磁电压幅值为 $u_s = U_m\cos\theta_d \rightarrow u_c = U_m\sin\theta_d$，$\theta_d$ 为励磁电压的电相角，则感应电动势可写成

$$e = k_v U_m\cos\omega t(\cos\theta_d\sin\theta_x - \sin\theta_d\cos\theta_x) = k_v U_m\cos\omega t\sin(\theta_x - \theta_d)$$

 思考题

1. 自感式传感器主要有哪几种类型？各有何特点？
2. 电感式传感器的测量电路有哪几种形式？各有何特点？
3. 说明差动变隙式电压传感器的主要组成、工作原理和基本特性。
4. 差动变压器式传感器有几种结构形式？各有什么特点？
5. 自感型电感传感器的灵敏度与哪些因素有关？要提高灵敏度可采取哪些措施？
6. 简述相敏检波电路的工作原理。
7. 比较差动式自感传感器和差动变压器在结构上及工作原理上的异同之处。
8. 何谓涡流效应？怎样利用涡流效应进行位移测量？
9. 电涡流传感器常用测量电路有几种？其测量原理如何？各有什么特点？
10. 简述直线式感应同步器的工作原理。

第5章

力敏传感器

力敏传感器指对力学量敏感的一类器件或装置。应变式传感器基本包括两个部分：一是弹性敏感元件，比如弹簧，利用它将被测物理量（如力、扭矩、加速度、压力等）转换为弹性体的应变值；另一部分是转换元件，比如电阻应变片，将应变力转换为电阻的变化，进而转化成电压或电流的变化。

力敏传感器的材料多种多样，可以是金属应变片式传感器、压阻式传感器、石英晶体压电传感器和压电陶瓷传感器。应变片除了用来测定试件应力、应变等力的参数外，还可派生出多种应变式传感器，用来测定力、扭矩、加速度、压力、振幅等其他物理量。

5.1 弹性敏感元件

弹性敏感元件把力或压力转换成了应变或位移，然后再由传感器将应变或位移转换成电信号。弹性敏感元件应具有良好的弹性、足够的精度，而且要保证长期使用以及温度变化时工作性能的稳定。

5.1.1 弹性敏感元件的特性

① 刚度　刚度是弹性元件在外力作用下变形大小的量度，一般用 k 表示。

$$k = \frac{\mathrm{d}F}{\mathrm{d}x} \tag{5-1}$$

② 灵敏度　灵敏度是指弹性敏感元件在单位力作用下产生变形的大小，在弹性力学中称为弹性元件的柔度。它是刚度 k 的倒数，用 K 表示。

$$K = \frac{\mathrm{d}x}{\mathrm{d}F} \tag{5-2}$$

③ 弹性滞后　实际的弹性元件在加载、卸载的正反行程中变形曲线是不重合的，这种现象称为弹性滞后现象，它会给测量带来误差。

④ 弹性后效　当载荷从某一数值变化到另一数值时，弹性元件变形不是立即完成相应的变形，而是经一定的时间间隔逐渐完成变形的，这种现象称为弹性后效。

⑤ 固有振荡频率　弹性敏感元件都有自己固有的机械共振频率，共振频率将影响传感器的动态特性。所以，传感器的工作频率应避开固有振荡频率。

5.1.2 弹性敏感元件的分类

弹性敏感元件在形式上可分为两大类：变换力的和变换压力的弹性敏感元件。

（1）变换力的弹性敏感元件

这类弹性敏感元件有等截面圆柱式、圆环式、等截面薄板式、悬臂梁式、扭转轴式等。如图 5-1 所示。

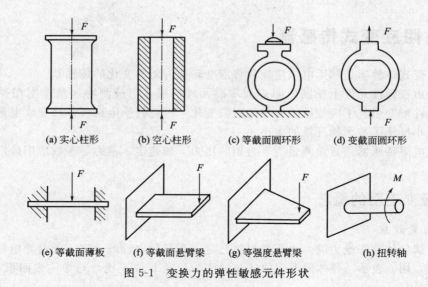

(a) 实心柱形　　(b) 空心柱形　　(c) 等截面圆环形　　(d) 变截面圆环形

(e) 等截面薄板　　(f) 等截面悬臂梁　　(g) 等强度悬臂梁　　(h) 扭转轴

图 5-1　变换力的弹性敏感元件形状

（2）变换压力的弹性敏感元件

变换压力的弹性敏感元件有弹簧管、波纹管、波纹膜片、波纹膜盒、薄壁圆筒等。

① 弹簧管　弹簧管形状如图 5-2 所示。

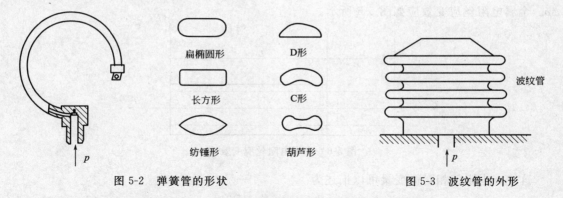

图 5-2　弹簧管的形状　　　　　　　　　　图 5-3　波纹管的外形

② 波纹管　波纹管是有许多同心环状皱纹的薄壁圆管，如图 5-3 所示。

③ 波纹膜片和膜盒　平膜片在压力或力作用下位移量小，因而常把平膜片加工制成具有环状同心波纹的圆形薄膜，这就是波纹膜片。如图 5-4 所示。

④ 薄壁圆筒　薄壁圆筒弹性敏感元件的结构如图 5-5 所示。圆筒的壁厚一般小于圆筒直径的 1/20。薄壁圆筒弹性敏感元件的灵敏度取决于圆筒的半径和壁厚，与圆筒长度无关。

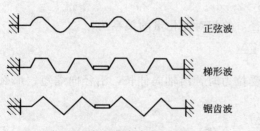

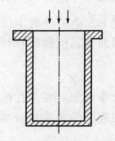

图 5-4　波纹膜片波纹的形状　　　　　图 5-5　薄壁圆筒弹性敏感元件的结构

5.2 电阻应变式传感器

电阻应变式传感器是利用电阻应变片将应变转换为阻值变化的传感器。

传感器由在弹性元件上粘贴电阻应变敏感元件构成。当被测物理量作用在弹性元件上时，弹性元件形变引起了应变敏感元件的阻值变化，通过转换电路将其转变成电量输出，电量变化的大小反映了被测物理量的大小。

应变式电阻传感器是目前测量力、力矩、压力、加速度、重力等参数应用最广泛的传感器之一。

5.2.1 应变电阻的概念

（1）应变效应

一根金属导体在未受力时，由于其材料已定，则其导电性能已定。衡量导电性能的参数称为电阻率，用 ρ 表示。导体的电阻值还与导体的长度 L 成正比，与导体截面积 S 成反比，电阻值为

$$R = \rho L / S$$

当电阻丝（金属导体做成的丝）受到拉力 F 作用时，将被拉长 ΔL，由于金属丝的体积不会发生变化，则横截面积相应减小 ΔS，同时，电阻率将因晶格发生变形等因素而改变 $\Delta \rho$。金属电阻丝应变效应如图 5-6 所示。

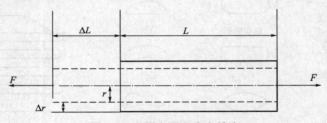

图 5-6　金属电阻丝应变效应

这样，电阻值相对微变量可以描述为

$$dR = \frac{1}{S}dL + \frac{\rho}{S}d\rho - \frac{\rho L}{S^2}dS$$

电阻的相对变化量：

$$\frac{\Delta R}{R} = \frac{\Delta L}{L} - \frac{\Delta S}{S} + \frac{\Delta \rho}{\rho} = \varepsilon - \frac{\Delta S}{S} + \frac{\Delta \rho}{\rho} \tag{5-3}$$

式中，应变 $\varepsilon = \dfrac{\Delta L}{L}$ 称为长度相对变化量，或称应变系数；$\dfrac{\Delta S}{S}$ 称圆形电阻丝的截面积相对变化量，设 r 为电阻丝的半径，其微变量 $dS = 2\pi r dr$。

则圆形截面金属丝截面积相对变化量和半径 r 的相对变化量的关系为

$$\frac{\Delta S}{S} = \frac{2\Delta r}{r} \tag{5-4}$$

由材料力学可知，在弹性范围内，金属丝受拉力时，沿轴向伸长，沿径向缩短，那么轴向应变和径向应变的关系可表示为

$$\frac{\Delta r}{r} = -\mu \frac{\Delta L}{L} = -\mu \varepsilon \tag{5-5}$$

式中，μ 为电阻丝材料的泊松比，负号表示应变方向相反。

将式(5-5) 带入式(5-4) 后再代入式(5-3)，经过整理，得

$$\frac{\Delta R}{R} = (1+2\mu)\varepsilon + \frac{\Delta \rho}{\rho}$$

将公式两边除以 ε，得

$$\frac{阻值相对变化量}{长度相对变化量} = \frac{\frac{\Delta R}{R}}{\varepsilon} = (1+2\mu) + \frac{\frac{\Delta \rho}{\rho}}{\varepsilon} = K_1 + K_2 = K$$

K 称为电阻丝的灵敏度系数，其物理意义是单位应变所引起的电阻相对变化量。从 K 的表达式中可以看出，灵敏度系数受两个因素影响：

K_1 是受力后材料几何尺寸的变化，K_1 和原材料有关，$K_1 = (1+2\mu)$；

K_2 是受力后材料的电阻率发生的变化，K_2 和电阻率以及形变有关，$K_2 = \dfrac{\frac{\Delta \rho}{\rho}}{\varepsilon}$。

对金属材料电阻丝来说，$K_1 \gg K_2$，则 $\dfrac{阻值相对变化量}{长度相对变化量} \approx \dfrac{\frac{\Delta R}{R}}{\varepsilon} = (1+2\mu) = K$，即在电阻丝拉伸极限内，灵敏度系数 K 为常数。

应变 ε 可写成 $\varepsilon = K^{-1} \dfrac{\Delta R}{R}$。

用应变片测量应变或应力时，在外力作用下，被测对象产生微小机械变形，应变片随着发生相同的变化，同时应变片电阻值也发生相应变化。

根据应力 σ 和应变的关系 $\sigma = E\varepsilon$（E 为试件材料的弹性模量）可知，应力值 σ 正比于应变 ε，而上面分析已经得出，试件应变 ε 正比于电阻值的变化，所以应力 σ 正比于电阻值的变化，当测得应变片电阻值变化量 ΔR 时，便可得到被测对象的应力值。

（2）电阻应变片的种类

电阻应变片通常分为两类：金属电阻应变片和半导体材料电阻应变片。

① 金属应变片　金属应变片由敏感栅、基片、覆盖层和引线等部分组成，如图 5-7 所示。

为了增加电阻的长度而又不至于面积过大，电阻往往绕成栅状，称为敏感栅。

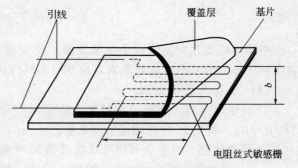

图 5-7　金属电阻应变片的结构

敏感栅是应变片的核心，承担将应变力转化成电量的任务。它粘贴在绝缘的基片上，其上再粘贴起保护作用的覆盖层，两端焊接引出导线。

金属电阻应变片的敏感栅有丝式、箔式和薄膜式三种。

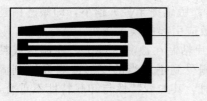

图 5-8　金属箔式应变片

· 箔式应变片。箔式应变片的工作原理和电阻丝式应变片相同。只是它的电阻敏感元件不是金属拉丝形成的栅，而是通过光刻、腐蚀等工序制成的金属箔片制成的栅，故称箔式电阻应变片，如图 5-8 所示。

金属箔的厚度一般为 $0.003 \sim 0.010$mm，它的基片和盖片多为胶质膜，基片厚度一般为 $0.03 \sim 0.05$mm。

箔式应变片优点是散热条件好，允许通过的电流较大，可制成各种所需的形状，便于批量生产。

• 薄膜应变片。薄膜应变片是采用真空蒸发或真空沉淀等方法在薄的绝缘基片上形成 $0.1\mu m$ 以下的金属电阻薄膜的敏感栅，最后再加上保护层。它的优点是应变灵敏度系数大，允许电流密度大，工作范围广。

② 半导体应变片　半导体应变片是用半导体材料制成的，当半导体材料在某一轴向受外力作用时，由于半导体晶格受挤压，其电阻率 ρ 会发生相应的变化，这种现象称半导体材料的压阻效应。

半导体应变片受轴向力作用时，其电阻相对变化依然可以描述成：

$$\frac{\Delta R}{R} = (1+2\mu)\ \varepsilon + \frac{\Delta \rho}{\rho}$$

电阻率相对变化量 $\dfrac{\Delta \rho}{\rho}$ 与半导体元件在轴向所受的应变力关系为

$$\frac{\Delta \rho}{\rho} = \sigma\pi = E\varepsilon\pi$$

式中，π 为半导体材料的压阻系数。

从上面公式可以得出

$$\frac{\Delta R}{R} = (1+2\mu+E\pi)\varepsilon$$

实验证明，$E\pi$ 比 $1+2\mu$ 大上百倍，当忽略 $1+2\mu$ 时，$\dfrac{\Delta R}{R} = E\pi\varepsilon$。即电阻相对变化量与应变力成正比。

半导体应变片的灵敏度系数

$$K_s = \frac{\dfrac{\Delta R}{R}}{\varepsilon} = E\pi$$

半导体应变片突出优点是灵敏度高，比金属丝式高 $50\sim80$ 倍，尺寸小，横向效应小，动态响应好。但它有温度系数大；应变时非线性比较严重等缺点。

（3）应变片主要特性

① 灵敏度系数　金属应变丝的电阻相对变化量与它所感受的应变之间具有线性关系：$\Delta R/R = K\varepsilon$。其中 K 即称为灵敏度系数。

② 横向效应　由于金属应变片敏感栅的两端为半圆弧形的横栅，测量应变时，构件的轴向应变 ε 使敏感栅电阻发生变化，其横向应变 ε_r 也将使敏感栅半圆弧部分的电阻发生变化（除了 ε 起作用外），应变片的这种既受轴向应变影响，又受横向应变影响而引起电阻变化的现象称为横向效应。

图 5-9 为应变片敏感栅半圆弧部分的形状。沿轴向应变为 ε，沿横向应变为 ε_r。敏感栅半径 r 越小，即敏感栅越窄、基长越长，其横向效应引起的误差越小。

③ 机械滞后　应变片粘贴在被测试件上，在制造或粘贴应变片时，如果敏感栅受到不适当的变形或者黏结剂固化不充分，当温度恒定时，其加载特性与卸载特性不重合，即为机械滞后。见图 5-10。

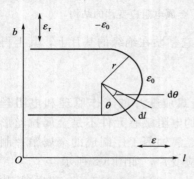

图 5-9　丝绕式应变片
敏感栅半圆弧形部分

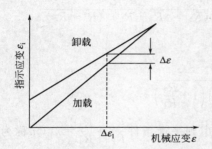

图 5-10 机械应变 ε 应变片的机械滞后

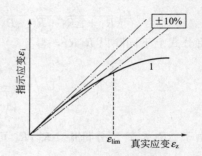

图 5-11 应变片的应变极限

机械滞后产生的原因是应变片在承受机械应变后，其内部会产生残余变形，使敏感栅电阻发生少量不可逆变化。

④ 零点漂移和蠕变　对于粘贴好的应变片，当温度恒定时，在不承受应变时，其电阻值随时间增加而变化的特性，称为应变片的零点漂移。如果在一定温度下，使应变片承受恒定的机械应变，其电阻值随时间增加而变化的特性称为蠕变。

⑤ 应变极限　真实应变指由于工作温度变化或承受机械载荷，在被测试件内产生应力（包括机械应力和热应力）时所引起的表面应变。

在一定温度下，应变片的指示应变对测试值的真实应变的相对误差不超过规定范围（一般为 10%）时的最大真实应变值，称为应变极限，见图 5-11。

⑥ 动态特性　当被测应变值随时间变化的频率很高时，需考虑应变片的动态特性。被测量随时间变化的形式可能是各种各样的，只要输入量是时间的函数，则其输出量也将是时间的函数。通常研究动态特性是根据标准输入特性来考虑传感器的响应特性。

5.2.2　电阻应变片的测量电路

由于机械应变一般都很小，要把微小应变引起的微小电阻变化测量出来，同时要把电阻相对变化 $\Delta R/R$ 转换为电压或电流的变化，然后利用电子测量仪表进行测量。

测量电路用来测量应变变化而引起电阻的变化。通常采用直流电桥和交流电桥。

（1）直流电桥

① 直流电桥平衡条件　电桥如图 5-12 所示，E 为电源，R_1、R_2、R_3 及 R_4 为桥臂电阻，R_L 为负载电阻。

当电源 E 为电势源，其内阻为零时

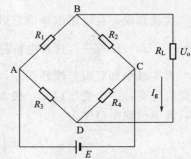

图 5-12　直流电桥电路

$$U_\text{o} = E\left(\frac{R_1}{R_1+R_2} - \frac{R_3}{R_3+R_4}\right)$$

当电桥平衡时，$\dfrac{R_1}{R_2}=\dfrac{R_3}{R_4}$ 或 $R_1R_4=R_2R_3$，此时，输出电压 $U_\text{o}=0$。

② 电压灵敏度　若 R_1 为电阻应变片，R_2、R_3、R_4 为电桥固定电阻，这就构成了单臂电桥。

应变片工作时，其电阻值变化很小，电桥相应输出电压也很小，一般需要加入放大器放大。由于放大器的输入阻抗比桥路输出阻抗高很多，此时仍可将电桥看做开路情况。若应变片电阻变化为 ΔR，其他桥臂固定不变，则电桥不平衡输出电压为

$$U_{\circ} = E\left(\frac{R_2}{R_1 + \Delta R_1 + R_2} - \frac{R_4}{R_3 + R_4}\right) = -E\frac{\Delta R_1 R_4}{(R_1 + \Delta R_1 + R_2)(R_3 + R_4)}$$

将分式上下同除以 $R_1 R_4$，得

$$U_{\circ} = E\frac{\dfrac{\Delta R_1}{R_1}}{\left(1 + \dfrac{\Delta R_1}{R_1} + \dfrac{R_2}{R_1}\right)\left(1 + \dfrac{R_3}{R_4}\right)}$$

由于 $\Delta R_1 \ll R_1$，分母中 $\Delta R_1/R_1$ 可忽略，并考虑到平衡条件 $\dfrac{R_1}{R_2} = \dfrac{R_3}{R_4} = n$（$n$ 称为桥臂比），则有

$$U_{\circ} = E\frac{\dfrac{\Delta R_1}{R_1}}{\left(1 + \dfrac{R_2}{R_1}\right)\left(1 + \dfrac{R_3}{R_4}\right)} = E\frac{1}{\left(1 + \dfrac{1}{n}\right)(1 + n)} \times \frac{\Delta R_1}{R_1}$$

$$= E\frac{1}{\dfrac{1}{n} + n + 2} \times \frac{\Delta R_1}{R_1} = E\frac{n}{1 + n^2 + 2n} \times \frac{\Delta R_1}{R_1} = E\frac{n}{(1 + n)^2} \times \frac{\Delta R_1}{R_1}$$

电桥电压灵敏度定义为

$$K = \frac{输出电压}{电阻相对变化量} = \frac{U_{\circ}}{\dfrac{\Delta R_1}{R_1}} = E\frac{n}{(1 + n)^2} \tag{5-6}$$

- 电桥电压灵敏度 K 正比于电桥供电电压，供电电压越高，电桥电压灵敏度越高。
- K 是桥臂电阻比值 n 的函数，恰当地选择 n 的值，可保证电桥具有较高的灵敏度。
- 当电源电压 E 和电阻相对变化量 $\dfrac{\Delta R_1}{R_1}$ 一定时，$U_{\circ}$、K 也是定值，且与各桥臂电阻阻值大小无关。

将 K 对 n 求导，并令其为 0，得其拐点：$\dfrac{\mathrm{d}K}{\mathrm{d}n} = \dfrac{1 - n^2}{(1 + n)^3} = 0$。当 $n = 1$ 时，K 为最大值。

这就是说，在电桥电压确定后，当 $R_1 = R_2 = R_3 = R_4$ 时，电桥电压灵敏度最高。此时有 $K = \dfrac{E}{4}$、$U_{\circ} = K\dfrac{\Delta R_1}{R_1}$。这种电桥称为等臂电桥或单臂电桥。

为了减小和克服非线性误差，常采用差动电桥方式。在试件上安装两个工作应变片，一个受拉应变，一个受压应变，接入电桥相邻桥臂，比如图 5-12 中 R_1、R_2，称为半桥差动电路，该电桥输出电压为

$$U_{\circ} = E\left(\frac{\Delta R_1 + R_1}{\Delta R_1 + R_1 + R_2 - \Delta R_2} - \frac{R_3}{R_3 + R_4}\right)$$

若 $\Delta R_1 = \Delta R_2$，$R_1 = R_2$，$R_3 = R_4$，则得

$$U_{\circ} = \frac{E}{2} \times \frac{\Delta R_1}{R_1}$$

可以看出，$U_{\circ}$ 与 $\dfrac{\Delta R_1}{R_1}$ 呈线性关系，差动电桥无非线性误差，而且电桥电压灵敏度为 $\dfrac{E}{2}$，比单臂工作时提高一倍，同时还具有温度补偿作用。

若将电桥四臂接入四片应变片，即两个受拉应变，两个受压应变，将两个应变符号相同的接入相对桥臂上，构成全桥差动电路，若 $\Delta R_1 = \Delta R_2 = \Delta R_3 = \Delta R_4$，且 $R_1 = R_2 = R_3 = R_4$，则

$$U_\text{o} = E\frac{\Delta R_1}{R_1}, \quad K = E$$

此时全桥差动电路不仅没有非线性误差，而且电压灵敏度是单片的 4 倍，同时具有温度补偿作用。

（2）交流电桥

根据直流电桥分析可知，由于应变电桥输出电压很小，一般都要加放大器，而直流放大器易于产生零漂，因此应变电桥多采用交流电桥，使用交流电压源。交流电桥示意图见图 5-13。

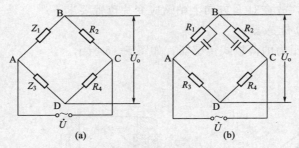

图 5-13　交流电桥

对交流电源来说，引线分布电容使得两桥臂应变片呈现复阻抗特性，即相当于两只应变片各并联了一个电容，交流电桥的平衡条件为 $\dfrac{R_2}{R_1} = \dfrac{R_4}{R_3} = \dfrac{C_1}{C_2}$。

对这种交流电容电桥，除要满足电阻平衡条件外，还必须满足电容平衡条件。为此在桥路上除了有电阻平衡调节外，还应该进行电容平衡调节。电桥平衡调节电路如图 5-14 所示。

当被测应力变化引起 $Z_1 = Z_0 + \Delta Z$，$Z_2 = Z_0 - \Delta Z$ 变化时，电桥输出为

$$U_\text{o} = U\left(\frac{Z_0 + \Delta Z}{2Z_0} - \frac{1}{2}\right) = \frac{1}{2}U \times \frac{\Delta Z}{Z_0}$$

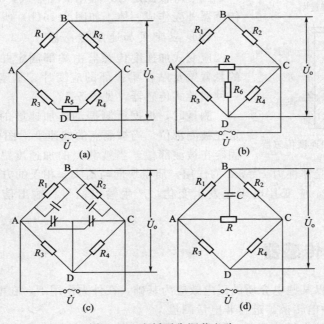

图 5-14　电桥平衡调节电路

5.2.3　应变式传感器的应用

被测物理量为荷重或力的应变式传感器，统称为应变式力传感器。应变式力传感器要求有较高的灵敏度和稳定性，当传感器在受到侧向作用力或力的作用点发生轻微变化时，不应对输出有明显的影响。

（1）梁力式传感器

梁力式传感器结构示意图见图 5-15。

等强度梁弹性元件是一种特殊形式的悬臂梁。力 F 作用于梁端三角形顶点上，梁内各断面产生的应力相等，故在对 L 方向上粘贴应变片位置要求不严。

（2）应变式压力传感器

测量气体或液体压力的薄板式传感器，如图 5-16 所示。

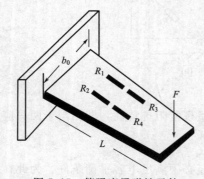

图 5-15　等强度梁弹性元件

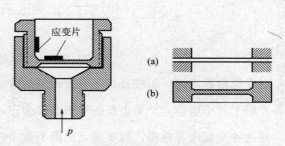

图 5-16　应变式压力传感器

当气体或液体压力作用在薄板承压面上时，薄板变形，粘贴在另一面的电阻应变片随之变形，并改变阻值。这时测量电路中电桥平衡被破坏，产生输出电压。

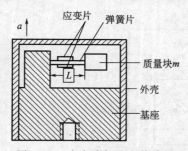

图 5-17　应变式加速度传感器

圆形薄板固定可以采用嵌固形式，如图 5-16(a)；或与传感器外壳作成一体，如图 5-16(b) 所示。

（3）应变式加速度传感器

应变式加速度传感器由端部固定并带有惯性质量块 m 的悬臂梁及贴在梁根部的应变片、基座及外壳等组成，是一种惯性式传感器，见图 5-17。

测量时，根据所测振动体加速度的方向，把传感器固定在被测部位。当被测点的加速度沿图中箭头所示方向时，固定在被测部位。当被测点的加速度沿图中箭头所示方向时，悬臂梁自由端受惯性力 $F=ma$ 的作用，质量块向与箭头 a 相反的方向相对于基座运动，使梁发生弯曲变形，应变片电阻也发生变化，产生输出信号；输出信号大小与加速度成正比。

5.3　压电式传感器

压电式传感器以某些电介质的压电效应为基础，在外力作用下，在电介质的表面上产生电荷，从而实现力-电转换，进行非电量测量。

压电传感元件是力敏感元件，能用来测量最终能变换为力的那些物理量，例如力、压力、加速度等。

压电式传感器具有响应频带宽、灵敏度高、信噪比大、结构简单、工作可靠、重量轻等优点。近年来，由于电子技术的飞速发展，随着与之配套的二次仪表以及低噪声、小电容、高绝缘电阻电缆的出现，使压电传感器的使用更为方便。因此，在工程力学、生物医学、石油勘探、声波测井、电声学等许多技术领域中获得了广泛的应用。

5.3.1　压电效应及压电材料

某些电介质，当沿着一定方向对其施力而使其变形时，其内部就产生极化现象，同时在它的两个表面上便产生符号相反的电荷，当外力去掉后，其又重新恢复到不带电状态，这种现象称压电效应。

当作用力方向改变时，电荷的极性也随之改变。有时人们把这种机械能转为电能的现象，称为"正压电效应"。相反，当在电介质极化方向施加电场，这些电介质也会产生变形，这种现象称为"逆压电效应"（电致伸缩效应）。

具有压电效应的材料称为压电材料，压电材料能实现机-电能量的相互转换，如图 5-18 所示。

图 5-18　压电效应可逆性

在自然界中大多数晶体具有压电效应，但压电效应十分微弱。随着对材料的深入研究，发现石英晶体、钛酸钡、锆钛酸铅等材料是性能优良的压电材料。

压电材料可以分为两大类：压电晶体和压电陶瓷。

（1）**石英晶体**

石英晶体化学式为 SiO_2（二氧化硅），是单晶体结构。天然结构的石英晶体外形见图 5-19。

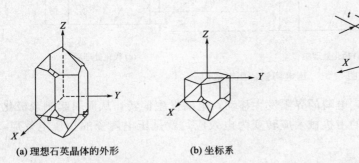

(a) 理想石英晶体的外形　　**(b) 坐标系**

图 5-19　天然结构的石英晶体外形

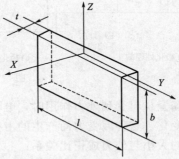

图 5-20　石英晶体切片

天然石英是一个正六面体，在晶体学中它可用三根互相垂直的轴来表示。其中纵向轴 Z-Z 称为光轴；经过正六面体棱线，并垂直于光轴的 X-X 轴称为电轴；与 X-X 轴和 Z-Z 轴同时垂直的 Y-Y 轴（垂直于正六面体的棱面）称为机械轴。

石英晶体各个方向的特性不尽相同。通常把沿电轴 X 方向的力作用下产生电荷的压电效应称为"纵向压电效应"，而把沿机械轴 Y 方向的作用下产生电荷的压电效应称为"横向压电效应"。

若沿 Z 轴方向施加作用力，因为晶体在 X 方向和 Y 方向所产生的形变完全相同，所以正负电荷重心保持重合，电偶极矩矢量和等于零。这表明沿 Z 轴方向施加作用力，晶体不会产生压电效应。

若从石英晶体上切下一片平行六面体——晶体切片，使它的晶面分别平行于 X、Y、Z 轴，并在垂直于 X 轴方向两面用真空镀膜或沉银法得到电极面。切片形状如图 5-20 所示。

图中，l、t 为晶体切片长度和厚度。

当在电轴 X 或机械轴 Y 方向施加作用力时，均在与 X 轴垂直的平面上产生电荷，电荷的符号由所受力的性质决定。当作用力的方向相反时，电荷的极性也随之改变。

石英晶体切片具有如下特性。

① 无论是正或逆压电效应，其作用力（应变）与电荷（电场强度）之间呈线性关系。

② 晶体在哪个方向上有正压电效应，则在此方向上一定存在逆压电效应。

③ 石英晶体不是在任何方向都存在压电效应的。

（2）压电陶瓷

压电陶瓷是人工制造的多晶体压电材料。材料内部的晶粒有许多自发极化的电畴。在陶瓷上施加外电场时，电畴的极化方向发生转动，趋向于按外电场方向的排列，从而使材料得到极化。外电场愈强，就有愈多的电畴更完全地转向外电场方向。

让外电场强度大到使材料的极化达到饱和的程度，即所有电畴极化方向都整齐地与外电场方向一致时，外电场去掉后，电畴的极化方向基本不变，即剩余极化强度很大，这时的材料才具有压电特性。如图 5-21（b）所示。

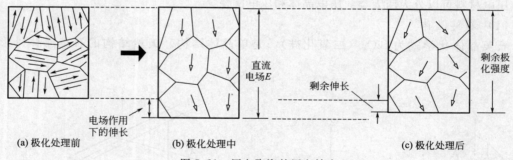

图 5-21 压电陶瓷的压电效应

当陶瓷材料受到外力作用时，电畴的界限发生移动，电畴发生偏转，从而引起剩余极化强度的变化。这种因受力而产生的由机械效应转变为电效应，就是压电陶瓷的正压电效应。电荷量的大小与外力成正比关系：

$$q = dF$$

式中，d 为压电陶瓷的压电系数；F 为作用力。

若在陶瓷片上加一个与极化方向相同的电场，陶瓷片将沿着极化方向产生伸长形变。若外加电场的方向与极化方向相反，则陶瓷片沿极化方向产生缩短形变。这就是陶瓷片的逆压电效应。

压电陶瓷的压电系数比石英晶体的大得多，所以采用压电陶瓷制作的压电式传感器的灵敏度较高。极化处理后的压电陶瓷材料的剩余极化强度和特性与温度有关，它的参数也随时间变化，从而使其压电特性减弱。

5.3.2 压电式传感器等效电路

当压电式传感器中的压电晶体承受被测机械应力的作用时，在它的两个极面上出现极性相反但电量相等的电荷，即可视为一个中间填有某种介质的电容器，如图 5-22 所示。

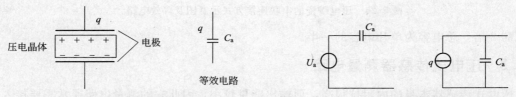

图 5-22 压电式传感器的等效电路　　　　　图 5-23 压电式传感器理想等效电路

其电容量为 $C_a = \dfrac{\varepsilon S}{\delta} = \dfrac{\varepsilon_r \varepsilon_0 S}{\delta}$，压电元件的开路电压为 $U_a = \dfrac{q}{C_a}$。

式中，S 为压电片的面积；δ 为压电片的厚度；ε_r 为压电材料的相对介电常数；ε_0 为真空介电常数。

因此，压电式传感器可等效为一个和电容器 C_a 相串联的电压源 U_a 电路，或者是一个和电容器 C_a 并联的电荷源 q 电路。等效电路见图 5-23。

压电式传感器在实际使用时总要与测量仪器或测量电路相连接，因此还需考虑连接电缆的等效电容 C_c，放大器的输入电阻 R_i，输入电容 C_i 以及压电传感器的泄漏电阻 R_a，这样压电式传感器在测量系统中的实际等效电路，如图 5-24 所示。

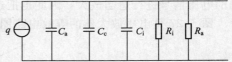

图 5-24 压电式传感器实际等效电路

用增加压电片数目和采用合理的连接方法可提高传感器灵敏度。经常采用压电片串联或并联的方式。

（1）并联连接方式

图 5-25 为两片压电陶瓷的并联连接方式示意图。

图 5-25 压电陶瓷的并联连接方式示意图及等效电路

并联形式片上的负极集中在中间极上，其输出电容为单片电容 C 的 2 倍，输出电压等于单片电压 U，极板上电荷量为单片电荷量的 2 倍。

并联连接方式输出电荷大，时间常数大，宜用于测量缓变信号，并且适用于以电荷作为输出量的场合。

（2）串联连接方式

图 5-26 为两片压电陶瓷的串联连接方式示意图。

串联连接方式输出电压大，本身电容小，适用于以电压作为输出信号，且测量电路输入阻抗很高的场合。

串联形式正电荷集中在上极板，负电荷集中在下极板，而中间的极板上产生的负电荷与下片产生的正电荷相互抵消。从图中可知，输出的总电荷等于单片电荷，而输出电压为单片

图 5-26 压电陶瓷的串联连接方式示意图及等效电路

电压的 2 倍，总电容为单片电容的一半。

5.3.3 压电式传感器测量电路

压电式传感器本身的内阻抗很高，而输出能量较小，因此它的测量电路通常需要接入一个高输入阻抗的前置放大器，放大器的作用一是阻抗变换，把压电式传感器的高输出阻抗变换为低输出阻抗；二是放大传感器输出的微弱信号。

压电传感器的输出可以是电压信号，也可以是电荷信号，因此前置放大器也有两种形式：电压放大器和电荷放大器。

（1）电压放大器（阻抗变换器）

电压放大器的作用是将压电式传感器的高输出阻抗经放大器变换为低阻抗输出，并对微弱的电压信号进行适当放大，因此也把这种测量电路称为阻抗变换器。

图 5-27 是电压放大器的等效电路图。

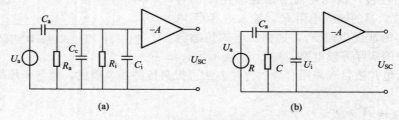

图 5-27 电压放大器等效电原理图

在图（b）中，电阻 $R=R_a /\!/ R_i$，电容 $C=C_a+C_i$，由于压电元件的开路电压为 $U_a=q/C_a$（见 5.3.2 节），若压电元件受正弦力 $F=F_m \sin\omega t$ 的作用，则其电压为

$$u=\frac{dF_m}{C_a}\sin\omega t=U_m\sin\omega t \tag{5-7}$$

式中，U_m 为压电元件输出电压幅值；d 为压电系数。

由此可得放大器输入端电压 U_i，其复数形式为

$$U_i=dF\frac{j\omega R}{1+j\omega R(C+C_a)} \tag{5-8}$$

令测量回路的时间常数 $\tau=R(C_a+C_c+C_i)$，并令 $\omega_0=\dfrac{1}{\tau}$，称 ω_0 为临界频率。在理想情况下，传感器的电阻值与前置放大器输入电阻都为无限大，即

$$\omega^2 R^2 (C_a+C_i+C_c)^2 \gg 1$$

则 U_i 的幅值为

$$U_{im}=\frac{dF_m \omega R}{\sqrt{1+(\omega/\omega_0)^2}}\approx\frac{dF_m}{C_a+C_c+C_i}$$

输入电压和作用力之间相位差为

$$\varphi = \frac{\pi}{2} - \arctan[\omega R(C_a + C_c + C_i)]$$

可以看出，前置放大器输入电压 U_{im} 为定值，与频率无关，则传感器有很好的高频响应。但当作用于压电元件力为静态力（$\omega = 0$）时，U_i 等于零，因为电荷会通过放大器输入电阻和传感器本身漏电阻漏掉，所以压电式传感器不能用于静态力测量。

由于式中 C_c 为连接电缆电容，当电缆长度改变时，C_c 也将改变，因而 U_{im} 也随之变化。因此，压电传感器与前置放大器之间连接电缆不能随意更换，否则将引入测量误差。

（2）电荷放大器

由于电压放大器使所配接的压电式传感器的电压灵敏度将随电缆分布电容及传感器自身电容的变化而变化，而且电缆的更换会引起重新标定的麻烦，为此又发展了便于远距离测量的电荷放大器，目前它已被公认是一种较好的冲击测量放大器。

电荷放大器由一个反馈电容 C_f 和高增益运算放大器构成，当忽略电阻 R_a 和 R_i，电荷放大器可看作是电荷负反馈电路。

电荷放大器的等效电路见图 5-28。

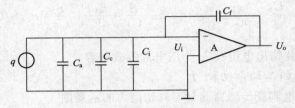

图 5-28　电荷放大器等效电路

图中，A 为运算放大器。由于运算放大器输入阻抗极高，根据"虚断"的概念，放大器输入端几乎没有分流，其输出电压为 $U_o \approx -\dfrac{A_0 q}{(1 + A_0)C_f}$，当 A_0 足够大时，输出电压 $U_o \approx -\dfrac{q}{C_f}$。

即运算放大器的电压放大倍数足够大时，输出电压仅取决于输入电荷 q 和反馈电容 C_f，改变 C_f 的大小便可得到所需的电压输出。C_f 一般取值 $100 \sim 10^4\,\mathrm{pF}$。

5.3.4　压电式传感器的应用

（1）压电式测压传感器

根据使用要求不同，压电式测压传感器有各种不同的结构形式，但原理基本相同。压电元件变形方式见图 5-29。

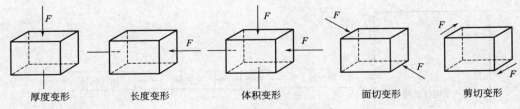

厚度变形　　长度变形　　体积变形　　面切变形　　剪切变形

图 5-29　压电元件变形方式

图 5-30 是压电式测压传感器原理图。它由引线、壳体、基座、压电晶片、受压膜片及导电片组成。

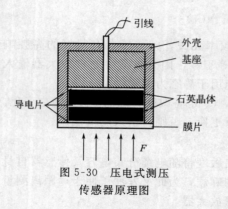

图 5-30 压电式测压
传感器原理图

图 5-30 中，两片石英晶体采用并联方式，利用纵向压电效应（沿电轴 X 方向的力作用），实现力-电转换。电信号通过引线输出。

受压膜片为传力元件，当外力作用时，它将产生弹性变形，将力传递到石英晶片上，则在压电晶片上产生电荷，电荷量与压力和膜片的有效面积成正比。在一个压电片上所产生的电荷 q 为

$$q = d_{11}F = d_{11}Sp$$

其中，F 为作用于压电片上的力；S 为膜片的有效面积；压强 $p = F/S$；d_{11} 为压电系数。

测压传感器的输入量为压强 p，如果传感器只由一个压电晶片组成，则根据灵敏度的定义有电荷灵敏度 $k_a = q/p = d_{11}S$，电压灵敏度 $k_u = U_o/p$。

因为 $U_o = q/C_0$，所以电压灵敏度可表示为

$$k_u = \frac{U_o}{p} = \frac{q}{pC_0} = \frac{q}{\dfrac{F}{S}C_0} = \frac{q}{F} \times \frac{S}{C_0} = \frac{d_{11}F}{F} \times \frac{S}{C_0} = d_{11}S/C_0$$

其中，U_o 为压电片输出电压；C_0 为压电片等效电容。

（2）压电式金属加工切削力测量

图 5-31 是利用压电陶瓷传感器测量刀具切削力的示意图。

由于压电陶瓷元件的自振频率高，特别适合测量变化剧烈的载荷。图中，压电传感器位于车刀前部的下方，当进行切削加工时，切削力通过刀具传给压电传感器，压电传感器将切削力转换为电信号输出，记录下电信号的变化便测得切削力的变化。

（3）压电式玻璃破碎报警器

检测玻璃破碎的传感器，利用压电元件对振动敏感的特性来感知玻璃受撞击和破碎时产生的振动波。传感器把振动波转换成电压输出，输出

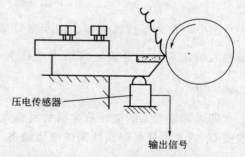

图 5-31 压电式刀具切削力测量示意图

电压经放大、滤波、比较等处理后提供给报警系统。报警器的电路框图见图 5-32。

为了提高报警器的灵敏度，要求带通滤波器 BPF 在通带内的衰减要小，而带外衰减要尽量大。在比较器内设定阈值电压，当传感器输出信号高于阈值时，报警器产生报警信号。

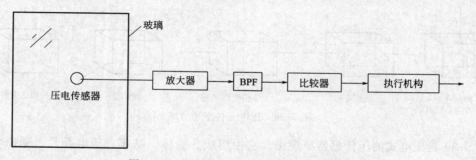

图 5-32 压电式玻璃破碎报警器电路框图

使用时将传感器用胶粘贴在玻璃上，然后通过电缆和报警电路相连。

BS-D2 压电式玻璃破碎传感器的外形及内部电路如图 5-33 所示。BS-D2 传感器的最小输出电压为 100mV，最大输出电压为 100V，内阻抗为 15～20kΩ。

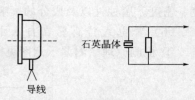

图 5-33　BS-D2 压电式玻璃破碎传感器外形及内部电路

（4）压电陶瓷加速度传感器

图 5-34 是一种压电陶瓷加速度传感器的结构图。它主要由压电元件、质量块、预压弹簧、基座及外壳等组成。整个部件装在外壳内，并用螺栓加以固定。

压电陶瓷和质量块为环形，通过螺母对质量块预先加载，使之压紧在压电陶瓷上。测量时将传感器基座与被测对象牢牢地紧固在一起。当传感器感受振动时，因为质量块相对被测体质量较小，因此质量块感受与传感器基座相同的振动，并受到与加速度方向相反的惯性力，此力为 $F_1=ma$。此惯性力与预紧力 F_0 叠加后作用在压电元件上，使得作用在压电元件上的压力为

$$F=F_0+F_1=F_0+ma$$

式中，F 为质量块产生的惯性力；m 为质量块的质量；a 为加速度。

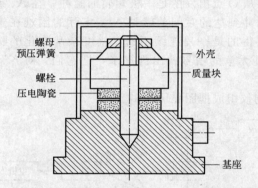

图 5-34　纵向效应压电型加速度传感器的截面图

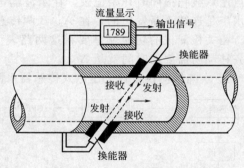

图 5-35　压电式流量计

由于 F_0 是与测量无关的常量，可以不予考虑。则惯性力作用在压电陶瓷片上产生的电荷为 $q=d_{11}F=d_{11}ma$。

当传感器选定后 m 为常数，则传感器输出电荷与 a 成正比。因此，测得传感器输出的电荷便可知 a 的大小。公式同时表明传感器灵敏度与压电材料压电系数和质量块质量有关。为了提高灵敏度，一般选择压电系数大的压电陶瓷片。

若增加质量块质量会影响被测振动，同时会降低振动系统的固有频率，因此一般不用增加质量办法来提高传感器灵敏度。

（5）压电式流量计

超声波压电式流量计示意图见图 5-35。

利用超声波在顺流方向传输时，速度增加，为声速与流速之和；而在逆流方向传输时，速度减小，为声速与流速之差。测量超声波在两个方向传播的时间差，即可测出流速。测量装置是在管外设置两个相隔一定距离的收发两用压电超声换能器，每隔一段时间（如 1/100s），发射和接收互换一次。在顺流和逆流的情况下，发射和接收的相位差与流速成正比。据这个关系，可精确测定流速。流速与管道横截面积的乘积等于流量。

此流量计可测量各种液体的流速、中压和低压气体的流速，不受该流体的电导率、黏

度、密度、腐蚀性以及成分的影响。其准确度可达 0.5%，有的可达到 0.01%。

（6）压电式传感器在自来水管道测漏中的应用

① 检测原理　测漏示意图见图 5-36。

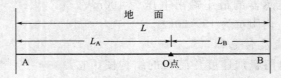

图 5-36　压电式传感器测漏示意图

　　若地面下有一条均匀的直管道。某处 O 点为漏点，振动声音从 O 点向管道两端传播，传播速度为 v，在管道上 A、B 两点放两只传感器，A 与 B 间的距离为 L（已知或可测），从 A、B 两个传感器接收的由 O 点传来的 t_0 时刻发出的振动信号所用时间为 $t_A = L_A/v$ 和 $t_B = L_B/v$，两者时间差为 $\Delta t = t_A - t_B = (L_A - L_B)/v$。

　　因为管道埋设在地下，看不到 O 点，也不知道 L_A、L_B 的长度，已知的是 $L = L_A + L_B$ 和 v，如果能设法求出 Δt，联立上面两个方程，可以得到 $L_A = (L + \Delta t v)/2$，$L_B = (L - \Delta t v)/2$。

　　关键是确定 Δt，就可准确确定漏点 O。如果从 O 点出发的是一极短暂的脉冲，在 A、B 两点用双线扫描同时开始记录，在示波器上两脉冲到达的时间差就是 Δt。实际的困难在于漏水声是连续不断发出的，在 A、B 两传感器测得的是一片连续不断、幅度杂乱变化的噪声。相关检漏仪的功能就是要将这两路表面杂乱无章的信号找出规律来，把它们"对齐"，对齐移动所需要的时间就是 Δt。

　　② 水漏探测仪设计　压电式传感器水漏探测仪组成框图见图 5-37。

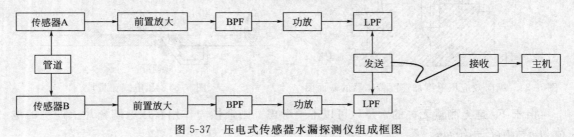

图 5-37　压电式传感器水漏探测仪组成框图

5.4　压磁式传感器

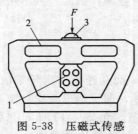

图 5-38　压磁式传感
器结构示意图
1—压磁元件；2—弹性
支架；3—传力钢球

（1）压磁效应

　　铁磁材料在外力的作用下，引起内部发生形变，产生应力，使各磁畴之间的界限发生移动，使磁畴磁化强度矢量转动，从而也使材料的磁化强度发生相应的变化。这种应力使铁磁材料的磁性质变化的现象，称为压磁效应。

　　图 5-38 为压磁式传感器结构示意图。

　　铁磁材料的压磁效应的具体内容有：材料受到压力时，磁导率发生变化；作用力取消后，磁导率复原；铁磁材料的压磁效应还与外磁场有关。

（2）压磁式传感器工作原理

压磁式传感器工作原理示意图见图 5-39。

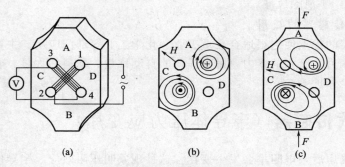

图 5-39　压磁式传感器工作原理

铁磁材料在受外力时，内部产生应力，引起磁导率变化；当铁磁材料上绕有线圈时，将引起线圈阻抗变化；当铁磁材料上同时绕有激励绕组和输出绕组时，磁导率的变化将导致绕组间耦合系数变化，从而使输出电势变化，这样就把作用力变换成电量输出。

（3）压磁元件

压磁式传感器的核心部分是压磁元件，它实质上是一个力-电变换元件。

压磁元件可采用硅钢片、坡莫合金和一些铁氧体，如图 5-40 所示。为了减小涡流损耗，压磁元件的铁芯大都采用薄片的铁磁材料叠合而成。

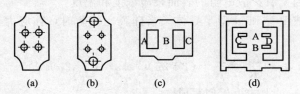

图 5-40　压磁元件冲片形状

压磁元件的最佳条件是外加作用力所产生的磁能与外磁场及磁畴磁能之和接近或相等，而且工作在磁化曲线（B-H 曲线）的线性段，这样可以获得较好的灵敏度和线性度。

通常在额定压力下，磁导率的变化大约是 10％～20％。

（4）测量电路

压磁式传感器的输出绕组输出电压值比较大，因此一般不需要放大，只要通过整流、滤波，即可送指示器指示。

压磁式传感器测量电路见图 5-41。

U 为稳定的交流电源，T_1 为供给压磁元件 B 的激励绕组的激励电压的降压变压器。T_2

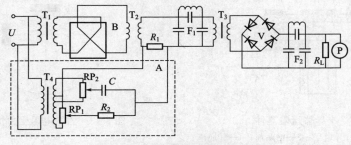

图 5-41　压磁式传感器测量电路

为升压变压器，其作用是为了把从压磁元件 B 输出的电压提高到可作为有效的线性整流用的高度。A 部分是补偿电路，用来补偿零电压。通过滤波器 F_1，滤去高次谐波，再经 V 整流，然后用滤波器 F_2 消除纹波。

（5）压磁式传感器的应用

压磁式传感器的优点使它很适合在重工业、化学工业等部门应用。主要用来测量轧钢的轧制力、钢带的张力、纸张的张力，吊车提物的自动称量、配料的称量、金属切削过程的切削力以及电梯安全保护等。

5.5　压阻式传感器（半导体压力应变片）

当导电材料受压后，电阻率会发生变化，这种现象叫压阻效应。半导体压力应变片是利用半导体硅的压阻效应和微电子技术制成的，是一种新的物性型传感器，称为半导体压阻传感器，具有灵敏度高、动态响应好、精度高、易于微型化和集成化等特点。

（1）压阻系数

半导体电阻的相对变化近似等于电阻率的相对变化，而电阻率的相对变化与应力成正比，二者的比例系数就是压阻系数 π，即

$$\pi = \frac{\Delta\rho/\rho}{\sigma} = \frac{\Delta\rho/\rho}{E\varepsilon} \qquad (5\text{-}9)$$

式中，E 为弹性模量；σ 为应力；ε 为应变；$\Delta\rho/\rho$ 为电阻率相对变化量。

影响压阻系数的因素有扩散电阻的表面杂质浓度和温度。

利用掺杂技术形成 P 型和 N 型半导体。当硅膜比较薄时，在应力作用下的电阻相对变化为

$$\frac{\Delta R}{R} = \frac{\Delta\rho}{\rho} + (1+2\mu)\varepsilon = \pi\sigma + (1+2\mu)\varepsilon$$

由于 $\pi\sigma \gg (1+2\mu)\varepsilon$，上式可近似写成

$$\frac{\Delta R}{R} \approx \pi\sigma = \pi E\varepsilon$$

即引起半导体材料电阻相对变化的主要原因是应变。

（2）半导体压阻器件

半导体压阻器件结构示意图如图 5-42 所示。

利用固体扩散技术，将 P 型杂质扩散到一片 N 型硅底层上，形成一层极薄的导电 P 型层，装上引线接点后，即形成扩散型半导体应变片。若在圆形硅膜片上扩散出四个 P 型电

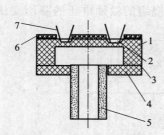

图 5-42　半导体压阻器件

1—N-Si 膜片；2—P-Si 导电层；3—粘贴剂；4—硅底座；

5—引压管；6—Si 保护膜；7—引线

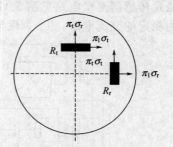

图 5-43　力敏电阻受力情况示意图

阻，构成惠斯登电桥的四个臂，这样的敏感器件亦称固态压阻器件。

在硅膜片上，根据 P 型电阻的扩散方向不同可分为径向电阻和切向电阻，扩散电阻的长边平行于膜片半径时为径向电阻 R_r；垂直于膜片半径时为切向电阻 R_t。如图 5-43 所示。

当硅单晶在任意晶向受到纵向和横向应力作用时，其阻值的相对变化为

$$\frac{\Delta R}{R}=\pi_l\sigma_l+\pi_t\sigma_t \tag{5-10}$$

式中，σ_l 为纵向应力；σ_t 为横向应力；π_l 为纵向压阻系数；π_t 为横向压阻系数。

当圆形硅膜片半径比 P 型电阻的几何尺寸大得多时，其电阻相对变化可分别表示如下，即

$$\left(\frac{\Delta R}{R}\right)_t=\pi_l\sigma_t+\pi_t\sigma_r R_t R_r,\left(\frac{\Delta R}{R}\right)_r=\pi_l\sigma_r+\pi_t\sigma_t$$

（3）压阻式传感器举例

① 压阻式压力传感器　图 5-44 为压阻式压力传感器结构示意图。

在一块圆形的单晶硅膜片上，布置四个扩散电阻，组成一个全桥测量电路。膜片用一个圆形硅杯固定，将两个气腔隔开。一端接被测压力，另一端接参考压力。当存在压差时，膜片产生变形，使两对电阻的阻值发生变化，电桥失去平衡，其输出电压反映膜片承受的压差的大小。

压阻式压力传感器的主要优点是体积小，结构比较简单，动态响应也好，灵敏度高，能测出十几帕斯卡的微压，它是一种比较理想，目前发展和应用较为迅速的一种压力传感器。

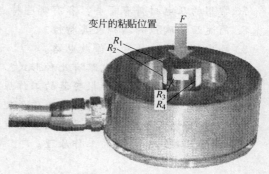

图 5-44　压阻式压力传感器结构示意图

这种传感器测量准确度受到非线性和温度的影响，从而影响压阻系数的大小。现在出现的智能压阻式压力传感器利用微处理器对非线性和温度进行补偿，它利用大规模集成电路技术，将传感器与计算机集成在同一块硅片上，兼有信号检测、处理、记忆等功能，从而大大提高传感器的稳定性和测量准确度。

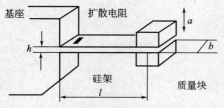

图 5-45　压阻式加速度传感器工作示意图

② 压阻式加速度传感器　压阻式加速度传感器工作示意图见图 5-45。

应变 $\varepsilon=\dfrac{6ml}{Ebh^2}a$，频率 $f_0=\dfrac{1}{2\pi}\sqrt{\dfrac{Ebh^3}{4ml^3}}$

恰当地选择传感器尺寸及阻尼率，用以测量低频加速度和直线加速度。

思考题

1. 简述弹性敏感元件的特点和分类。
2. 什么是应变效应？利用应变效应解释金属电阻应变片的工作原理。
3. 什么是直流电桥？若按桥臂工作方式不同，可分为哪几种？各自的输出电压如何

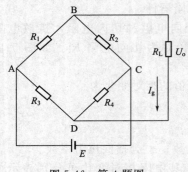

图 5-46　第 4 题图

计算？

4. 图 5-46 为一直流应变电桥，图中 $E=4V$，$R_1=R_2=R_3=R_4=120\Omega$。

试求：

① R_1 为金属应变片，其余为外接电阻。当 R_1 的增量为 $\Delta R=1.2\Omega$ 时，电桥输出电压 $U_o=$？

② R_1、R_2 都是应变片，且批号相同，感受应变的极性和大小都相同，其余为外接电阻，电桥输出电压 $U_o=$？

③ 题②中，如果 R_2 与 R_1 感受应变的极性相反，且 $|\Delta R_1|=|\Delta R_2|=1.2\Omega$ 时，电桥输出电压 $U_o=$？

5. 拟在等截面的悬臂梁上粘贴四个完全相同的电阻应变片组成差动全桥电路，试问：
① 四个应变片应怎样粘贴在悬臂梁上？
② 画出相应的电桥电路图。
6. 什么叫正压电效应和逆压电效应？什么叫纵向压电效应和横向压电效应？
7. 常用的压电材料有哪些？各有哪些特点？
8. 简述压电陶瓷的结构及其特性。
9. 画出压电元件的两种等效电路。
10. 压电式传感器测量电路有几种形式？各有什么特点？
11. 简述压电式玻璃破碎报警器的工作原理。
12. 简述压电式加速度传感器的工作原理。
13. 利用压电式传感器设计一个测量管道液漏的装置。
14. 简述压磁式传感器的工作原理。

第6章

热敏传感器

6.1 温度测量概述

6.1.1 温度的概念

温度是反映物体冷热状态的物理参数，是与人类生活息息相关的物理量。人类社会中，工业、农业、商业、科研、国防、医学及环保等部门都与温度有着密切的关系。工业生产自动化流程，温度测量点要占全部测量点的一半左右。

不同的学科，对温度有不同的描述。

热平衡：温度是描述热平衡系统冷热程度的物理量。

分子物理学：温度反映了物体内部分子无规则运动的剧烈程度。

能量：温度是描述系统不同自由度间能量分配状况的物理量。

温度基本上不能直接测量，而是借助于一些物体的某种物理参数随温度冷热不同而明显变化的特性进行间接测量。

测量温度的设备称热敏传感器。热敏传感器是实现温度检测和控制的重要器件。在种类繁多的传感器中，热敏传感器是应用最广泛、发展最快的传感器之一。

6.1.2 温标

表示或测量温度高低的标准称温标。温标有热力学温标、国际实用温标、摄氏温标和华氏温标。

（1）热力学温标

1848 年威廉·汤姆首先提出以热力学第二定律为基础，建立温度仅与热量有关，而与物质无关的热力学温标。因后来是开尔文总结出来的，故又称开尔文温标，单位为开尔文，用符号 K 表示。它是国际基本单位制之一。

根据热力学中的卡诺定理，如果在温度 T_1 的热源与温度为 T_2 的冷源之间实现了卡诺循环，则存在下列关系式：

$$\frac{T_1}{T_2} = \frac{Q_1}{Q_2} \tag{6-1}$$

其中，Q_1 为热源给予热机的传热量；Q_2 为热机传给冷源的传热量。

如果在式中再规定一个条件，就可以通过卡诺循环中的传热量来完全地确定温标。1954 年，国际计量会议选定水的三相点为 273.16，并以它的 1/273.16 定为一度，这样热力学温标就完全确定了，即 $T = 273.16(Q_1/Q_2)$。

（2）国际实用温标

为解决温度标准的统一及实用问题，国际上协商决定，建立一种能体现热力学温度，即能保证一定的准确度，又使用方便、容易实现的温标，即国际实用温标 International Practical Temperature Scale of 1968（简称 IPTS-68），又称国际温标。

IPTS-68 规定热力学温度是基本温度，用 t 表示，其单位是开尔文，符号为 K。1K 定义为水三相点热力学温度的 1/273.16，水的三相点是指纯水在固态、液态及气态三相平衡时的温度，热力学温标规定三相点温度为 273.16K，这是建立温标的惟一基准点。

注意：摄氏温度的分度值与开氏温度分度值相同。T_0 是在标准大气压下冰的融化温度，$T_0 = 273.15K$。水的三相点温度比冰点高出 0.01K。

6.1.3　热敏传感器的基本概念

进行间接温度测量使用的热敏传感器，通常是由感温元件部分和温度显示部分组成，如图 6-1 所示。

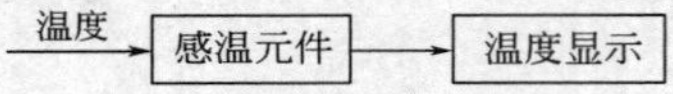

温度 → 感温元件 → 温度显示

图 6-1　热敏传感器组成框图

（1）热敏传感器应满足的条件

① 特性与温度之间的关系要适中，并容易检测和处理，且随温度呈线性变化。

② 除温度以外，特性对其他物理量的灵敏度要低。

③ 特性随时间变化要小。

④ 重复性好，没有滞后和老化。

⑤ 灵敏度高，坚固耐用，体积小，对检测对象的影响要小。

⑥ 力学性能好，耐化学腐蚀，耐热性能好。

⑦ 能大批量生产，价格便宜；无危险性，无公害等。

（2）接触式热敏传感器的特点

接触式热敏传感器直接与被测物体接触进行温度测量，由于被测物体的热量传递给传感器，降低了被测物体温度，特别是被测物体热容量较小时，测量精度较低。因此采用这种方式要测得物体的真实温度的前提条件是被测物体的热容量要足够大。

接触式热敏传感器温度测量范围如下。

① 常用热电阻：范围为 $-260 \sim +850℃$，精度为 0.001℃，改进后可连续工作 2000h，失效率小于 1%，使用期为 10 年。

② 管缆热电阻：测温范围为 $-20 \sim +500℃$，最高上限为 1000℃，精度为 0.5 级。

③ 陶瓷热电阻：测量范围为 $-200 \sim +500℃$，精度为 0.3、0.15 级。

④ 超低温热电阻：有两种碳电阻，可分别测量 $-268.8 \sim 253℃$、$-276.9 \sim 276.99℃$ 的温度。

⑤ 热敏电阻器适于在高灵敏度的微小温度测量场合使用，经济性好，价格便宜。

（3）非接触式热敏传感器的特点

非接触式热敏传感器主要是测量被测物体热辐射而发出红外线，从而间接测量物体的温度，非接触式热敏传感器不从被测物体上吸收热量；不会干扰被测对象的温度场；连续测量不会产生消耗；反应快；可进行遥测。但其制造成本较高，测量精度却较低。

非接触式热敏传感器温度测量范围如下。

① 辐射高温计：用来测量 1000℃ 以上高温，分四种，即光学高温计、比色高温计、辐射高温计和光电高温计。

② 光谱高温计：前苏联研制的 YCI-I 型自动测温通用光谱高温计，其测量范围为 $400 \sim 6000℃$，它是采用电子化自动跟踪系统，保证有足够准确的精度进行自动测量。

③ 超声波热敏传感器：特点是响应快（约为 10ms 左右），方向性强，目前国外有可测到 5000 ℉ 的产品。

④ 激光热敏传感器：适用于远程和特殊环境下的温度测量。如 NBS 公司用氦氖激光源的激光做光反射计可测很高的温度，精度为 1%。美国麻省理工学院正在研制一种激光温度计，最高温度可达 8000℃，专门用于核聚变研究。瑞士 Browa Borer 研究中心用激光热敏传感器可测几千开的高温。

6.1.4 热敏传感器分类

热敏传感器分类见表 6-1。

表 6-1 热敏传感器分类

项 目	分 类	特 征	传感器名称
测温范围	超高温用	1500℃以上	光学高温计、辐射传感器
	高温用	1000~1500℃	光学高温计、辐射传感器、热电偶
	中高温用	500~1000℃	光学高温计、辐射传感器、热电偶
	中温用	0~500℃	
	低温用	-250~0℃	晶体管、热敏电阻、压力式玻璃温度计
	极低温用	-270~-250℃	$BaSrTiO_3$ 陶瓷
测温特性	线性型	测温范围宽、输出小	测温电阻器、晶体管、热电偶、半导体集成电路传感器、可控硅、石英晶体振动器、压力式温度计、玻璃制温度计
	指数型函数	测温范围窄、输出大	热敏电阻
	开关型特性	特定温度、输出大	感温铁氧体、双金属温度计
测定精度	温度标准用	测定精度±0.1~±0.5℃	铂测温电阻、石英晶体振动器、玻璃制温度计、气体温度计、光学高温计
	绝对值测定用	测定精度±0.5~±5℃	热电偶、测温电阻器、热敏电阻、双金属温度计、压力式温度计、玻璃制温度计、辐射传感器、晶体管、二极管、半导体集成电路传感器、可控硅
	管理温度测定用	相对值±1~±5℃	

此外，还有微波测温热敏传感器、噪声测温热敏传感器、温度图测温热敏传感器、热流计、射流测温计、核磁共振测温计、穆斯保尔效应测温计、约瑟夫逊效应测温计、低温超导转换测温计、光纤热敏传感器等。这些热敏传感器有的已获得应用，有的尚在研制中。

6.1.5 热敏传感器的发展概况

公元 1600 年，伽利略研制出气体温度计。100 年后，研制成酒精温度计和水银温度计。随着现代工业技术发展的需要，相继研制出金属丝电阻、温差电动式元件、双金属式热敏传感器。1950 年以后，相继研制成半导体热敏电阻器。最近，随着原材料、加工技术的飞速发展，又陆续研制出各种类型的热敏传感器。

热敏传感器的主要发展方向如下。

① 超高温与超低温传感器，如+3000℃以上和-250℃以下的热敏传感器。

② 提高热敏传感器的精度和可靠性。

③ 研制家用电器、汽车及农畜业所需要的价廉的热敏传感器。

④ 发展新型产品，扩展和完善管缆热电偶与热敏电阻；发展薄膜热电偶；研究节省镍材和贵金属以及厚膜铂的热电阻；研制系列晶体管测温元件、快速高灵敏 CA 型热电偶以及各类非接触式热敏传感器。

⑤ 发展适应特殊测温要求的热敏传感器。

⑥ 发展数字化、集成化和自动化的热敏传感器。

6.2 热电偶传感器

温差热电偶简称热电偶，在温度测量中应用十分广泛。它除具有结构简单，测量范围宽，准确度高，热惯性小，输出信号为电信号，便于远传或信号转换等优点外，还能用来测量流体的温度、测量固体以及固体壁面的温度。微型热电偶还可用于快速及动态温度的测量。

6.2.1 热电偶测温原理

（1）热电效应

将两种不同的导体或半导体 A 和 B 组成一个闭合回路，若 A 和 B 的连接处温度不同

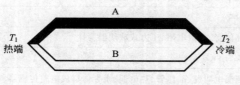

图 6-2 热电效应示意图

（设 $T_1 > T_2$），则在此闭合回路中就有电流产生，或者说回路中有电动势存在，这种现象叫作热电效应。热电效应示意图见图 6-2。

这种现象首先在 1821 年由西拜克（See-back）发现，所以又称西拜克效应。

以下简单介绍几个概念。

热电极：闭合回路中的导体或半导体 A、B，称为热电极。

热电偶：闭合回路中的导体或半导体 A、B 的组合，称为热电偶。

工作端：两个结点中温度高的一端，称为工作端。

参比端：两个结点中温度低的一端，称为参比端。

热电势：即回路中所产生的电动势，热电势由两部分组成：温差电势和接触电势。

① 两种导体的接触电势　两种不同材料的金属 A、B 具有不同的自由电子密度，设在温度 T 时的自由电子密度分别为 N_A 和 N_B，且 $N_A > N_B$。当两种金属相接时，接触面会发生电子扩散现象。当扩散达到动态平衡时，在 A、B 之间形成稳定的电位差，形成接触电势 e_{AB}，如图 6-3 所示。

接触电势

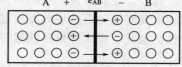

图 6-3 两种导体的接触电势

$$e_{AB}(T) = \frac{kT}{e} \ln \frac{N_A}{N_B} \qquad (6-2)$$

其中，e 为单位电荷，$e = 1.6 \times 10^{-19}$；k 为玻尔兹曼常数，$k = 1.38 \times 10^{-23} \text{J/K}$；$T$ 为结点的温度。

② 单一导体的温差电势　对于单一导体，如果两端温度分别为 T、T_0，且 $T > T_0$，如图 6-4 所示。

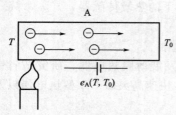

图 6-4 单一导体温差电势

导体中的自由电子，在高温端具有较大的动能，因而向低温端扩散，在导体两端产生了电势，这个电势称为单一导体的温差电势。

温差电势为

$$e_A(T, T_0) = \int_{T_0}^{T} \sigma_A dT \qquad (6-3)$$

其中，T、T_0 为高低端的热力学温度；σ_A 为汤姆逊系

数，表示导体 A 两端的温度差为 1℃时所产生的温差电势，例如在 0℃时，铜的 $\sigma_A = 2\mu V/℃$。

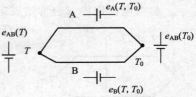

图 6-5 接触电势示意图

用小写 e 表示接触或温差电势，用大写 E 表示回路总电势，且 $T > T_0$，则热电偶回路中产生的总热电势 E_{AB}，由图 6-5 可知

$$E_{AB}(T, T_0) = e_{AB}(T) + e_B(T, T_0) + e_{BA}(T_0) + e_A(T_0, T) = e_{AB}(T) + e_B(T, T_0) - e_A(T, T_0) - e_{AB}(T_0)$$

$$= \frac{KT}{e}\ln\frac{N_{AT}}{N_{BT}} - \frac{KT_0}{e}\ln\frac{N_{AT_0}}{N_{BT_0}} + \int_{T_0}^{T}(\sigma_B - \sigma_A)dT \tag{6-4}$$

式中 σ_A，σ_B——导体 A、B 的汤姆逊系数；

N_{AT}，N_{AT_0}——导体 A 在结点温度为 T、T_0 时的电子密度；

N_{BT}，N_{BT_0}——导体 B 在结点温度为 T、T_0 时的电子密度；

$E_{AB}(T, T_0)$——热电偶回路中的总电势；

$e_{AB}(T)$——热端接触电势；

$e_{AB}(T_0)$——冷端接触电势；

$e_B(T, T_0)$——B 导体温差电势；

$e_A(T, T_0)$——A 导体温差电势。

在总电势中，温差电势比接触电势小很多，可忽略不计，则热电偶的热电势可表示为

$$E_{AB}(T, T_0) = e_{AB}(T) - e_{AB}(T_0) \tag{6-5}$$

工程中标定热电偶时，令 $e_{AB}(T_0) = f(T_0) = f(0℃) = C$，则总的热电势就只与温度 T 成单值函数关系，即 $E_{AB}(T, T_0) = e_{AB}(T) - C = f(T)$。

实际应用中，热电势与温度之间的关系是通过热电偶分度表来确定。分度表是在参考端温度为 0℃时，通过实验建立起来的热电势与工作端温度之间的数值对应关系。

（2）热电偶的基本定律

① 中间导体定律 一个由几种不同导体材料连接成的闭合回路，只要它们彼此连接的接点温度相同，则此回路各接点产生的热电势的代数和为零。

在图 6-6 所示的热电偶回路中接入了第三种导体 C，只要该导体两端温度相等，则热电偶产生的总热电势不变。

图 6-6 中间导体定律示意图

根据这个定律，可采取任何方式焊接导线，将热电势通过导线接至测量仪表进行测量，且不影响测量精度。

② 中间温度定律 在热电偶测量回路中，测量端温度为 T，自由端温度为 T_0，中间温度为 T_n，则 (T, T_0) 热电势等于 (T, T_n) 与 (T_n, T_0) 热电势的代数和，即

$$E_{AB}(T, T_0) = E_{AB}(T, T_n) + E_{AB}(T_n, T_0) \tag{6-6}$$

运用该定律可使测量距离加长，也可用于消除热电偶自由端温度变化影响。

中间温度定律为制定热电偶的分度表奠定了理论基础。从分度表查出参考端为 0℃时的热电势，即可求得参考端温度不为零时的热电势。

例 6-1 用镍铬-镍硅热电偶测量热处理炉炉温。冷端温度 $T_0 = 30℃$，此时测得热电势 $E(T, T_0) = 39.17mV$，则实际炉温是多少？

解 由 $T_0 = 30℃$ 查分度表得 $E(30, 0) = 1.2mV$，则

$$E(T, 0) = E(T, 30) + E(30, 0) = 39.17mV + 1.2mV = 40.37mV$$

再由 40.37mV 查分度表，得实际炉温 $T=977℃$

③ 参考电极定律（也称组成定律）　设结点温度为 T、T_0，则用导体 A、B 组成的热电偶产生的热电势等于导体 A、C 组成的热电偶和导体 C、B 组成的热电偶产生的热电势的代数和。如图 6-7 所示。

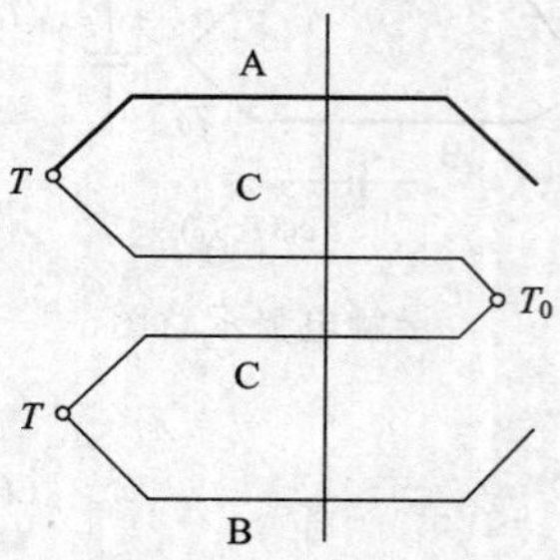

已知热电极 A、B 与参考电极 C 组成的热电偶在结点温度为 (T,T_0) 时的热电动势分别为 $E_{AC}(T,T_0)$、$E_{CB}(T,T_0)$，则相同温度下，由 A、B 两种热电极配对后的热电势 $E_{AB}(T,T_0)$ 可按下面公式计算：

$$E_{AB}(T,T_0)=E_{AC}(T,T_0)+E_{CB}(T,T_0)$$

参考电极定律，大大简化了热电偶选配电极的工作。

图 6-7　参考电极定律示意图

例 6-2　当 T 为 100℃，T_0 为 0℃ 时，铬合金-铂热电偶的 $E(100℃，0℃)=+3.13mV$，铝合金-铂热电偶 $E(100℃，0℃)$ 为 $-1.02mV$，求铬合金-铝合金组成热电偶的热电势 $E(100℃，0℃)$。

解　设铬合金为 A，铝合金为 B，铂为 C，即

$$E_{AC}(100℃,0℃)=+3.13mV，E_{BC}(100℃,0℃)=-1.02mV$$

则

$$E_{AB}(100℃,0℃)=+4.15mV$$

6.2.2　热电偶的结构形式及热电偶材料

（1）普通型热电偶

普通型热电偶一般由热电极、绝缘套管、保护管和接线盒组成。普通型热电偶按其安装时的连接形式可分为固定螺纹连接、固定法兰连接、活动法兰连接、无固定装置等多种形式。图 6-8 为普通工业用热电偶结构示意图。实验室用时，也可不装保护套管，以减小热惯性。

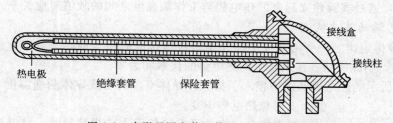

图 6-8　直形无固定装置普通工业用热电偶

（2）铠装热电偶（缆式热电偶）

铠装热电偶也称缆式热电偶、套管式热电偶，它是由热电偶丝、绝缘材料、金属套管三者拉细组合而成。铠装热电偶耐高压、反应时间短、坚固耐用。外形如图 6-9 所示。

由于热端形状不同，铠装式热电偶断面可分为四种结构形式，如图 6-10 所示。

（3）快速反应薄膜热电偶

用真空镀膜技术或真空溅射等方法，将热电偶材料沉积在绝缘片表面而构成的热电偶称为薄膜热电偶，如图 6-11 所示。

薄膜热电偶热接点极薄（$0.01\sim0.1\mu m$），因此，特别适用于对壁面温度的快速测量。安装时，用黏结剂将它黏结在被测物体壁面上。目前我国试制的有铁-镍、铁-康铜和铜-康铜三种，尺寸为 $60mm×6mm×0.2mm$；绝缘基板用云母、陶瓷片、玻璃及酚醛塑料纸等；测温范围在 300℃ 以下；反应时间仅为几毫秒。

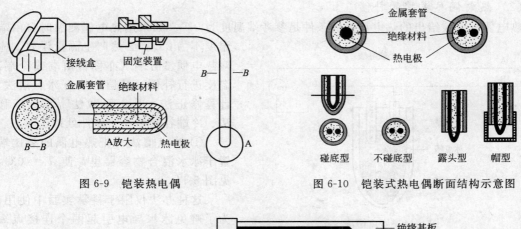

图 6-9　铠装热电偶　　　　　　　图 6-10　铠装式热电偶断面结构示意图

图 6-11　快速反应薄膜热电偶

（4）快速消耗微型热电偶

图 6-12 为一种测量钢水温度的热电偶。它是用直径为 $\phi 0.05 \sim 0.1\,\text{mm}$ 的铂铑 10-铂铑 30
热电偶装在 U 形石英管中，再铸以高温绝缘水
泥，外面为保护钢帽。这种热电偶使用一次就
焚化，但它的优点是热惯性小，只要注意它的
动态标定，测量精度可达 $\pm(5 \sim 7)\,℃$。

6.2.3　热电偶测温及参考端温度补偿

（1）热电偶测温基本电路

常用的热电偶测温电路如图 6-13 所示。

热电偶串、并联测温时，应注意两点：第

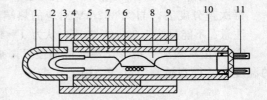

图 6-12　快速消耗微型热电偶

1—钢帽；2—石英；3—纸环；4—绝热泥；5—冷端；
6—棉花；7—绝缘纸管；8—补偿导线；9—套
管；10—塑料插座；11—簧片与引出线

一，必须应用同一分度号的热电偶；第二，两热电偶的参考端温度应相等。

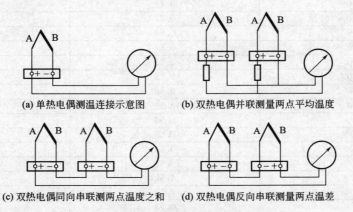

(a) 单热电偶测温连接示意图　　　　**(b)** 双热电偶并联测量两点平均温度

(c) 双热电偶同向串联测两点温度之和　　**(d)** 双热电偶反向串联测量两点温差

图 6-13　常用的热电偶测温电路示意图

（2）热电偶参考端的补偿

热电偶分度表给出的热电势值的条件是参考端温度为 0℃。如果用热电偶测温时自由端温度不为 0℃，必然产生测量误差。应对热电偶参考端（亦称自由端或冷端）温度进行补偿。补偿方法有冰点槽法、计算修正法、补正系数法、零点迁移法、冷端补偿器法、软件处理法等。

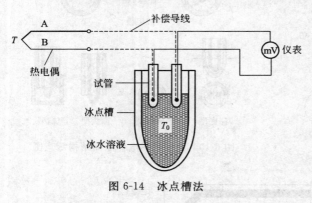

图 6-14 冰点槽法

① 冰点槽法 把热电偶的参比端置于冰水混合物容器里，使 $T_0 = 0℃$，见图 6-14。

这种办法仅限于科学实验中使用。为了避免冰水导电引起两个连接点短路，必须把连接点分别置于两个玻璃试管里，浸入同一冰点槽，使相互绝缘。

② 计算修正法 用普通室温计算出参比端实际温度 T_H，利用公式计算：

$$E_{AB}(T, T_0) = E_{AB}(T, T_H) + E_{AB}(T_H, T_0) \tag{6-7}$$

例如，用铜-康铜热电偶测某一温度 T，参比端在室温环境 T_H 中，室温 $T_H = 21℃$，测得热电势 $E_{AB}(T, T_H) = 1.999\text{mV}$，又查此种热电偶的分度表可知 $E_{AB}(21, 0) = 0.863\text{mV}$，故得

$$E_{AB}(T, T_0) = E_{AB}(T, T_H) + E_{AB}(T_H, T_0) = 1.999 + 0.863 = 2.862\text{mV}$$

再次查分度表，与 2.862mV 对应的热端温度 $T = 69℃$。

注意：不能只按 1.999mV 查表，认为 $T = 49℃$，也不能把 49℃ 加上 21℃，认为 $T = 70℃$

③ 补正系数法 把参比端实际温度 T_H 乘上系数 k，加到由 $E_{AB}(T, T_H)$ 查分度表所得的温度上，得到被测温度 T。用公式表达：

$$T = T' + kT_H \tag{6-8}$$

式中，T 为未知的被测温度；T_H 为室温；T' 为参比端在室温下热电偶电势与分度表上对应的某个温度；k 为补正系数，见表 6-2。

表 6-2 热电偶补正系数

温度 $T'/℃$	补正系数 k	
	铂铑 10-铂（S）	镍铬-镍硅（K）
100	0.82	1.00
200	0.72	1.00
300	0.69	0.98
400	0.66	0.98
500	0.63	1.00
600	0.62	0.96
700	0.60	1.00
800	0.59	1.00
900	0.56	1.00
1000	0.55	1.07
1100	0.53	1.11
1200	0.53	—
1300	0.52	—
1400	0.52	—
1500	0.53	—
1600	0.53	—

例如，用铂铑 10-铂热电偶测温，已知冷端温度 $T_H=35℃$，这时热电势为 11.348mV，查 S 型热电偶的分度表，得出与此相应的温度 $T'=1150℃$。再从补正系数表中查出，对应于 1150℃ 的补正系数 $k=0.53$。于是，被测温度 $T=1150+0.53×35=1168.55(℃)$

用这种办法稍稍简单一些，比计算修正法误差可能大一点，但误差不大于 0.14%。

④ 零点迁移法 零点迁移法应用在冷端虽不是 0℃，但十分稳定（如恒温车间或有空调）的场所。其做法是在测量结果中人为地加一个恒定值，因为冷端温度稳定不变，电动势 $E_{AB}(T_H, 0)$ 是常数，利用指示仪表上调整零点的办法，加大某个适当的值而实现补偿。例如，用动圈仪表配合热电偶测温。

若把仪表的机械零点调到室温 T_H 的刻度上，在热电势为零时，指针指示的温度值并不是 0℃ 而是 T_H，而热电偶的冷端温度已是 T_H，则只有当热端温度 $T=T_H$ 时，才能使 $E_{AB}(T, T_H)=0$，这样，指示值就和热端的实际温度一致了。

此法简便易行，只要冷端温度保持在 T_H 不变，指示值就永远正确。

⑤ 冷端补偿器法 利用不平衡电桥产生热电势补偿热电偶因冷端温度变化而引起热电势的变化值。不平衡电桥由 R_1、R_2、R_3（锰铜丝绕制）、R_{Cu}（铜丝绕制）四个桥臂和桥路电源组成。

冷端补偿示意图见图 6-15。

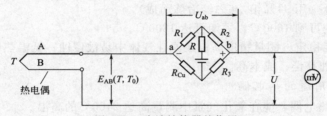

图 6-15 冷端补偿器的作用

设计时，在 0℃ 下使电桥平衡（$R_1=R_2=R_3=R_{Cu}$），此时 $U_{ab}=0$，电桥对仪表读数无影响。供电 4V 直流，在 0～40℃ 或 -20～20℃ 的范围起补偿作用。

注意，不同材质的热电偶所配的冷端补偿器，其中的限流电阻 R 不一样，互换时必须重新调整；桥臂 R_{Cu} 必须和热电偶的冷端靠近，使处于同一温度之下。

⑥ 软件处理法 对于计算机系统，不必全靠硬件进行热电偶冷端处理。例如冷端温度恒定但不为 0℃ 的情况，只需在采样后加一个与冷端温度对应的常数即可。

对于 T_0 经常波动的情况，可利用热敏电阻或其他传感器把 T_0 信号输入计算机，按照运算公式设计一些程序，便能自动修正。后一种情况必须考虑输入的采样通道中除了热电势之外还应该有冷端温度信号，如果多个热电偶的冷端温度不相同，还要分别采样，若占用的通道数太多，宜利用补偿导线把所有的冷端接到同一温度处，只用一个冷端热敏传感器和一个修正 T_0 的输入通道就可以了。冷端集中，对于提高多点巡检的速度也很有利。

6.2.4 热电偶的常用材料

热电偶材料应满足：物理性能稳定，热电特性不随时间改变；化学性能稳定，以保证在不同介质中测量时不被腐蚀；热电势高，电导率高，且电阻温度系数小；便于制造；复现性好，便于成批生产。

（1）铂-铂铑热电偶（S 型）分度号 LB-3

工业用热电偶丝：$\phi0.5mm$，实验室用可更细些。

正极：铂铑合金丝，用90％铂和10％铑（质量比）冶炼而成。

负极：铂丝。

测量温度：长期为1300℃，短期为1600℃。

特点：材料性能稳定，测量准确度较高；可做成标准热电偶或基准热电偶；测量温度较高，一般用来测量1000℃以上高温；在高温还原性气体中（如气体中含CO、H_2等）易被侵蚀，需要用保护套管；材料属贵金属，成本较高；热电势较弱。

（2）镍铬-镍硅（镍铝）热电偶（K型）分度号EU-2

工业用热电偶丝：$\phi 1.2 \sim 6.5mm$，实验室用可细些。

正极：镍铬合金（用88.4％～89.7％镍、9％～10％铬，0.6％硅，0.3％锰，0.4％～0.7％钴冶炼而成）。

负极：镍硅合金（用95.7％～97％镍，2％～3％硅，0.4％～0.7％钴冶炼而成）。

测量温度：长期1000℃，短期1300℃。

特点：价格比较便宜，在工业上广泛应用；高温下抗氧化能力强，在还原性气体和含有SO_2，H_2S等气体中易被侵蚀；复现性好，热电势大，但精度不如WRLB。

（3）铂铑30-铂铑6热电偶（B型）分度号LL-2

正极：铂铑合金（用70％铂，30％铑冶炼而成）。

负极：铂铑合金（用94％铂，6％铑冶炼而成）。

测量温度：长期可到1600℃，短期可达1800℃。

特点：材料性能稳定，测量精度高；还原性气体中易被侵蚀；低温热电势极小，冷端温度在50℃以下可不加补偿；成本高。

（4）几种特殊用途的热电偶

① 铱和铱合金热电偶，能在氧化气氛中测量高达2100℃的高温。

② 钨铼热电偶是20世纪60年代发展起来的，是目前较好的一种高温热电偶，可使用在真空惰性气体介质或氢气介质中，但高温抗氧能力差。国产钨铼-钨铼20热电偶使用温度范围为300～2000℃，分度精度为1％。

③ 金铁-镍铬热电偶主要用在低温测量，在2～273K范围内使用，灵敏度为$10\mu V /℃$。

④ 钯-铂铱15热电偶是一种高输出性能的热电偶，在1398℃时的热电势为47.255mV，比铂-铂铑10热电偶在同样温度下的热电势高出3倍，因而可配用灵敏度较低的指示仪表，常应用于航空工业。

⑤ 铁-康铜热电偶，分度号TK。灵敏度高，约为$53\mu V /℃$，线性度好，价格便宜，可在800℃以下的还原介质中使用。主要缺点是铁极易氧化，采用发蓝处理后可提高抗锈蚀能力。

⑥ 铜-康铜热电偶，分度号MK。热电偶的热电势略高于镍铬-镍硅热电偶，约为$43\mu V /℃$。复现性好，稳定性好，精度高，价格便宜。缺点是铜易氧化，广泛用于20～473K的低温实验室测量中。

6.3 金属热电阻传感器

金属热电阻传感器一般称作热电阻传感器，是利用金属导体的电阻值随温度的变化而变化的原理进行测温的。很多金属有正的电阻温度系数，温度越高，电阻越大。金属热电阻的主要材料是铂和铜。

热电阻广泛用来测量$-220 \sim +850℃$范围内的温度，少数情况下，低温可测量至1K

（−272℃），高温可测量至 1000℃。

常用热电阻有铂电阻和铜电阻。

6.3.1 铂热电阻的电阻-温度特性

热电阻的温度特性，是指热电阻 R_t 随温度变化而变化的特性。

铂电阻的特点是测温精度高，在氧化性介质中，高温下的物理、化学性质稳定；而还原性介质中，电阻-温度特性会发生改变。铂电阻的应用范围为 −200～+850℃。

铂电阻的电阻-温度特性方程：

$$R_t = \begin{cases} R_0[1 + At + Bt^2 + C(t-100)t^3] & (-200 \sim 0℃) \\ R_0(1 + At + Bt^2) & (0 \sim 850℃) \end{cases} \tag{6-9}$$

式中，R_t 为温度为 t（℃）时，铂电阻的电阻值；R_0 为温度为 0℃时，铂电阻的电阻值；$A = 3.908 \times 10^{-3} ℃^{-1}$；$B = -5.802 \times 10^{-7} ℃^{-1}$；$C = -4.2735 \times 10^{-12} ℃^{-1}$。

6.3.2 铜热电阻的电阻-温度特性

由于铂是贵金属，在测量精度要求不高，温度范围在 −50～+150℃时普遍采用铜电阻。铜电阻阻值与温度近似线性，电阻温度系数大，易加工，价格便宜；但电阻率小，温度超过 100℃时易被氧化。

铜电阻与温度间的关系为

$$R_t = R_0(1 + \alpha t) \tag{6-10}$$

式中，R_t 为温度为 t℃时，铜电阻的电阻值；R_0 为温度为 0℃时，铜电阻的电阻值；α 为铜电阻的电阻温度系数，$\alpha = 4.28 \times 10^{-3} ℃^{-1}$。

6.4 半导体热敏电阻

热敏传感器中应用最多的有热电偶、热电阻和半导体热敏电阻。半导体热敏电阻简称热敏电阻，是利用某些金属氧化物或单晶锗、硅等材料，按特定工艺制成的感温元件，是一种新型的半导体测温元件，发展最为迅速。由于热敏电阻的性能得到不断改进，稳定性已大为提高，在许多场合下（−40～+350℃）热敏电阻已逐渐取代传统的热敏传感器。

6.4.1 热敏电阻的特点与分类

（1）热敏电阻的特点

① 电阻温度系数的范围甚宽，有正、负温度系数和在某一特定温度区域内阻值突变的三种热敏电阻元件。电阻温度系数的绝对值比金属大 10～100 倍左右。

② 材料加工容易、性能好，可根据使用要求加工成各种形状，特别是能够做到小型化。目前，最小的珠状热敏电阻其直径仅为 0.2mm。

③ 阻值在 1～10MΩ 之间可供自由选择。使用时，一般可不必考虑线路引线电阻的影响；由于其功耗小，故不需采取冷端温度补偿，所以适合于远距离测温和控温使用。

④ 稳定性好。商品化产品已有 30 多年历史，近年在材料与工艺上不断得到改进。据报道，在 0.01℃的小温度范围内，其稳定性可达 0.0002℃的精度，相比之下，优于其他各种热敏传感器。

⑤ 原料资源丰富，价格低廉；烧结表面均已经玻璃封装，故可用于较恶劣环境条件；另外由于热敏电阻材料的迁移率很小，故其性能受磁场影响很小，这是十分可贵的特点。

（2）热敏电阻的分类

热敏电阻的种类很多，分类方法也不尽相同。按热敏电阻的阻值与温度关系这一重要特性可分为以下几种。

① 正温度系数电阻器 PTC　PTC 指阻值随温度升高而增大的热敏电阻器。其主要材料是掺杂的 $BaTiO_3$ 半导体陶瓷。

② 负温度系数电阻器 NTC　NTC 指阻值随温度升高而下降的热敏电阻器。其材料是过渡金属氧化物半导体陶瓷。

③ 突变型负温度系数电阻器 CTR　该类电阻器的电阻值在某特定温度范围内随温度升高而降低 3～4 个数量级，即具有很大负温度系数。其主要材料是 VO_2 并添加一些金属氧化物。

6.4.2　热敏电阻的基本参数与特性

（1）热敏电阻的基本参数

① 标称电阻 R_{25}（冷阻）：标称电阻值是热敏电阻在（25 ± 0.2）℃时的阻值。

② 电阻温度系数（％/℃）：热敏电阻在温度变化 1℃时电阻值的变化率。

③ 最高工作温度 T_{max}：电阻器在规定的技术条件下长期连续工作所允许的最高温度：

$$T_{max}=T_0+P_e/H \tag{6-11}$$

式中，T_0 为环境温度；P_e 为环境温度为 T_0 时的额定功率。

④ 最低工作温度 T_{min}：电阻器在规定的技术条件下能长期连续工作的最低温度。

⑤ 额定功率 P_E：热敏电阻器在规定的条件下，长期连续负荷工作所允许的消耗功率。在此功率下，它自身温度不应超过 T_{max}。

（2）热敏电阻器主要特性

① NTC 型热敏电阻器

· 温度特性。当温度为 T 时，NTC 的电阻-温度关系可以表示为

$$R_t=R_{T_0}\exp B_N\left(\frac{1}{T}-\frac{1}{T_0}\right) \tag{6-12}$$

其中，R_{T_0} 为温度为 T_0 时的电阻值；B_N 为 NTC 热敏电阻的材料常数。

为了使用方便，常取环境温度为 25℃作为参考温度（即 $T_0=25℃=298K$），则 NTC 热敏电阻器的电阻-温度关系式为

$$\frac{R_T}{R_{25}}=\exp B_N\left(\frac{1}{T}-\frac{1}{298}\right)$$

R_T/R_{25}-B_N 特性曲线见图 6-16。

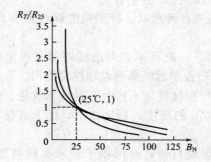

图 6-16　R_T/R_{25}-B_N 特性曲线

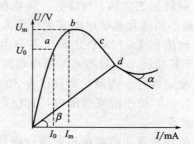

图 6-17　NTC 热敏电阻的静态伏安特性

• 伏安特性。热敏电阻器伏安特性表示：当热敏电阻器和周围介质热平衡（即加在元件上的电功率和耗散功率相等）时，加在电阻器两端的电压和通过的电流之间的互相关系。

图 6-17 是在环境温度为 T_0 时的静态介质中测出的静态 U-I 曲线。

热敏电阻的端电压 U_T 和通过它的电流 I 有如下关系：

$$U_T = IR_T = IR_0 \exp B_N \left(\frac{1}{T} - \frac{1}{T_0} \right) = IR_0 \exp B_N \left(\frac{\Delta T}{T - T_0} \right) \tag{6-13}$$

式中，ΔT 为热敏电阻的温升。

② PTC 型热敏电阻器

• 温度特性。其特性是利用正温度热敏材料，在居里点附近结构发生相变引起电导率突变来取得的，典型特性曲线如图 6-18 所示。

PTC 热敏电阻的工作温度范围较窄，在工作区两端，电阻-温度曲线上有两个拐点：T_{p1} 和 T_{p2}。当温度低于 T_{p1} 时，温度灵敏度低；当温度升高在 T_{p1} 和 T_{p2} 之间，电阻值随温度值剧烈增高（按指数规律迅速增大）；此属正温度系数热敏电阻器的正常工作范围。其间存在着温度 T_c，对应有较大的温度系数 α_{tp}。

经实验证实：在工作温度范围内，正温度系数热敏电阻器的电阻-温度特性可近似用下面的实验公式表示：

$$R_T = R_{T_0} \exp B_P (T - T_0) \tag{6-14}$$

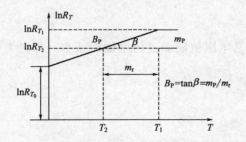

图 6-18 PTC 热敏电阻器的
电阻-温度曲线

式中，R_T、R_{T_0} 为温度分别为 T、T_0 时的电阻值；B_P 为电阻器的材料常数。

若对上式取导数，则得

$$\alpha_{tp} = \frac{1}{R_T} \times \frac{dR_T}{dT} = \frac{B_P R_{T_0} \exp B_P (T - T_0)}{R_{T_0} \exp B_P (T - T_0)} = B_P$$

可见，正温度系数热敏电阻器的电阻温度系数 α_{tp}，正好等于它的材料常数 B_P 的值。图 6-19 为 PTC 热敏电阻器的 $\ln R_T / T$ 曲线。

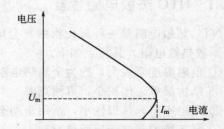

图 6-19 PTC 热敏电阻器 $\ln R_T / T$ 曲线　　　　图 6-20 PTC 热敏电阻器的静态伏安特性

• 伏安特性。PTC 热敏电阻器的伏安特性曲线见图 6-20，它与 NTC 热敏电阻器一样，曲线的起始段为直线，其斜率与热敏电阻器在环境温度下的电阻值相等。这是因为流过电阻器电流很小时，耗散功率引起的温升可以忽略不计的缘故。当热敏电阻器温度超过环境温度时，引起电阻值增大，曲线开始弯曲。

当电压增至 U_m 时，存在一个电流最大值 I_m；如电压继续增加，由于温升引起电阻值增加速度超过电压增加的速度，电流反而减小，即曲线斜率由正变负。

热敏电阻的温度系数值远大于金属热电阻，所以灵敏度很高。在同温度情况下，热敏电阻阻值远大于金属热电阻，所以连接导线电阻的影响极小，适用于远距离测量。但热敏电阻 R_t-t 曲线非线性十分严重，所以其测量温度范围远小于金属热电阻。

6.4.3　热敏电阻温度测量非线性修正

由于热敏电阻 R_t-t 曲线非线性严重，为保证一定范围内温度测量的精度要求，应进行非线性修正。

（1）线性化网络

利用包含有热敏电阻的电阻网络（常称线性化网络）来代替单个的热敏电阻，使网络电阻 R_T 与温度成单值线性关系。其一般形式如图 6-21 所示。

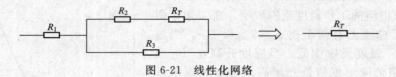

图 6-21　线性化网络

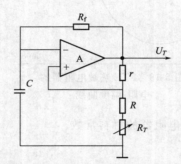

图 6-22　温度-频率转换器原理图

（2）利用测量装置中其他部件的特性进行修正

图 6-22 是一个温度-频率转换电路，虽然电容 C 的充电是非线性的，但适当地选取线路中的电阻 r 和 R，可以在一定的温度范围内，得到近于线性的温度-频率转换特性。

（3）计算修正法

在带有微处理机的测量系统中，当已知热敏电阻器的实际特性和要求的理想特性时，可采用线性插值法将特性分段，并把各分段点的值存放在计算机的存储器内。计算机将根据热敏电阻器的实际输出值进行校正计算后，给出要求的输出值。

6.5　负温度系数热敏电阻

6.5.1　NTC 热敏电阻性能

NTC 热敏电阻是一种氧化物的复合烧结体，其电阻值随温度的增加而减小，称之为负温度系数热敏电阻。其特点如下。

① 电阻温度系数大，约为金属热电阻的 10 倍。

② 结构简单、体积小，可测点温。

③ 电阻率高，热惯性小，适用于动态测量。

④ 易于维护和进行远距离控制。

⑤ 制造简单，使用寿命长。

⑥ 互换性差，非线性严重。

热敏电阻值 R_T 和 R_0 与温度 T_T 和 T_0 的关系为

$$R_T = R_0 \mathrm{e}^{(B/T_T - B/T_0)} \tag{6-15}$$

6.5.2　NTC 热敏电阻主要特性

① 标称阻值 R_0　厂家通常将热敏电阻 25℃ 时的零功率电阻值作为 R_0，称为额定电阻值或标称阻值，记作 R_{25}，温度为 85℃ 时的电阻值 R_{85} 作为 R_T。标称阻值常在热敏电阻上

标出。

② 热敏电阻常数 B　将热敏电阻 25℃时的零功率电阻值 R_0 和 85℃时的零功率电阻值 R_T，以及 25℃ 和 85℃ 的热力学温度 $T_0 = 298\text{K}$ 和 $T_T = 358\text{K}$ 代入 NTC 热敏电阻温度方程，得

$$B = 1778\ln\frac{R_{25}}{R_{85}}$$

B 值称为热敏电阻常数，是表征 NTC 热敏电阻热灵敏度的量。B 值越大，NTC 热敏电阻的热灵敏度越高。

③ 电阻温度系数 σ　当热敏电阻自身温度变化 1℃时，电阻值的相对变化量称为热敏电阻的电阻温度系数 σ。

$$\sigma = -B/T^2$$

从式中可以看出：热敏电阻的温度系数为负值；温度减小，电阻温度系数 σ 增大。所以在低温时，NTC 的温度系数比金属热电阻丝高得多，故常用于低温测量（$-100\sim300$℃）。

④ 额定功率　额定功率是指 NTC 热敏电阻在环境温度为 25℃，相对湿度为 45%～80%。大气压为 $0.87\sim1.07\text{bar}(1\text{bar}=10^5\text{Pa})$ 的条件下，长期连续负荷所允许的耗散功率。

⑤ 耗散系数 δ　δ 为 NTC 热敏电阻流过电流消耗的热功率（W）与自身温升值（$T-T_0$）之比，单位为 W/℃。

$$\delta = \frac{W}{T-T_0}$$

⑥ 热时间常数 τ　NTC 热敏电阻在零功率条件下放入环境温度中，不可能立即变为与环境温度同温度。热敏电阻本身的温度在放入环境温度之前的初始值和达到与环境温度同温度的最终值之间改变 63.2% 所需的时间叫作热时间常数，用 τ 表示。

6.6　热敏传感器应用实例

6.6.1　双金属热敏传感器的应用

（1）盘旋形双金属热敏传感器室温测量的应用

双金属热敏传感器结构简单，价格便宜，刻度清晰，使用方便，耐振动。常用于驾驶室、船舱、粮仓等室内温度测量。图 6-23 为盘旋形双金属温度计。

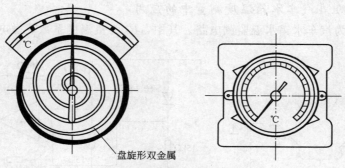

图 6-23　盘旋形双金属温度计

（2）碟形双金属热敏传感器在电冰箱中的应用

电冰箱压缩机温度保护继电器内部的感温元件是一片碟形的双金属片，如图 6-24 所示。

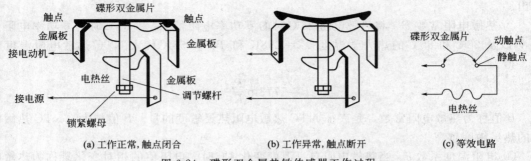

(a) 工作正常, 触点闭合   (b) 工作异常, 触点断开   (c) 等效电路

图 6-24   碟形双金属热敏传感器工作过程

在双金属片上固定着两个动触头。在碟形双金属片的下面还安放着一根电热丝。该电热丝与这两个常闭触点串联连接。

压缩机电机中的电流过大时，这一大电流流过电热丝后，使它很快发热，放出的热量使碟形双金属片温度迅速升高到它的动作温度，碟形双金属片翻转，带动常闭触点断开，切断压缩机电机的电源，保护全封闭式压缩机不至于损坏。

6.6.2   热敏电阻传感器的应用

(1)   热敏电阻在空调器控制电路中的应用

春兰牌 KFR-20GW 型冷热双向空调中热敏电阻的应用，如图 6-25 所示。

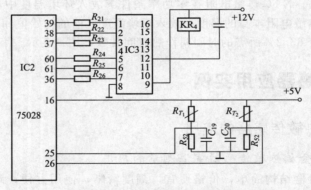

图 6-25   热敏电阻在空调器控制电路中的应用

(2)   热敏电阻在汽车水箱温度测量中的应用

图 6-26 所示为汽车水箱水温监测电路。其中，R_t 为负温度系数热敏电阻。

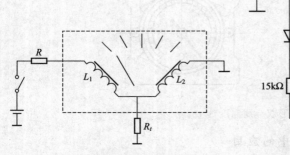

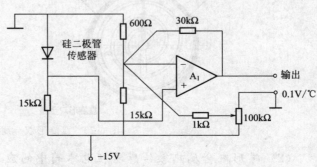

图 6-26   汽车水箱测温电路   图 6-27   二极管热敏传感器的温度监测电路

6.6.3 晶体管热敏传感器的应用

（1）热敏二极管热敏传感器应用举例

图6-27是采用硅二极管热敏传感器的测量电路，其输出端电压值随温度而变化。温度每变化1℃，输出电压变化量为0.1V。

（2）晶体三极管热敏传感器应用举例

图6-28为NPN型晶体管热敏传感器的一种温度测量电路，温度变化1℃，输出电压变化0.1V。

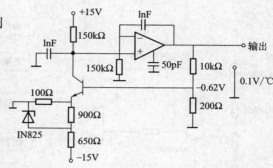

6.6.4 集成热敏传感器应用举例

集成热敏传感器由感温元件（常为PN结）与有关的电子线路集成在很小的硅片上封装而成。具有体积小、线性好、反应灵敏等优点，应用十分广泛。由于PN结不

图6-28 晶体管热敏传感器的温度测量电路

能耐高温，所以集成热敏传感器通常测量150℃以下的温度。

集成热敏传感器按输出量不同可分为电流型、电压型和频率型三大类。

（1）电压输出型集成热敏传感器

图6-29为电压输出型集成热敏传感器原理电路图。其中 V_1、V_2 为差分对管，V_1、V_2 的集电极电流分别为 I_1、I_2，其中 I_1 为恒流源。调节电阻 R_1，使 $I_1 = I_2$，则电路输出电压 U_o 为 $U_o = I_2 R_2 = \dfrac{\Delta U_{be}}{R_1} R_2$。由此可得

$$\Delta U_{be} = \frac{U_o}{R_2} R_1 = \frac{KT}{q} \ln\gamma$$

式中，γ 为 V_1、V_2 发射结面积之比。若 R_1、R_2 不变，则 U_o 与 T 成线性关系。例如，$R_1 = 940\Omega$，$R_2 = 30\text{k}\Omega$，$\gamma = 37$，则电路输出温度系数为 10mV/K。

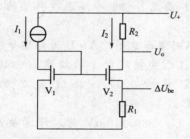

图6-29 电压输出型集成热敏
传感器原理电路图

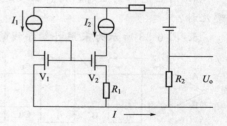

图6-30 电流输出型集成热敏
传感器原理电路图

（2）电流输出型集成热敏传感器

电流输出型集成热敏传感器原理电路图如图6-30所示。

对管 V_1、V_2 作为感温元件，V_1、V_2 发射结面积之比为 γ，此时电流源总电流 I 为

$$I = 2I_1 = \frac{2\Delta U_{be}}{R} = \frac{2KT}{qR} \ln\gamma$$

当 R、γ 为恒定量时，I 与 T 成线性关系。若 $R = 358\Omega$，$\gamma = 8$，则电路输出温度系数为

$1\mu A/K$。

（3）AD590 集成热敏传感器应用电路

集成热敏传感器用于热电偶参考端的补偿电路，如图 6-31 所示，AD590 应与热电偶参考端处于同一温度下。图中，AD580 为三端基准电源。

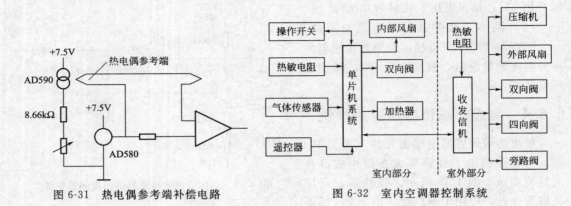

图 6-31 热电偶参考端补偿电路   图 6-32 室内空调器控制系统

6.6.5 家用空调专用热敏传感器

目前，较先进的室内空调器大都采用由传感器检测并用微机进行控制的模式，其组成如图 6-32 所示。空调器的控制系统中，在室内部分安装有热敏电阻和气体传感器；在室外部分安装热敏电阻。

 思考题

1. 热敏传感器应该满足的条件主要有哪些？

2. 非接触式热敏传感器的特点有哪些？

3. 简述热电偶与热电阻测温原理。

4. 用热电偶测温时，为什么要进行参考端（冷端）温度补偿？冷端温度补偿的方法有哪几种？

5. 图 6-33 所示为采用补偿导线的镍铬-镍硅热电偶测温示意图，A、B 为补偿导线，Cu 为铜导线，已知接线盒 1 的温度 $t_1 = 40.0℃$，冰水温度 $t_2 = 0.0℃$，接线盒 2 的温度 $t_3 = 20.0℃$。

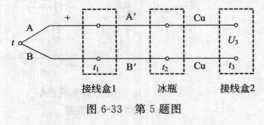

图 6-33 第 5 题图

① 当 $U_3 = 39.310mV$ 时，计算被测点温度 t。

② 如果 A、B 换成铜导线，此时 $U_3 = 37.699mV$，再求 t。

6. 试比较热电阻和半导体热敏电阻的异同。

7. 如何修正热敏电阻的温度非线性？

8. 试用 AD590 温度传感器设计一个直接显示摄氏温度－50～50℃的数字温度计。

第7章

气敏传感器

气敏传感器是一种用来检测气体类别、浓度和成分，并将它们转换为电信号的器件。由于气体种类繁多，性质各不相同，不可能用一种传感器检测所有类别的气体，因此，能实现气-电转换的传感器种类很多。

气敏传感器主要检测对象及其应用场所见表 7-1。

表 7-1　气敏传感器主要检测对象及其应用场所

分　　类	检 测 对 象	应 用 场 合
易燃易爆气体	液化石油气、焦炉煤气、发生炉煤气、天然气、甲烷、氢气	家庭用、煤矿、冶金、实验室
有毒气体	一氧化碳（不完全燃烧的煤气）、硫化氢、含硫的有机化合物、卤素、卤化物、氨气等	煤气灶等、石油工业、制药厂、冶炼厂、化肥厂
环境气体	氧气（缺氧）、水蒸气（调节湿度，防止结露）、大气污染（SO_x，NO_x，Cl_2 等）	地下工程、家庭、电子设备、汽车、温室、工业区
工业气体	燃烧过程气体控制，调节燃/空比、一氧化碳（防止不完全燃烧）、水蒸气（食品加工）	内燃机、锅炉、冶炼厂、电子灶
其他	烟雾，司机呼出气体中的酒精	火灾预报、事故预报

气敏传感器是暴露在各种成分的气体中使用的，由于检测现场温度、湿度的变化很大，又存在大量粉尘和油雾等，所以其工作条件较恶劣，而且气体对传感元件的材料会产生化学反应物，附着在元件表面，往往会使其性能变差。因此，对气敏元件有下列要求。

① 能够检测并能及时给出报警、显示与控制信号。

② 对被测气体以外的共存气体或物质不敏感。

③ 性能稳定性、重复性好。

④ 动态特性好、响应迅速。

⑤ 能长期稳定工作，重复性好。

⑥ 使用、维护方便，价格便宜。

按构成气敏传感器材料可分为半导体和非半导体两大类。目前实际使用最多的是半导体气敏传感器。

常用的气敏传感器有半导体型气敏传感器、接触燃烧式气敏传感器、固体电解质式气敏传感器、电化学式气敏传感器、集成型气敏传感器。

7.1　半导体型气敏传感器

半导体型气敏传感器是利用半导体气敏元件同气体接触，造成电导率等物理性质变化，来检测气体的成分或浓度的气敏传感器，大体可分为电阻型和非电阻型两大类。

电阻型半导体气敏元件是利用敏感材料接触气体时，其阻值变化来检测气体的成分或浓度。电阻型传感器一般使用氧化锡、氧化锌等金属氧化物材料制作。

而非电阻型半导体气敏元件是一种半导体器件，利用二极管伏安特性或场效应晶体管的阈值电压变化来检测被测气体。

用半导体气敏元件组成的气敏传感器主要用于工业上的天然气、煤气，石油化工等部门的易燃、易爆、有毒有害气体的监测、预报和自动控制。

表 7-2 为半导体气敏元件的分类。

表 7-2　半导体气敏传感器的分类

分类	主要的物理特性	传感器举例	工作温度	代表性被测气体
电阻型	表面控制型	二氧化锡(SnO₂)、氧化锌(Zno)	室温至 450℃	可燃性气体
	体控制型	LaI-xSrxCoO₃，二氧化钛(TiO₂)、氧化钴(CoO)、氧化镁(MgO)、二氧化锡	300～450℃，700℃以上	酒精、可燃性气体、氧气
非电阻型	表面电位	氧化银(AgO)	室温	乙醇
	二极管整流特性	铂/硫化镉(CdS)、铂/二氧化钛	室温至 200℃	氢气、一氧化碳、酒精
	晶体管特性	铂栅 MOS 场效应管	150℃	氢气、硫化氢

7.1.1　半导体气敏传感器工作原理

气敏电阻的材料是金属氧化物，在合成材料时，通过化学计量比的偏离和杂质缺陷制成，金属氧化物半导体分 N 型半导体和 P 型半导体。N 型半导体有二氧化锡、氧化铁、氧化锌、氧化钨等。P 型半导体有氧化钴、氧化铅、氧化铜、氧化镍等。

为了提高某种气敏元件对某些气敏成分的选择性和灵敏度，合成材料有时还渗入了催化剂，如钯（Pd）、铂（Pt）、银（Ag）等。

金属氧化物在常温下是绝缘的，制成半导体后却显示气敏特性。当半导体器件被加热到稳定状态，气体接触半导体表面而被吸附时，被吸附的分子首先在表面物性自由扩散，失去运动能量，一部分分子被蒸发掉，另一部分残留分子产生热分解而固定在吸附处。

当半导体的功函数小于吸附分子的亲和力（气体的吸附和渗透特性）时，吸附分子将从器件夺得电子而变成负离子吸附，半导体表面呈现电荷层。例如氧气等具有负离子吸附倾向的气体被称为氧化型气敏或电子接收性气体。

如果半导体的功函数大于吸附分子的离解能，吸附分子将向器件释放出电子，而形成正离子吸附。具有正离子吸附倾向的气体有 H₂、CO、碳氢化合物和醇类，它们被称为还原型气敏或电子供给性气体。

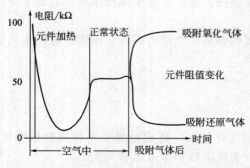

图 7-1　气体接触 N 型半导体时元件阻值变化图

当氧化型气体吸附到 N 型半导体上，还原型气体吸附到 P 型半导体上时，将使半导体载流子减少，而使电阻值增大。当还原型气体吸附到 N 型半导体上，氧化型气体吸附到 P 型半导体上时，则载流子增多，使半导体电阻值下降。

图 7-1 表示了气体接触 N 型半导体时所产生的元件阻值变化情况。

由于空气中的含氧量大体上是恒定的，因此氧的吸附量也是恒定的，器件阻值也相对固定。若气体浓度发生变化，其阻值也将变化。根据这一特性，可以从阻值的变化得知吸附气敏的种类和浓度。

例如，用二氧化锡制成的气敏元件，在常温下吸附某种气体后，其电导率变化不大，若保持这种气体浓度不变，该器件的电导率随器件本身温度的升高而增加，尤其在 $100\sim300℃$ 范围内电导率变化很大。显然，半导体电导率的增加是由于多数载流子浓度增加的结果。

气敏元件的基本测量电路，如图 7-2（a）所示，图中，E_H 为加热电源，E_C 为测量电源，电阻中气敏电阻值的变化引起电路中电流的变化，输出电压由电阻 R_o 上取出。特别在低浓度下灵敏度高，而高浓度下趋于稳定值。因此，常用来检查可燃性气体泄漏。

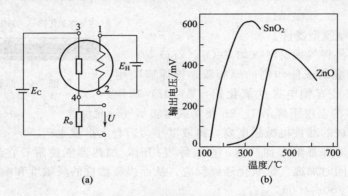

(a) (b)

图 7-2 基本测量电路与电压-温度曲线

二氧化锡、氧化锌材料气敏元件输出电压与温度的关系如图 7-2（b）所示。

由上述分析可以看出，气敏元件工作时需要本身的温度比环境温度高很多。因此，气敏元件结构上，有电阻丝加热，结构如图 7-3 所示。图中，1 和 2 是加热电极，3 和 4 是气敏电阻的一对电极。

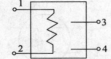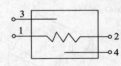

图 7-3 气敏硬件结构

7.1.2 电阻型气敏传感器结构

体控制型电阻式气敏传感器是利用体电阻的变化来检测气体的半导体器件。

检测对象主要有液化石油气、煤气、天然气。

气敏电阻元件种类很多，按制造工艺分烧结型、薄膜型、厚膜型。

（1）烧结型

图 7-4 所示为烧结型气敏器件结构。这类器件以 SnO_2 为基体，将铂电极和加热丝埋入 SnO_2 材料中，用加热、加压、温度为 $700\sim900℃$ 的制陶工艺烧结成形。因此，被称为半导体陶瓷。

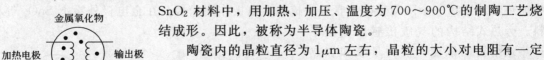

图 7-4 烧结型气敏器件结构

陶瓷内的晶粒直径为 $1\mu m$ 左右，晶粒的大小对电阻有一定影响，但对气体检测灵敏度则无很大的影响。它的加热温度较低，一般在 $200\sim300℃$。

烧结型器件制作方法简单，器件寿命长；但由于烧结不充分，器件机械强度不高，电极材料较贵重，电性能一致性较差，因此应用受到一定限制。

（2）薄膜型

图 7-5 所示为薄膜型器件。

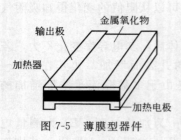

图 7-5　薄膜型器件

薄膜型气敏元件采用真空镀膜或溅射方法。在石英或陶瓷基片上制成金属氧化物薄膜，厚度在 $0.1\mu m$ 以下，并用铂或钯膜作引出电极，最后将基片上的锌氧化，构成薄膜型气敏元件。

氧化锌敏感材料是 N 型半导体，当添加铂作催化剂时，对丁烷、丙烷、乙烷等烷烃有较高的灵敏度，而对 H_2、CO_2 等灵敏度很低。若用钯作催化剂时，对 H_2、CO 有较高的灵敏度，而对烷烃类灵敏度低。

因此，这种元件有良好的选择性，工作温度在 $400\sim500℃$ 的较高温度。

（3）厚膜型

图 7-6 所示为厚膜型器件。

厚膜型气敏元件将气敏材料（如 SnO_2、ZnO 等）与一定比例的硅凝胶混制成能印刷的厚膜胶。把厚膜胶用

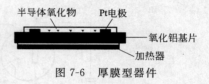

图 7-6　厚膜型器件

丝网印刷到事先安装有铂电极的氧化铝（Al_2O_3）基片上，在 $400\sim800℃$ 的温度下烧结 $1\sim2h$ 便制成厚膜型气敏元件。

用厚膜工艺制成的器件机械强度高，离散度小，适合大批量生产。

以上三种气敏器件都附有加热器，在实际应用时，加热器能使附着在测控部分上的油雾、尘埃等烧掉，同时加速气敏氧化还原反应，从而提高器件的灵敏度和响应速度。加热器的温度一般控制在 $200\sim400℃$ 左右。

（4）加热方式

以 SnO_2 粉体为基本材料，根据需要添加不同的添加剂，混合均匀作为原料制成敏感体。主要用于检测可燃的还原性气体，其工作温度约 $300℃$。加热方式分为直接加热式和旁热式两种，因而形成了直热式和旁热式气敏元件。

① 直热式 SnO_2 气敏元件　直热式气敏元件由芯片（敏感体和加热器）、基座和金属防爆网罩三部分组成，其结构及符号如图 7-7 所示。直热式元件是将加热丝、测量丝直接埋入 SnO_2 或 ZnO 等粉末中烧结而成的，工

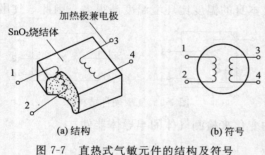

(a) 结构　　　　　(b) 符号

图 7-7　直热式气敏元件的结构及符号

作时加热丝通电，测量丝用于测量器件阻值。

② 旁热式 SnO_2 气敏元件　旁热式气敏元件的结构及符号如图 7-8 所示，它的特点是将加热丝放置在一个陶瓷管内，管外涂梳状金电极作测量极，在金电极外涂上 SnO_2 等材料。旁热式结构的气敏传感器克服了直热式结构的缺点，使测量极和加热极分离，而且加热丝不与气敏材料接触，避免了测量回路和加热回路的相互影响，器件热容量大，降低了环境温度对器件加热温度的影响，所以这类结构器件的稳定性、可靠性都较直热式好。

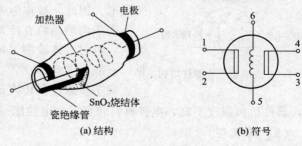

(a) 结构　　　　　(b) 符号

图 7-8　旁热式气敏元件的结构及符号

7.1.3 非电阻型半导体气敏传感器

非电阻型气敏器件也是半导体气敏传感器之一。它是利用 MOS 二极管的电容-电压特性的变化以及 MOSFET 的阈值电压的变化等物性而制成的气敏元件。

（1）MOS 二极管气敏元件

MOS 二极管气敏元件制作过程是在 P 型半导体硅片上，利用热氧化工艺生成一层厚度为 $50 \sim 100nm$ 的二氧化硅层，然后在其上面蒸发一层金属钯的薄膜，作为栅电极，如图 7-9（a）所示。

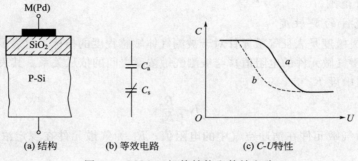

图 7-9　MOS 二极管结构和等效电路

由于 SiO₂ 层电容 C_a 固定不变，而 Si 和 SiO₂ 界面电容 C_s 是外加电压的函数〔其等效电路见图 7-9（b）〕，因此由等效电路可知，总电容 C 也是栅偏压的函数。其函数关系称为该类 MOS 二极管的 C-U 特性，如图 7-9（c）曲线 a 所示。由于 Pd 对 H₂ 特别敏感，当 Pd 吸附了 H₂ 以后，会使其功函数降低，导致 MOS 管的 C-U 特性向负偏压方向平移，如图 7-9（c）曲线 b 所示。根据这一特性就可用于测定 H₂ 的浓度。

（2）MOS 场效应晶体管

气敏器件 Pd-MOS 场效应晶体管（Pd-MOSFET）的结构见图 7-10。

由于 Pd 对 H₂ 有很强的吸附性，当 H₂ 吸附在 Pd 栅极上时，会引起 Pd 的功函数降低。由 MOSFET 工作原理可知，当栅、源之间加正向偏压 U_{GS}，且 $U_{GS} > U_T$（阈值电压）时，则栅极氧化层下面的硅从 P 型变为 N 型。这个 N 型区就将源极和漏极连接起来，形成导电通道，即为 N 型沟道。此时，MOSFET 进入工作状

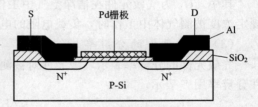

图 7-10　Pd-MOSFET 结构

态。若此时在源漏之间加电压 U_{DS}，则源漏之间有电流 I_{DS} 流通。I_{DS} 随 U_{DS} 和 U_{GS} 的大小而变化，其变化规律即为 MOSFET 的伏-安特性。

当 $U_{GS} < U_T$ 时，MOSFET 的沟道未形成，故无漏源电流。U_T 的大小除了与衬底材料的性质有关外，还与金属和半导体之间的功函数有关。Pd-MOSFET 气敏器件就是利用 H₂ 在 Pd 栅极上吸附后引起阈值电压 U_T 下降这一特性来检测 H₂ 浓度的。

（3）表面控制型气敏传感器

将气敏传感器置于空气之中，空气中的 O₂ 和 NO₂，被 N 型半导体材料敏感膜的电子吸附，表现为薄膜表面传导电子数减少，表面电导率减小，器件处于高阻状态。一旦器件与被测气体接触，就会与吸附的氧起反应，将被氧束缚的电子释放出来，使敏感膜表面电导率增大，器件电阻减少。

用这种方式设计的气敏传感器称表面控制型气敏传感器。目前常用的材料为二氧化锡和氧化锌等较难还原的氧化物，也有研究用有机半导体材料的。在这类传感器中一般均掺有少量贵金属（如 Pt 等）作为激活剂。这类器件目前已商品化的有 SnO_2、ZnO 等气敏传感器。

7.1.4　半导体气敏元件的特性

（1）气敏元件的电阻值

将电阻型气敏元件在常温下洁净空气中的电阻值，称为固有电阻值，用 R_a 表示。一般 R_a 在 $10^3 \sim 10^5 \, \Omega$ 范围。

（2）气敏元件的灵敏度

气敏元件的灵敏度是表征气敏元件对于被测气体敏感程度的指标。它表示气敏敏感元件的电参量（如电阻型气敏元件的电阻值）与被测气敏浓度之间的依从关系。其表示方法有三种。

① 电阻比灵敏度 K

$$K = \frac{R_a}{R_g} \tag{7-1}$$

其中，R_a 为气敏元件在洁净空气中的电阻值；R_g 为气敏元件在规定浓度的被测气体中的电阻值。

② 分离度

$$\alpha = \frac{R_{c_1}}{R_{c_2}} \tag{7-2}$$

其中，R_{c_1} 为气敏元件在浓度为 c_1 的被测气体中的阻值；R_{c_2} 为气敏元件在浓度为 c_2 的被测气体中的阻值。通常，$c_1 > c_2$。

③ 输出电压比灵敏度 K_V

$$K_V = \frac{U_a}{U_g} \tag{7-3}$$

其中，U_a 为气敏元件在洁净空气中工作时，负载电阻上的电压输出；U_g 为气敏元件在规定浓度被测气体中工作时，负载电阻的电压输出。

（3）气敏元件的分辨率

气敏元件的分辨率表示气敏元件对被测气体的识别以及对干扰气体的抑制能力。气敏元件分辨率用 S 表示。

$$S = \frac{\Delta U_g}{\Delta U_{gi}} = \frac{U_g - U_a}{U_{gi} - U_a} \tag{7-4}$$

其中，U_{gi} 为气敏元件在 i 种气体浓度为规定值中工作时负载电阻的电压。

（4）气敏元件的响应时间

表示在工作温度下，气敏元件对被测气体的响应速度。一般从气敏元件与一定浓度的被测气体接触时开始计时，直到气敏元件的阻值达到在此浓度下的稳定电阻值的 63% 时为止，所需时间称为气敏元件在此浓度下的被测气体中的响应时间，通常用符号 t_r 表示。

7.2　接触燃烧式气敏传感器

接触燃烧式气敏传感器是将铂金等金属线圈埋设在氧化催化剂中构成。使用时对金属线圈通以电流，使之保持在 $300 \sim 600 \, ℃$ 的高温状态，同时将元件接入电桥电路中的一个桥臂。一旦有可燃性气体与传感器表面接触，燃烧热量进一步使金属丝升温，造成器件阻值增大，从而破坏了电桥的平衡。通过其输出的不平衡电流或电压可测得可燃性气体的浓度。

7.2.1　检测原理

可燃性气体（H_2、CO、CH_4 等）与空气中的氧接触，发生氧化反应，产生反应热，使得作为敏感材料的铂丝温度升高，电阻值相应增大。一般情况下，空气中可燃性气体的浓度都不太高（低于 10%），可燃性气体可以完全燃烧，其发热量与可燃性气体的浓度有关。空气中可燃性气体浓度愈大，氧化反应（燃烧）产生的反应热量愈多，铂丝的温度变化愈大，其电阻值增加的就越多。因此，只要测定作为敏感件的铂丝的电阻变化值 ΔR，就可检测空气中可燃性气体的浓度。

但是，使用单纯的铂丝线圈作为检测元件，其寿命较短，所以，实际应用的检测元件，都是在铂丝圈外面涂覆一层氧化物催化剂。这样既可以延长其使用寿命，又可以提高检测元件的响应特性。接触燃烧式气体敏感元件的桥式电路如图 7-11 所示。

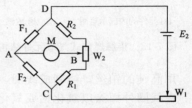

图中，F_1 是检测元件，F_2 是补偿元件，其作用是补偿可燃性气体接触燃烧以外的环境温度、电源电压变化等因素所引起的偏差。

工作时，要求在 F_1 和 F_2 上保持 $100\sim200\text{mA}$ 的电流通过，以供可燃性气体在 F_1 上发生氧化反应（接触燃

图 7-11　桥式测量电路

烧）所需要的热量。当 F_1 与可燃性气体接触时，由于剧烈的氧化作用（燃烧），释放出热量，使得检测元件的温度上升，电阻值相应增大，桥式电路不再平衡，在 A、B 间产生电位差 E。

$$E = E_0 \left(\frac{R_{F1} + \Delta R_F}{R_{F1} + R_{F2} + \Delta R_F} - \frac{R_1}{R_1 + R_2} \right)$$

因为 ΔR_F 很小，且 $R_{F1} R_1 = R_{F2} R_2$，如果令 $k = R_0 R_1 / (R_1 + R_2)(R_{F1} + R_{F2})$，则有

$$E = k \left(\frac{R_{F2}}{R_{F1}} \right) \Delta R_F$$

这样，在 F_1 和 F_2 的电阻比 R_{F2}/R_{F1} 接近于 1 的范围内，A、B 两点间的电位差 E，近似地与 ΔR_F 成比例。由于电阻的变化 ΔR_F 是由可燃性气体接触燃烧所产生的温度变化引起，与接触燃烧热成比例，即

$$\Delta R_F = \rho \Delta T = \rho \frac{\Delta H}{C} = \rho \alpha m \frac{Q}{C} \tag{7-5}$$

式中　ρ——检测元件的电阻温度系数；

　　　ΔT——由于可燃性气体接触燃烧所引起的检测元件的温度增加值；

　　　ΔH——可燃性气体接触燃烧的发热量；

　　　C——检测元件的热容量；

　　　Q——可燃性气体的燃烧热；

　　　m——可燃性气体的浓度（体积分数）；

　　　α——由检测元件上涂覆的催化剂决定的常数。

ρ、C 和 α 的数值与检测元件的材料、形状、结构、表面处理方法等因素有关，Q 是由可燃性气体的种类决定，因而，在一定条件下，都是确定的常数。则 A、B 两点间的电位差

E 与可燃性气体的浓度 m 成比例。测得 A、B 间的电位差 E，即可求得空气中可燃性气体的浓度。

7.2.2 接触燃烧式气敏元件的结构

接触燃烧式气敏元件结构示意图见图 7-12。图 7-13 为接触燃烧式气敏元件的感应特性。

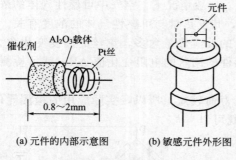

(a) 元件的内部示意图　　(b) 敏感元件外形图

图 7-12　接触燃烧式气敏元件结构示意图

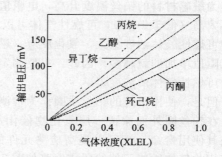

图 7-13　接触燃烧式气敏元件的感应特性

用高纯的铂丝，绕制成线圈，为了使线圈具有适当的阻值（1～2Ω），一般应绕 10 圈以上。在线圈外面涂以氧化铝或氧化铝和二氧化硅组成的膏状涂覆层，干燥后在一定温度下烧结成球状多孔体。将烧结后的小球，放在贵金属铂、钯等的盐溶液中，充分浸渍后取出烘干。然后经过高温热处理，使在氧化铝（氧化铝-二氧化硅）载体上形成贵金属催化剂层，最后组装成气体敏感元件。除此之外，也可以将贵金属催化剂粉体与氧化铝、二氧化硅等载体充分混合后配成膏状，涂覆在铂丝绕成的线圈上，直接烧成后备用。另外，作为补偿元件的铂线圈，其尺寸、阻值均应与检测元件相同。并且，也应涂覆氧化铝或者二氧化硅载体层，只是无需浸渍贵金属盐溶液或者混入贵金属催化剂粉体，形成催化剂层而已。

7.3　其他气敏传感器

7.3.1 固体电解质式气敏传感器

这类传感器内部不是依赖电子传导，而是靠阴离子或阳离子进行传导。因此，把利用这种传导性能好的材料制成的传感器称为固体电解质传感器。

二氧化锆（ZrO_2）在高温下（但尚远未达到熔融的温度）具有氧离子传导性。

纯净的 ZrO_2 在常温下属于单斜晶系，随着温度的升高，发生相转变。在 1100℃ 下为正方晶系，2500℃ 下为立方晶系，2700℃ 下熔融，在熔融二氧化锆中添加氧化钙、三氧化二钇、氧化镁等杂质后，成为稳定的正方晶型，具有萤石结构，称为稳定化 ZrO_2。并且由于杂质的加入，在 ZrO_2 晶格中产生氧空位，其浓度随杂质的种类和添加量而改变，其离子电导性也随杂质的种类和数量而变化，如图 7-14 所示。

在 ZrO_2 中添加氧化钙、三氧化二钇等添加物后，其离子电导都将发生改变。尤其是在氧化钙添加量为 15％mol 左右时，离子电导出现极大值。但是，由于二氧化锆-氧化钙固溶体的离子活性较低，要在高温下，气敏元件才有足够的灵敏度。添加三氧化二钇的 ZrO_2-Y_2O_3 固溶体，离子活性较高，在较低的温度下，其离子电导都较大，见图 7-15。因此，通常都用这种材料制作固定电解质氧敏元件。添加 Y_2O_3 的 ZrO_2 固体电解质材料，称为 YSZ 材料。

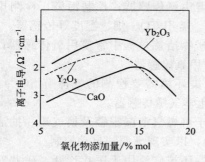

图 7-14 ZrO_2 中杂质含量与电导关系

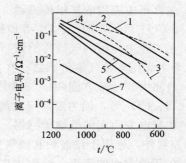

图 7-15 ZrO_2 系固体电解质的离子电导与温度关系

1—添加 8%mol Yb_2O_3；2—ZrO 0.92，SC_2O_3，0.04，
Yb_2O_3 0.04；3—ZrO_2；4—添加 10%mol Y_2O_3；
5—添加 13%mol CaO；6—添加 15%mol Y_2O_3；
7—添加 10%mol CaO

7.3.2 电化学式气敏传感器

（1）离子电极型气敏传感器

由电解液、固定参照电极和 pH 电极组成，通过透气膜使被测气体和外界达到平衡。

以被测气体为 CO_2 为例，在电解液中达到如下化学平衡：

$$CO_2 + H_2O = H^+ + HCO_3^-$$

根据 pH 值就能知道 CO_2 的浓度。

（2）加伐尼电池式气敏传感器

由隔离膜、铅电极（阳）、电解液、铂金电极（阴）组成一个加伐尼电池。当被测气体通过聚四氟乙烯隔膜扩散到达负极表面时，即可发生还原反应。溶液中产生电流，流过外电路。该电流数值和气体的速度成比例。

（3）定位电解法气敏传感器

由工作电极、辅助电极及参比电极以及聚四氟乙烯制成的透气隔离膜组成，在工作电极与辅助电极、参比电极间充以电解液。

传感器工作电极（敏感电极）的电位由电位器控制，使其与参比电极电位保持恒定。

待测气敏分子通过透气膜到达敏感电极表面时，发生电化学反应（氧化反应），辅助电极上发生还原反应。反应产生的电流与待测气体浓度有关，可以确定待测气体浓度。

（4）集成型气敏传感器

这种传感器有两类：一类是把敏感部分、加热部分和控制部分集成在同一基底上，以提高器件的性能；另一类是把多个具有选择性的元件，用厚膜或薄膜的方法制在一个衬底上。

用微机处理和信号识别的方法对被测气体进行有选择性的测定，这样既可以对气敏进行识别，又可以提高检测灵敏度。

7.4 气敏传感器的应用

气敏传感器的应用分为检测、报警、监控等几种类型。

① 可燃性气体泄漏报警器 为防止常用气敏燃料如煤气（H_2、CO 等），天然气（CH_4

等)、液化石油气（C_3H_8、C_4H_{10}等）及 CO 等气体泄漏引起中毒、燃烧或爆炸，可以应用可燃性气体传感器配上适当电路制成报警器。

② 在汽车中应用的气敏传感器　控制燃空比，需用氧传感器；控制污染，检测排放气体，需用 CO、NO_x、HCl、O_2 等传感器；内部空调，需用 CO、烟、湿度等传感器。

③ 在工业中应用的气敏传感器　在 Fe 和 Cu 等矿物冶炼过程中常使用氧传感器；在半导体工业中需用多种气敏传感器；在食品工业中也常用氧传感器。

④ 检测大气污染方面用的气敏传感器　对于污染环境需要检测的气体有 SO_2、H_2S、NO_x、CO、CO_2 等，因为需要定量测量，宜选用电化学气敏传感器。

⑤ 在家电方面用的气敏传感器　在家电中除用于可燃气泄漏报警及换气扇、抽油烟机的自动控制外，也用于微波炉和燃气炉等家用电器中，以实现烹调的自动控制。

⑥ 在其他方面的应用　除上述以外，气敏传感器还被广泛用于医疗诊断、矿井安全等场合，目前各类传感器已有实用商品。

7.4.1　气敏传感器常用电路

图 7-16 为气敏传感器典型应用电路。

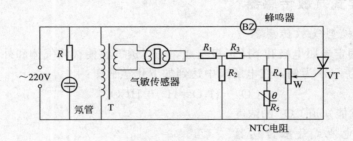

图 7-16　气敏传感器典型应用电路

（1）电源电路

一般气敏元件的工作电压不高（3～10V），其工作电压必须稳定，否则，将导致加热器的温度变化幅度过大，使气敏元件的工作点漂移，影响检测准确性。

（2）辅助电路

由于气敏元件自身的特性（温度系数、湿度系数、初期稳定性等），在设计、制作应用电路时，应予以考虑。如采用温度补偿电路，减少气敏元件的温度系数引起的误差；设置延时电路，防止通电初期，因气敏元件阻值大幅度变化造成误报；使用加热器失效通知电路，防止加热器失效导致漏报现象。

当环境温度降低时，则负温度系数热敏电阻 R_5 的阻值增大，使相应的输出电压得到补偿。

（3）检测工作电路

随着环境中可燃性气体浓度的增加，气敏元件的阻值下降到一定值后，R_4 中点的电压触发晶闸管导通，从而发出蜂鸣报警。调节 R_4 可以选择触发报警时气体的浓度。

7.4.2　烟雾传感器

烟雾是比气体分子大得多的微粒悬浮在气体中形成的，和一般的气体成分的分析不同，必须利用微粒的特点检测。

（1）散射式

在发光管和光敏元件之间设置遮光屏，无烟雾时光敏元件接收不到光信号，有烟雾时借助微粒的散射光使光敏元件发出电信号，如图7-17所示。

这种传感器的灵敏度与烟雾种类无关。

（2）离子式

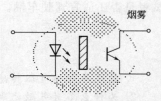

图7-17　散射式烟雾传感器

用放射性同位素锔Am241放射出微量的α射线，使附近空气电离。当平行平板电极间有直流电压时，产生离子电流I_K。有烟雾时，微粒将离子吸附，而且离子本身也吸收α射线，其结果是离子电流I_K减小。

离子式烟雾传感器工作原理如图7-18所示。

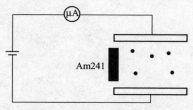

图7-18　离子式烟雾传感器

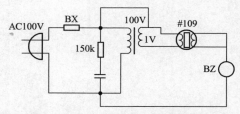

图7-19　简易家用气敏报警器电路图

7.4.3　气敏报警器

图7-19所示是一种最简单的家用气敏报警器电路。采用直热式气敏器件TGS109作气敏传感器。

当室内可燃气体增加时，由于气敏器件接触到可燃气体而其阻值降低，使流经测试回路的电流增加，可直接驱动蜂鸣器（BZ）报警。

设计报警器时，重要的是如何确定开始报警的气体浓度。一般情况下，对于丙烷、丁烷、甲烷等气体，都选定在爆炸下限的1/10。

7.4.4　实用酒精测试仪

实用酒精测试仪用来测试驾驶员醉酒的程度。气敏传感器选用二氧化锡气敏元件。当气敏传感器探测不到酒精时，加在A 5脚的电平为低电平；当气敏传感器探测到酒精时，其内阻变低，从而使A 5脚电平变高。A为显示驱动器，它共有10个输出端，每个输出端可以驱动一个发光二极管，显示推动器A根据第5脚电压高低来确定依次点亮发光二极管的级数，酒精含量越高则点亮二极管的级数越大。上5个发光二极管为红色，表示超过安全水平。下5个发光二极管为绿色，代表安全水平，酒精含量不超过0.05%。

图7-20所示为实用酒精测试仪电路。该测试仪只要被试者向传感器吹一口气，便可显示出醉酒的程度，确定被

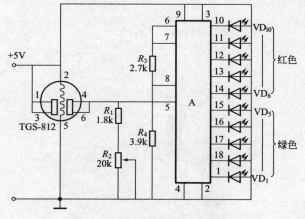

图7-20　实用酒精测试仪电路

试者是否还适宜驾驶车辆。

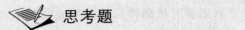

思考题

1. 简述半导体气敏传感器的工作原理。

2. 为什么多数气敏元件都附有加热器？

3. 气敏电阻元件分为哪几种？各有什么特点？

4. 半导体气敏元件是如何进行分类的？试叙述 P 型半导体气敏传感器的工作原理。

第8章

磁敏传感器

磁敏元件是对磁场参量（B、H、Φ）敏感的元件，具有把磁学物理量转换为电信号的功能。磁敏传感器利用电磁感应原理将被测非电量（如振动、位移、转速等）转换成电信号。它可以不需要辅助电源就能把被测对象的机械量转换成电信号，称为有源传感器。由于它输出功率大且性能稳定，具有一定的工作带宽（$10\sim1000\,\mathrm{Hz}$），所以得到普遍应用。

磁电感应式传感器、霍尔式传感器都是磁电式传感器。磁电感应式传感器是利用导体和磁场发生相对运动产生感应电势的；霍尔式传感器为载流半导体在磁场中有电磁效应（霍尔效应）而输出电势的。它们原理并不完全相同，也有各自的应用范围。

8.1 磁电感应式传感器

8.1.1 磁电感应式传感器工作原理

磁电感应式传感器是以电磁感应原理为基础的，根据电磁感应定律，线圈两端的感应电动势正比于线圈所包围的磁链对时间的变化率。当 n 匝线圈在恒定磁场内运动时，设穿过线圈的磁通为 Φ，则线圈内的感应电势 e 与磁通变化有如下关系：

$$e=-n\frac{\mathrm{d}\Phi}{\mathrm{d}t} \tag{8-1}$$

根据这一原理，可以设计成两种磁电传感器结构：变磁通式和恒定磁通式。

（1）恒定磁通式

磁路系统产生恒定的直流磁场，磁路中的工作气隙固定不变，因而气隙中磁通也是恒定不变的。其运动部件可以是导线（或导线绕成的线圈），也可以是磁铁，分别称作动圈式或动铁式传感器。

当导体与磁场之间作相对切割磁力线运动时，在导体中产生感应电动势 $e=vBL$。由此可设计恒磁通式磁电传感器用于测量振动及线速度。

图 8-1 为导线切割磁力线运动示意图。

当壳体随被测振动体一起振动时，永久磁铁与线圈之间的相对运动速度接近于振动体振动速度，磁铁与线圈的相对运动切割磁力线，从而产生感应电势为

$$e=-n_0vBl \tag{8-2}$$

式中，B 为工作气隙磁感应强度；l 为每匝线圈平均长度；n_0 为线圈在工作气隙磁场中的匝数；v 为相对运动速度。

（2）变磁通式

又称为变磁阻式或变气隙式，常用来测量旋转物体的角速度。变磁通式又有开磁路变磁通式和闭磁路变磁通式。

开磁路变磁通式传感器示意图见图 8-2。

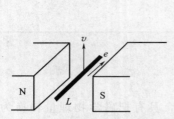

图 8-1 导线切割磁力线运动示意图

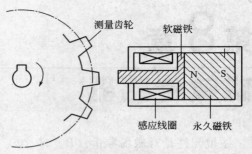

图 8-2 开磁路变磁通式传感器示意图

在开磁路变磁通式传感器中，感应线圈和磁铁静止不动，而测量齿轮安装在被测旋转体上，随之一起转动。每转动一个齿，齿的凹凸引起磁路磁阻变化一次，磁通也就变化一次，线圈中产生感应电势，其变化频率等于被测转速 n 与测量齿轮齿数 Z 的乘积：$f = Zn/60$。

当齿轮的齿数 Z 确定以后，若能测出 f 就可求出转速 $n = 60f/Z$。

这种传感器结构简单，但输出信号小，转速高时信号失真也大，在振动强或转速高的场合，往往采用闭磁路。图 8-3 所示为闭磁路变磁通式传感器示意图。

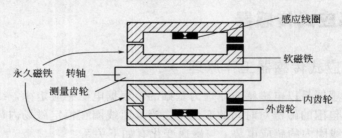

图 8-3 闭磁路变磁通式传感器示意图

它由装在转轴上的内齿轮和外齿轮、永久磁铁和感应线圈组成，内、外齿轮齿数相同。当转轴连接到被测转轴上时，外齿轮不动，内齿轮随被测轴而转动，内、外齿轮的相对转动使气隙磁阻产生周期性变化，从而引起磁路中磁通的变化，使线圈内产生周期性变化的感应电动势。显然，感应电动势的频率与被测转速成正比。

8.1.2 磁电感应式传感器基本特点

（1）非线性误差

磁电式传感器产生非线性误差的主要原因是：由于传感器线圈内有电流流过时，将产生一定的交变磁通 Φ，此交变磁通叠加在永久磁铁所产生的工作磁通上，使恒定的气隙磁通发生变化。当传感器线圈相对于永久磁铁磁场的运动速度增大时，将产生较大的感应电势和较大的电流，由此而产生的附加磁场方向与原工作磁场方向相反，减弱了工作磁场的作用，从而使得传感器的灵敏度随着被测速度的增大而降低。当线圈的运动速度方向相反时，感应电势、线圈感应电流反向，所产生的附加磁场方向与工作磁场同相，从而增大了传感器的灵敏度。

其结果是线圈运动速度方向不同时，传感器的灵敏度具有不同的数值。

为补偿上述附加磁场干扰，可在传感器中加入补偿线圈。

（2）温度误差

当温度变化时，对铜线而言，每摄氏度长度相对变化量为 $\dfrac{\mathrm{d}L}{L} = 0.167 \times 10^{-4}$，磁场相对变化量取决于永久磁铁的磁性材料，对铝镍钴永久磁合金，$\dfrac{\mathrm{d}B}{B}=0.02\times10^{-2}$。这样，整个温度的变化量 $\gamma_t=-4.5\%/10℃$。

这一数值是很可观的，所以需要进行温度补偿。补偿通常采用热磁分流器，热磁分流器由具有很大负温度系数的特殊磁性材料做成。它在正常工作温度下已将空气隙磁通分路掉一小部分，当温度升高时，热磁分流器的磁导率显著下降，经它分流掉的磁通占总磁通的比例较正常工作温度下显著降低，从而保持空气隙的工作磁通不随温度变化，维持传感器灵敏度为常数。

8.1.3　磁电感应式传感器的测量电路

图 8-4 为一般测量电路方框图。

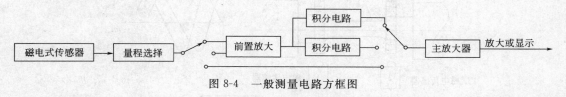

图 8-4　一般测量电路方框图

磁电式传感器直接输出感应电势，且传感器通常具有较高的灵敏度，所以一般不需要高增益放大器。但磁电式传感器是速度传感器，若要获取被测位移或加速度信号，则需要配用积分或微分电路。

8.1.4　磁电感应式传感器的应用

（1）动圈式振动速度传感器

图 8-5 是动圈式振动速度传感器结构示意图。

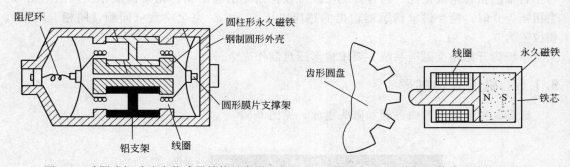

图 8-5　动圈式振动速度传感器结构示意图　　　　图 8-6　磁电式扭矩传感器结构示意图

其结构主要由钢制圆形外壳制成，里面用铝支架将圆柱形永久磁铁与外壳固定成一体，永久磁铁中间有一小孔，穿过小孔的芯轴两端架起线圈和阻尼环，芯轴两端通过圆形膜片支撑架架空且与外壳相连。

工作时，传感器与被测物体刚性连接，当物体振动时，传感器外壳和永久磁铁随之振动，而架空的芯轴、线圈和阻尼环因惯性而不随之振动。因而，磁路空气隙中的线圈切割磁力线而产生正比于振动速度的感应电动势，线圈的输出通过引线输出到测量电路。该传感器测量的是振动速度参数，若在测量电路中接入积分电路，则输出电势与位移成正比；若在测量电路中接入微分电路，则其输出与加速度成正比。

（2）磁电式扭矩传感器

扭矩的电测技术主要是通过传感器把扭矩这个机械量转换成相位，然后用相位计来测量相位，从而达到测量扭矩的目的。

磁电式扭矩传感器的结构如图 8-6 所示。

传感器的检测元件部分由永久磁场、感应线圈和铁芯组成。永久磁铁产生的磁力线与齿形圆盘交链。当齿形圆盘旋转时，圆盘齿凸凹引起磁路气隙的变化，于是磁通量也发生变化，在线圈中感应出交流电压，其频率等于圆盘上齿数与转速乘积。

图 8-7 是磁电式扭矩传感器的工作原理图。

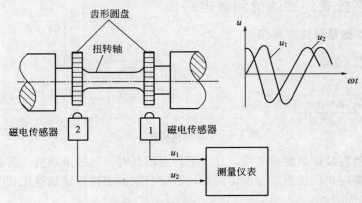

图 8-7　磁电式扭矩传感器的工作原理示意图

在驱动源和负载之间的扭转轴的两侧安装有齿形圆盘，它们旁边装有相应的两个磁电传感器。

当扭矩作用在扭转轴上时，两个线圈输出的感应电压 u_1 和 u_2 存在相位差。这个相位差与扭转轴的扭转角成正比。这样传感器就可以把扭矩引起的扭转角转换成相位差的电信号。当扭矩为 0 时，两个磁电传感器输出的感应电压 u_1 和 u_2 完全一致（同频、同相、同幅），相位差为 0。

系统为开磁路变磁通系统。要求齿形圆盘制作完全一致。

8.1.5　磁栅式传感器

磁栅式传感器主要由磁栅和磁头组成，见图 8-8。

图 8-8　磁栅式传感器结构示意图

磁栅上录有等间距的磁信号，利用磁带录音的原理将等间距的周期变化的电信号用录磁的方法记录在磁性尺子或圆盘上而制成的。

装有磁栅传感器的仪器或装置工作时，磁头相对于磁栅将占有一定的相对位置或相对位移，在这个过程中，磁头把磁栅上的磁信号读出来，这样就把被测位置或位移转换成电信号。

磁栅分为长磁栅和圆磁栅两大类，前者用于测量直线位移，后者用于测量角位移。

8.2　霍尔磁敏传感器

8.2.1　霍尔效应及霍尔元件

（1）霍尔效应

霍尔效应是指通电的导体或半导体，在垂直于电流和磁场的方向上将产生电动势的现象，如图 8-9 所示。

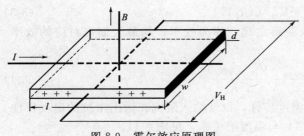

图 8-9　霍尔效应原理图　　　　　　图 8-10　霍尔器件的符号及基本电路

设霍尔片的长度为 l，宽度为 w，厚度为 d。又设电子以均匀的速度 v 运动，则在垂直方向施加的磁感应强度 B 的作用下，它受到洛仑兹力：

$$f_L = qvB$$

式中，q 为电子电量（1.62×10^{-19}C）；v 为电子运动速度。

同时，作用于电子的电场力：

$$f_E = qE_H = qV_H/w$$

当达到动态平衡时，$f_L = f_E$，即 $qvB = qV_H/w$，则 $V_H = vwB$。

由于电流密度 $j = nqv$，其中，n 为 N 型半导体中的电子浓度。

电流 $I = jwd = -nqv \cdot wd$，经整理后，得 $V_H = -\dfrac{1}{nq} IB/d = R_H IB/d$。

其中，$R_H = -1/(nq) = \rho\mu$ 称霍尔系数，由载流材料物理性质决定。从公式可以得出：霍尔电势 V_H 与 I、B 的乘积成正比，而与 d 成反比。

式中，ρ 为材料电阻率；μ 为载流子迁移率，$\mu = v/E$，即单位电场强度作用下载流子的平均速度。

对金属材料来说，μ 很高但 ρ 很小，而绝缘材料 ρ 很高但 μ 很小。故为获得较强霍尔效应，霍尔片全部采用半导体材料制成。

（2）霍尔器件的符号及基本电路

图 8-10 为霍尔器件的符号及基本电路。

图中，端子 A、B 称为输入电流端；R 称为输入电阻；端子 C、D 相应地称为霍尔端或输出端，若霍尔端子间连接负载 R_3，称 R_3 为霍尔负载电阻或霍尔负载；I 为输入（控制）电流；E 为控制电压；V_H 为霍尔电势（输出电压）；I_H 为霍尔（输出）电流。

实际使用时，器件输入信号可以是 I 或 B，或者 I、B 同时存在。

（3）霍尔器件的基本特性

① 直线性　指霍尔电势 V_H 分别和基本参数 I、B、E 之间呈线性关系。

② 灵敏度　可以用乘积灵敏度或磁场灵敏度以及电流灵敏度、电势灵敏度表示。

• K_H：乘积灵敏度，表示霍尔电势 V_H 与磁感应强度 B 和控制电流 I 乘积之间的关系，单位为 mV。因 V_H 要由两个输入量的乘积来确定，故称为乘积灵敏度。$V_H = K_H I B$。若控制电流值固定，则 $V_H = K_B B$。

• K_B：磁场灵敏度，通常以额定电流为标准。K_B 等于霍尔元件通以额定电流时每单位磁感应强度对应的霍尔电势值。若磁场值固定，则 $V_H = K_I I$。

• K_I：电流灵敏度，K_I 等于霍尔元件在单位磁感应强度下电流对应的霍尔电势值。

③ 额定电流　霍尔元件的允许温升规定着一个最大控制电流。

④ 最大输出功率　在霍尔电极间接入负载后，元件的功率输出与负载的大小有关，当霍尔电极间的内阻 R_2 等于霍尔负载电阻 R_3 时，霍尔输出功率为最大。

$$P_{omax} = V_H^2/(4R_2) \tag{8-3}$$

⑤ 最大效率　霍尔器件的输出与输入功率之比，称为效率，和最大输出对应的效率，称为最大效率，即

$$\eta'_{max} = \frac{P_{omax}}{P_{in}} = \frac{V_H^2/(4R_2)}{I^2 R_1} \tag{8-4}$$

⑥ 温度特性　指霍尔电势或灵敏度的温度特性，以及输入阻抗和输出阻抗的温度特性。它们可归结为霍尔系数和电阻率（或电导率）与温度的关系，见图 8-11。

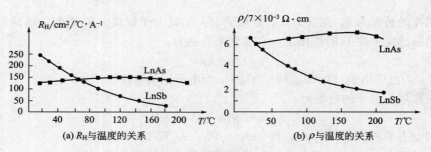

(a) R_H 与温度的关系　　　(b) ρ 与温度的关系

图 8-11　霍尔材料的温度特性

双重影响：元件电阻，采用恒流供电；载流子迁移率，影响灵敏度。二者相反。

8.2.2　霍尔传感器及其应用

(1) 霍尔开关集成传感器

霍尔开关集成传感器是利用霍尔效应与集成电路技术结合而制成的一种磁敏传感器，它能感知一切与磁信息有关的物理量，并以开关信号形式输出。霍尔开关集成传感器具有使用寿命长、无触点磨损、无火花干扰、无转换抖动、工作频率高、温度特性好、能适应恶劣环境等优点。

① 霍尔开关集成传感器的内部结构及外形　霍尔开关集成传感器芯片 3020T 内部结构见图 8-12。

3020T 由稳压电路、霍尔元件、放大器、整形电路、开路输出五部分组成。

稳压电路可使传感器在较宽的电源电压范围内工作；开路输出可使传感器方便地与各种逻辑电路接口。

3020T 外形及典型应用电路见图 8-13。

② 常用接口电路　霍尔开关集成传感器的常用接口电路如图 8-14 所示。

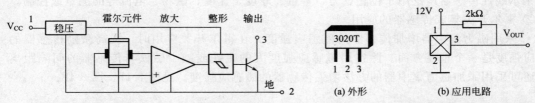

图 8-12 霍尔开关集成传感器内部结构框图 　　图 8-13 霍尔开关集成传感器的外形及应用电路

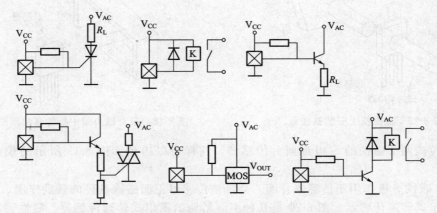

图 8-14 霍尔开关集成传感器的常用接口电路

(2) 霍尔线性集成传感器

① 霍尔线性集成传感器的结构及工作原理　霍尔线性集成传感器的输出电压与外加磁场成线性比例关系。当外加磁场时，霍尔元件产生与磁场成线性比例变化的霍尔电压，经放大器放大后输出。

在实际电路设计中，为了提高传感器的性能，往往在电路中设置稳压、电流放大输出级、失调调整和线性度调整等电路。其外形基本上是三端器件或多端器件，区别是输出有单端输出和双端输出两种，多端器件电路结构如图 8-15 所示。

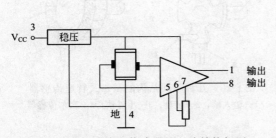

图 8-15 双端输出传感器的电路结构框图

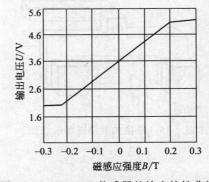

图 8-16 SL3501T 传感器的输出特性曲线

双端输出的传感器是一个 8 脚双列直插封装的器件，它可提供差动射极跟随输出，还可提供输出失调调零。其典型产品是 SL3501M。

图 8-16 是 SL3501T 传感器的输出特性曲线。可以看出，输出电压在 2.0～4.0V 范围内，芯片有良好的线性特性。

霍尔线性传感器广泛用于位置、力、重量、厚度、速度、磁场、电流等的测量或控制。

② 霍尔开关集成传感器的应用

• 采用磁力集中器增加传感器的磁感应强度。在霍尔开关应用时，提高激励传感器的磁感应强度是一个重要方面。除选用磁感应强度大的磁铁或减少磁铁与传感器的间隔距离外，还可采用添加磁力集中器的方法增强传感器的磁感应强度。见图 8-17、图 8-18。

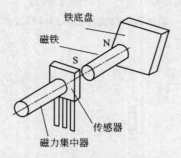

图 8-17 在磁铁上安装铁底盘

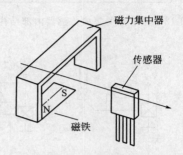

图 8-18 带有磁力集中器的移动激励方式

• 推拉式两个磁铁的 S 极都面对传感器，这样可以得到如图 8-19 所示的较为线性的特性。

注意：磁铁 S 极作用于传感器背面，会抵消传感器正面磁铁 S 极的激励作用。

• 霍尔式转速传感器。图 8-20 是几种不同结构的霍尔式转速传感器。磁性转盘的输入轴与被测转轴相连，当被测转轴转动时，磁性转盘随之转动，固定在磁性转盘附近的霍尔传感器便可在每一个小磁铁通过时产生一个相应的脉冲，检测出单位时间的脉冲数，便可知被测转速。磁性转盘上小磁铁数目的多少决定了传感器测量转速的分辨率。

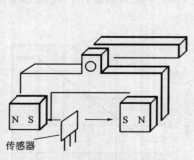

图 8-19 推拉式激励磁场示意图

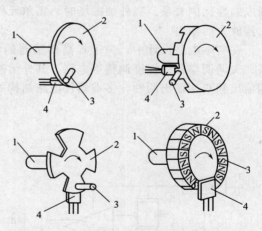

图 8-20 几种不同结构的霍尔式转速传感器
1—输入轴；2—转盘；3—小磁铁；4—霍尔传感器

8.3 其他半导体磁敏传感器

磁敏二极管、三极管是继霍尔元件和磁敏电阻之后迅速发展起来的新型磁电转换元件。它们具有磁灵敏度高（磁灵敏度比霍尔元件高数百甚至数千倍），能识别磁场的极性，体积小、电路简单等特点，因而日益得到重视，并在检测、控制等方面得到普遍应用。

8.3.1 磁敏二极管

(1) 磁敏二极管的基本结构及工作原理

磁敏二极管是平面 P^+-i-N^+ 型结构的二极管,可由硅、锗两种材料制作,其结构如图 8-21 所示。

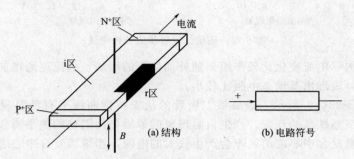

图 8-21 磁敏二极管的结构和电路符号

在高纯度半导体锗的两端掺杂 P 型区和 N 型区。i 区是高纯空间电荷区,i 区的长度远远大于载流子扩散的长度。在 i 区的一个侧面上,再做一个高复合区 r,在 r 区域载流子的复合速率较大。

在电路连接时,P^+ 区接正电压,N^+ 区接负电压。在没有外加磁场情况下,大部分的空穴和电子分别流入 N 区和 P 区而产生电流,只有很少部分载流子在 r 区复合,如图 8-22(a) 所示。

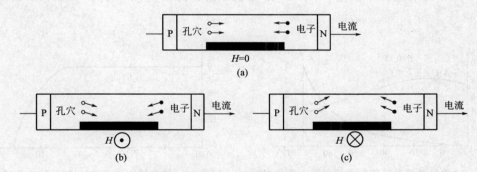

图 8-22 磁敏二极管的工作原理示意图

若给磁敏二极管外加一个磁场 B,在正向磁场的作用下,空穴和电子受洛仑兹力的作用偏向 r 区,如图 8-22(b) 所示。由于空穴和电子在 r 区的复合速率大,此时磁敏二极管正向电流减小,电阻增大。

当在磁敏二极管上加一个反向磁场 B 时,载流子在洛仑磁力的作用下,均偏离复合区 r,如图 8-22(c) 所示。此时磁敏二极管正向电流增大,电阻减小。

磁敏二极管反向偏置时,则在 r 区仅流过很微小的电流,显得几乎与磁场无关。因而二极管两端电压不会因受到磁场作用而有任何改变。

(2) 磁敏二极管的主要技术参数和特性

① 伏安特性   在给定磁场情况下,磁敏二极管两端正向偏压和通过它的电流的关系曲线,如图 8-23 所示。

由图 8-23 可见,硅磁敏二极管的伏安特性有两种形式。一种如图 8-23(a) 所示,开始

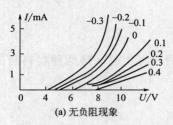 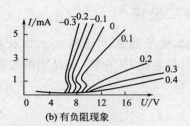

图 8-23 磁敏二极管伏安特性曲线

在较大偏压范围内，电流变化比较平坦，随外加偏压的增加，电流逐渐增加；此后，伏安特性曲线上升很快，表现出其动态电阻比较小。

另一种如图 8-23(b) 所示，硅磁敏二极管的伏安特性曲线上有负阻现象，即电流急增的同时，有偏压突然跌落的现象。产生负阻现象的原因是高阻硅的热平衡载流子较少，且注入的载流子未填满复合中心之前，不会产生较大的电流，当填满复合中心之后，电流才开始急增之故。

② 磁电特性　指在给定条件下，二极管的输出电压变化量与外加磁场间的变化关系。

③ 温度特性　温度特性是指在标准测试条件下，输出电压变化量 ΔU 随温度变化的规律，如图 8-24 所示。

由图可见，磁敏二极管受温度的影响较大。

④ 频率特性　硅磁敏二极管的响应时间，几乎等于注入载流子漂移过程中被复合并达到动态平衡的时间。所以，频率响应时间与载流子的有效寿命相当。硅管的响应时间小于 $1\mu s$，即响应频率高达 $1MHz$。锗磁敏二极管的响应频率小于 $10kHz$，如图 8-25 所示。

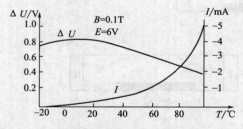

图 8-24 磁敏二极管温度特性曲线（单个使用时）　图 8-25 锗磁敏二极管归-化幅频特性曲线特性

⑤ 磁灵敏度

设：$u_0(u_B)$ 为使磁场强度为零（B）时，二极管两端的电压，则

恒流条件下偏压随磁场变化的电压相对磁灵敏度 H_u：

$$H_u = \frac{u_B - u_0}{u_0} \times 100\%$$

恒压条件下偏流随磁场变化的电流相对磁灵敏度 H_i：

$$H_i = \frac{i_B - i_0}{i_0} \times 100\%$$

8.3.2　磁敏三极管

磁敏三极管是一种新型的磁电转换器件，该器件的灵敏度比霍尔元件高得多，同样具有无触点、输出功率大、响应快、成本低等优点。其在磁力探测、无损探伤、位移测量、转速测量等领域有广泛的应用。

（1）磁敏三极管的基本结构

图 8-26 是磁敏三极管结构示意图。

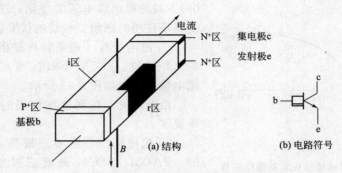

图 8-26 NPN 型磁敏三极管的结构和符号

NPN 型磁敏三极管是在弱 P 型本征半导体上，用合金法或扩散法形成三个结——即发射结、基极结、集电结所形成的半导体元件。在长基区的侧面制成一个复合速率很高的高复合区 r。长基区分为输运基区和复合基区两部分。

（2）磁敏三极管的工作原理

图 8-27 是磁敏三极管工作原理示意图。

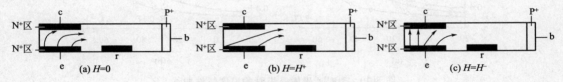

图 8-27 磁敏三极管工作原理示意图

① 当不受磁场作用如图 8-27（a）时，由于磁敏三极管的基区宽度大于载流子有效扩散长度，因而注入的载流子除少部分输入到集电极 c 外，大部分通过 e-b 而形成基极电流。显而易见，基极电流大于集电极电流。所以，电流放大系数 $\beta = \dfrac{I_c}{I_b} < 1$。

② 当受到 H^+ 磁场作用如图 8-27（b）时，由于洛仑兹力作用，载流子向发射结一侧偏转，从而使集电极电流明显下降。

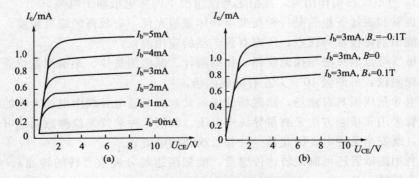

图 8-28 磁敏三极管伏安特性曲线

③ 当受 H^- 磁场使用如图 8-27(c) 时，载流子在洛仑兹力作用下，向集电结一侧偏转，使集电极电流增大。

（3）磁敏三极管的主要特性

① 伏安特性 图 8-28(b) 给出了磁敏三极管在基极恒流条件下（$I_b = 3\text{mA}$）、磁场为 0.1T 时的集电极电流的变化；图 8-28（a）则为不受磁场作用时磁敏三极管的伏安特性曲线。

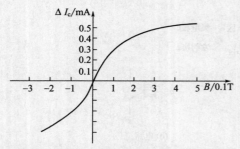

② 磁电特性 磁电特性是磁敏三极管最重要的工作特性。3BCM（NPN 型）锗磁敏三极管的磁电特性曲线如图 8-29 所示。

由图可见，在弱磁场作用时，曲线近似于一条直线。

图 8-29 3BCM 锗磁敏三极管的磁电特性

③ 温度特性 磁敏三极管对温度也是敏感的。3ACM、3BCM 磁敏三极管的温度系数为 $0.8\%/℃$；3CCM 磁敏三极管的温度系数为 $-0.6\%/℃$。3BCM 的温度特性曲线如图 8-30 所示。

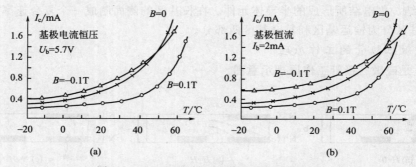

图 8-30 3BCM 磁敏三极管的温度特性曲线

④ 频率特性 3BCM 锗磁敏三极管对于交变磁场的频率响应特性为 10kHz。

⑤ 磁灵敏度 磁敏三极管的磁灵敏度有正向灵敏度 h^+ 和负向灵敏度 h^- 两种，其定义如下：

$$h_{\pm} = \left| \frac{I_{cB_{\pm}} - I_{c0}}{I_{c0}} \right| \times 100\%/0.1\text{T} \tag{8-5}$$

式中，I_{cB_+} 为受正向磁场 B_+ 作用时的集电极电流；I_{cB_-} 为受反向磁场 B_- 作用时的集电极电流；I_{c0} 为不受磁场作用时，在给定基流情况下的集电极输出电流。

磁敏二极管和磁敏三极管是一种新型半导体磁敏元件，有较高的磁灵敏度，体积和功耗都很小，且能识别磁极性等优点，所以有着广泛的应用前景。

利用磁敏管可以做成磁场探测仪器，如高斯计、漏磁测量仪、地磁测量仪等。用磁敏管做成的磁场探测仪，可测量 10^{-7}T 左右的弱磁场。

根据通电导线周围具有磁场，而磁场的强弱又取决于通电导线中电流大小的原理，因而可利用磁敏管采用非接触方法来测量导线中电流。而用这种装置来检测磁场还可确定导线中电流值大小，既安全又省电，因此是一种备受欢迎的电流表。

此外，利用磁敏管还可制成转速传感器（能测高达每分钟数万转的转速）、无触点电位器和漏磁探伤仪等。

8.4 磁敏电阻

当霍尔元件受到与电流方向垂直的磁场作用时，不仅会出现霍尔效应，而且还会出现半导体电阻率增大的现象，这种现象称为磁阻效应。利用磁阻效应做成的电路元件，叫作磁阻元件，简称 MR 元件。

8.4.1 磁阻效应

若给通以电流的金属或半导体材料的薄片加以与电流垂直或平行的外磁场，则其电阻值就增加。称此种现象为磁致电阻变化效应，简称为磁阻效应。

在磁场中，电流的流动路径会因磁场的作用而加长，使得材料的电阻率增加。若某种金属或半导体材料的两种载流子（电子和空穴）的迁移率悬殊，主要由迁移率较大的一种载流子引起电阻率变化，它可表示为

$$\frac{\rho - \rho_0}{\rho_0} = \frac{\Delta \rho}{\rho_0} = 0.273 \mu^2 B^2 \tag{8-6}$$

式中，B 为磁感应强度；ρ 为材料在磁感应强度为 B 时的电阻率；μ 为载流子的迁移率；ρ_0 为材料在磁感应强度为 0 时的电阻率。

当材料中仅存在一种载流子时，磁阻效应几乎可以忽略，此时霍尔效应更为强烈。若在电子和空穴都存在的材料（如 InSb）中，则磁阻效应很强。

磁阻效应还与样品的形状、尺寸密切相关。这种与样品形状、尺寸有关的磁阻效应称为几何磁阻效应。

8.4.2 磁阻元件的主要特性

① **灵敏度特性** 磁阻元件的灵敏度特性指在一定磁场强度下的电阻变化率。

② **磁场-电阻特性** 磁阻元件的电阻值与磁场的极性无关，它只随磁场强度的增加而增加。在 0.1T 以下的弱磁场中，曲线呈现平方特性，而超过 0.1T 后呈现线性变化，如图 8-31 所示。

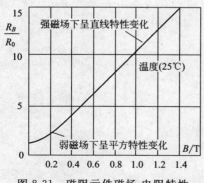

图 8-31 磁阻元件磁场-电阻特性

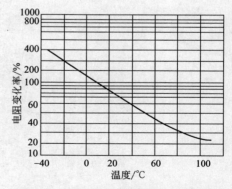

图 8-32 半导体元件电阻-温度特性曲线

③ **电阻-温度特性** 图 8-32 是一般半导体磁阻元件的电阻-温度特性曲线。从图中可以看出，半导体磁阻元件的温度特性不好。图中的电阻值在 35℃ 的变化范围内减小了 1/2。因此，在应用时，一般都要设计温度补偿电路。

采用恒压供电时，可以获得 −500ppm/℃（ppm＝10⁻⁶）的良好温度特性，而采用恒流

供电时却高达 3500ppm/℃。但是由于强磁磁阻元件为开关方式工作，因此常用恒压方式。

8.4.3　磁敏电阻的应用

磁敏电阻可以用来作为电流传感器、磁敏接近开关、角速度/角位移传感器、磁场传感器等。磁阻元件阻抗低、阻值随磁场变化率大、可以非接触式测量、频率响应好、动态范围广及噪声小，可广泛应用于无触点开关、压力开关、旋转编码器、角度传感器、转速传感器等场合。

思考题

1. 简述变磁通式和恒磁通式磁电传感器的工作原理。
2. 磁电式传感器产生误差的原因是什么？如何补偿？
3. 什么是霍尔效应？霍尔电势与哪些因素有关？
4. 简述霍尔传感器的常用接口电路的工作原理。
5. 线性型霍尔集成电路通常由几部分组成？各部分的作用是什么？
6. 简述磁敏三极管工作原理。
7. 试设计一种磁敏三极管温度补偿电路，叙述其补偿原理。
8. 设计一对用于刨床的霍尔元件构成的行程开关。

第**9**章

光敏传感器

9.1 光电传感器

9.1.1 基本概念

（1）光电效应

光是由一束高速运动的粒子流组成的，这些粒子称为光子，其运动速度称为光速。

光子具有能量，每个光子具有的能量由下式确定：

$$E = h\nu \tag{9-1}$$

式中，h 为普朗克常数，$h = 6.626 \times 10^{-34}$；$\nu$ 为光的频率。

所以光的频率 ν 越高，波长 λ 越短，其光子的能量也越大；反之，光的波长越长，其光子的能量也就越小。

① 外光电效应　在光线作用下，物体内的电子逸出物体表面向外发射的现象称为外光电效应。对于外光电效应器件，即使不加初始电压，也会有光电流产生，为使光电流为零，必须加负的截止电压。基于外光电效应的光电器件有光电管、光电倍增管等。

② 内光电效应　在光线作用下，物体的导电性能发生变化或产生光生电动势的效应称为内光电效应。图 9-1 为内光电效应示意图。

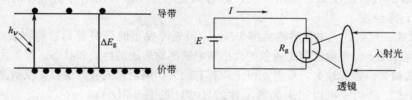

图 9-1　内光电效应示意图

光照射到本征半导体上，材料中的价带电子吸收了光子能量跃迁到导带，激发出电子空穴对，增强了导电性能，使阻值降低。光照停止，电子空穴对又复合，阻值恢复。

内光电效应又可分为以下两类。

• 光电导效应。在光线作用下，对于半导体材料吸收了入射光子能量，若光子能量大于或等于半导体材料的禁带宽度，就激发出电子-空穴对，使载流子浓度增加，半导体的导电性增加，阻值减低，这种现象称为光电导效应。光敏电阻就是基于这种效应的光电器件。制作光敏电阻的材料一般是金属硫化物或金属硒化物。

• 光生伏特效应。在光线的作用下能够使物体产生一定方向的电动势的现象称为光生伏特效应。基于该效应的光电器件有光电池。

（2）光电式传感器

光电式传感器的工作原理是：首先把被测物理量的变化转换成光信号的变化，然后通过

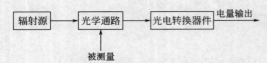

图 9-2 光电式传感器工作原理示意图

光电转换器件变换成电信号，通过测量电信号来间接得知被测量的值。图 9-2 为光电式传感器工作原理示意图。

辐射源发出的光在光学通路中受到被测量的调制，光参数比如光强度等发生了变化，被调制的光线经过光电转换器件变成了被调制的电信号并且输出。

（3）模拟量光电传感器分类

按照光的传播途径，光电传感器大致可分为辐射式、透射式、反射式以及遮挡式四类。光线传播示意图见图 9-3。

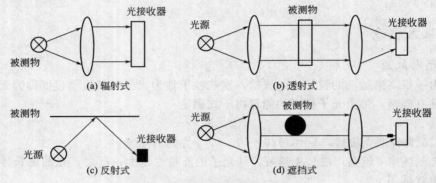

图 9-3 光线传播示意图

① 辐射式 辐射式光电传感器见图 9-3(a)。

物体辐射能量到光电接收元件，根据测出光电流确定辐射物内部参数。辐射式光电传感器可以用来测量炽热金属温度。

② 透射式 透射式光电传感器见图 9-3(b)。被测物置于恒光源与光电元件之间，根据被测物对光源的吸收程度测定被测参数。透射式光电传感器可用来分析气体的成分，如测气体的透明度、浑浊度。

③ 反射式 反射式光电传感器见图 9-3(c)。恒光源发出的光照射到被测物表面上，再从表面反射到光电元件上。根据反射光通量的大小测定被测物表面的性质和状态。比如用 Y 型光纤扫描式检测弹头缺欠。若无缺欠，反射光恒定；若有缺欠，则对光的吸收增强，反射光减弱。

④ 遮挡式 遮挡式可以用来测量工件的尺寸，见图 9-3(d)。

9.1.2 光子传感器

（1）光电发射传感器

① 光电管 光电管结构见图 9-4。

在一个真空泡内装有两个电极：光电阴极和光电阳极。光电阴极通常是用逸出功小的光敏材料涂敷在玻璃泡内壁上做成，其感光面对准光的照射孔。当光线照射到光敏材料上，便有电子逸出，这些电子被具有正电位的阳极所吸引，在光电管内形成空间电子流，在外电路就产生电流。

由于真空光电管的灵敏度较低，因此人们便研制了光电倍增管。利用光放大的原理，

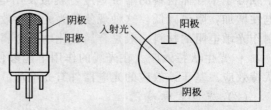

图 9-4 光电管结构的结构及等效电路

将光电流放大到一定的程度。

② 光电倍增管　光电倍增管有放大光电流的作用。当入射光很微弱时，普通光电管产生的光电流很小，只有零点几微安，很不容易探测。这时常用光电倍增管对电流进行放大。

图 9-5 是光电倍增管结构示意图。

光电倍增管由光阴极、次阴极（倍增电极）及阳极三部分组成。光阴极是由半

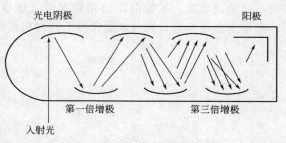

图 9-5　光电倍增管结构及工作原理

导体光电材料锑、铯做成；次阴极是在镍或铜-铍的衬底上涂上锑、铯材料而形成的，次阴极多的可达 30 级；阳极是最后用来收集电子的。

（2）光电导型传感器

采用半导体材料并利用内光电效应制作的光导器件称为光敏电阻，也叫光导管。

① 光敏电阻的结构　光敏电阻是均匀涂于玻璃底板上的一薄层半导体物质，半导体的两端装有金属电极并接有引出线端，光敏电阻就通过引出线端接入电路。

为了防止周围介质的影响，在半导体光敏层上覆盖了一层漆膜，漆膜的成分应使它在光敏层最敏感的波长范围内透射率最大。

图 9-6（a）为金属封装的硫化镉光敏电阻的结构图。为了提高灵敏度，光敏电阻的电极一般采用梳状图案，如图 9-6（b）所示。图 9-6（c）为光敏电阻的接线图。

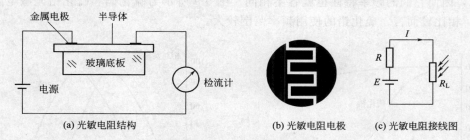

(a) 光敏电阻结构　　　(b) 光敏电阻电极　　(c) 光敏电阻接线图

图 9-6　金属封装的硫化镉光敏电阻结构图

② 光敏电阻工作原理　光敏电阻没有极性，纯粹是一个电阻器件，使用时既可加直流电压，也可以加交流电压。无光照时，光敏电阻值很大，称为暗电阻。此时电路中电流很小，称为暗电流；当光敏电阻受到一定波长范围的光照时，它的阻值急剧减少，称为亮电阻。此时电路中电流迅速增大，称为亮电流。亮电流与暗电流之差称为光电流。

使用者当然希望光敏电阻的暗阻越大越好，亮阻越小越好。实际暗阻在兆欧数量级，亮阻在几千欧以下。

③ 光敏电阻的基本特性

• 伏安特性。在一定照度下，流过光敏电阻的电流与光敏电阻两端的电压关系称为光敏电阻的伏安特性。图 9-7 为硫化镉光敏电阻的伏安特性曲线。

由图可见，光敏电阻在一定的电压范围内，其 I-U 曲线为直线。说明其阻值与入射光量有关，而与电压和电流无关。

• 光照特性。光敏电阻的光照特性是描述光电流 I 和光照强度之间的关系，不同材料的光照特性是不同的，绝大多数光敏电阻光照特性是非线性的。

• 光谱特性。光敏电阻对入射光的光谱具有选择作用，即光敏电阻对不同波长的入射

光有不同的灵敏度。光敏电阻的相对光敏灵敏度与入射波长的关系称为光敏电阻的光谱特性，亦称为光谱响应。图 9-8 为几种不同材料光敏电阻的光谱特性。

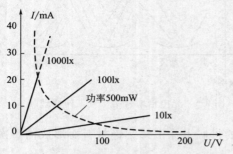

图 9-7　硫化镉光敏电阻的伏安特性曲线

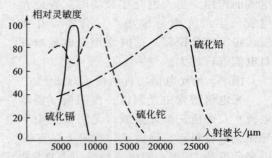

图 9-8　几种不同材料光敏电阻的光谱特性

不同材料的光敏电阻光谱响应曲线不同。而且同一种材料，对不同波长的入射光，其相对灵敏度不同，响应电流也不同。在选择传感器时，应根据光源的性质，选择合适的光电元件（称为匹配），使光电元件得到较高的相对灵敏度。

由图可见硫化镉光敏电阻的光谱响应的峰值在可见光区域，常被用作光度测量（照度计）的探头。而硫化铅光敏电阻响应于近红外和中红外区，常用作火焰探测器的探头。

• 频率特性。光敏电阻的光电流不能随着光强改变而立刻变化，总要有时间上的滞后，称之为惰性。惰性通常用时间常数来表示。不同材料的光敏电阻具有不同的时间常数（ms 数量级），因而它们的频率特性也就各不相同。图 9-9 所示为硫化镉和硫化铅光敏电阻的频率特性，相比较而言，硫化铅的使用频率范围较大。

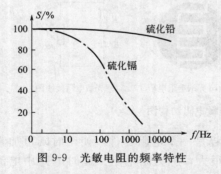

图 9-9　光敏电阻的频率特性

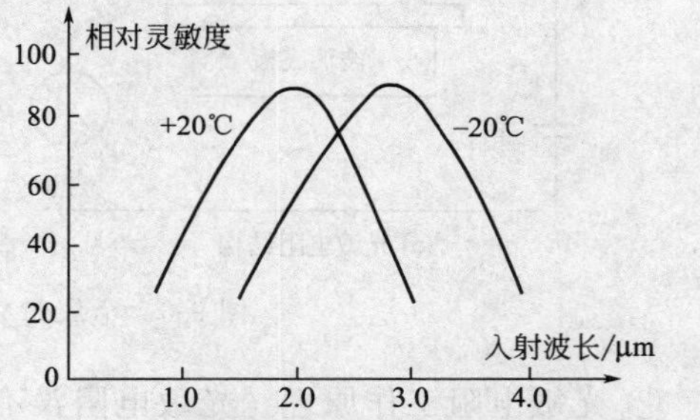

图 9-10　硫化铅光敏电阻的光谱温度特性曲线

• 温度特性。光敏电阻和其他半导体器件一样，受温度影响较大。温度变化时，影响光敏电阻的光谱响应，同时光敏电阻的灵敏度和暗电阻也随之改变，尤其是响应于红外区的硫化铅光敏电阻受温度影响更大。对于可见光的光敏电阻，其温度影响要小一些。

图 9-10 为硫化铅光敏电阻的光谱温度特性曲线，它的峰值随着温度上升向波长短的方向移动。因此，硫化铅光敏电阻要在低温、恒温的条件下使用。

光敏电阻具有光谱特性好、允许的光电流大、灵敏度高、使用寿命长、体积小等优点，所以应用广泛。此外，许多光敏电阻对红外线敏感，适宜于红外线光谱区工作。光敏电阻的缺点是型号相同的光敏电阻参数参差不齐，并且由于光照特性的非线性，不适宜测量要求线性的场合，常用作开关式光电信号的传感元件。

（3）光电结型传感器

光电结型传感器有光敏二极管和光敏三极管。

① 光敏管的结构

- 光敏二极管结构。光敏二极管具有一个 PN 结，封装在透明玻璃外壳中，可以直接受到光照射。光敏二极管的工作原理与光电导型传感器相似，利用光子引起的电子跃迁将光信号转变成电信号，光生电流与光照强度成正比。

光敏二极管结构示意图见图 9-11。

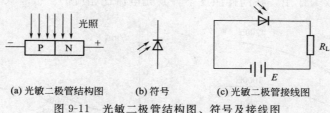

(a) 光敏二极管结构图　　(b) 符号　　(c) 光敏二极管接线图

图 9-11　光敏二极管结构图、符号及接线图

光敏二极管在电路中处于反向工作状态，在没有光照射时，暗电阻很大，暗电流很小，当光照射在 PN 结上，光子打在 PN 结附近，使 PN 结附近产生光生电子和光生空穴对，它们在 PN 结处的内电场作用下作定向运动，形成光电流。光的照度越大，光电流越大。因此光敏二极管在不受光照射时处于截止状态，受光照射时处于导通状态。

- 光敏三极管结构。光敏三极管有两个 PN 结，和一般三极管不一样的地方是发射极一边做得很大，以扩大光的照射面积。如图 9-12(a) 所示。

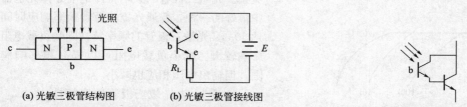

(a) 光敏三极管结构图　　(b) 光敏三极管接线图

图 9-12　NPN 型光敏三极管结构简图和基本电路

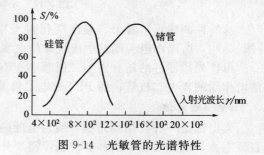

图 9-13　达林顿光敏管的等效电路

光敏三极管接线如图 9-12(b) 所示，大多数光敏三极管的基极无引出线，当集电极加上相对于发射极为正的电压而不接基极时，集电结就是反向偏压，当光照射在集电结时，就会在结附近产生电子-空穴对，光生电子被拉到集电极，基区留下空穴，使基极与发射极间的电压升高，这样便会有大量的电子流向集电极，形成输出电流，且集电极电流为光电流的 β 倍，所以光敏三极管有放大作用。

在需要高增益或大电流输出的场合，可以采用达林顿光敏管。图 9-13 是达林顿光敏管的等效电路。由于增加了一级电流放大，所以输出电流能力大大加强，甚至可以不必经过进一步放大，便可直接驱动灵敏继电器。

② 光敏管的基本特性

- 光谱特性。光敏管的光谱特性是指在一定照度时，输出的光电流（或用相对灵敏度表示）与入射光波长的关系。硅和锗光敏管的光谱特性曲线如图 9-14 所示。从曲线可以看出，硅的峰值波长约为 $0.9\mu m$，锗的峰值波长约为 $1.5\mu m$，此时灵敏度最大，而当入射光的波长增长或缩短时，相对灵敏度都会下降。一般来讲，锗管的暗电流较大，因此性能较差，故在可见光或探测炽热状态物体时，一般都用硅管。但对红外光的探测，用锗管较为适宜。

图 9-14　光敏管的光谱特性

• 伏安特性。图 9-15(a) 为硅光敏二极管的伏安特性，横坐标表示所加的反向偏压。当有光照时，反向电流随着光照强度的增大而增大，在不同的照度下，伏安特性曲线几乎平行，所以只要没达到饱和值，它的输出实际上不受偏压大小的影响。

图 9-15(b) 为硅光敏三极管的伏安特性。纵坐标为光电流，横坐标为集电极-发射极电压。由于三极管的放大作用，在同样照度下，其光电流比相应的二极管大上百倍。

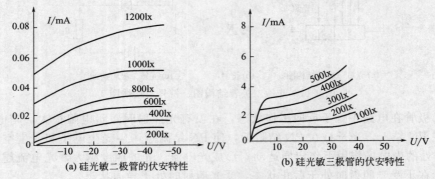

(a) 硅光敏二极管的伏安特性   (b) 硅光敏三极管的伏安特性

图 9-15 硅光敏管的伏安特性

• 频率特性。光敏管的频率特性是指光敏管输出的光电流（或相对灵敏度）随频率变化的关系。光敏二极管的频率特性是半导体光电器件中最好的一种，普通光敏二极管频率响应时间可达 $10\mu s$。光敏三极管的频率特性则受负载电阻的影响较大。减小负载电阻可以提高频率响应范围，但输出电压相应也减小。

图 9-16 为光敏三极管频率特性。

• 温度特性。光敏管的温度特性是指光敏管的暗电流及光电流与温度的关系。光敏三极管的温度特性曲线如图 9-17 所示。

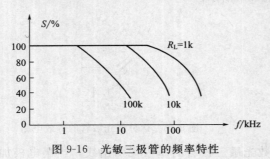

图 9-16 光敏三极管的频率特性

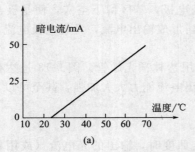

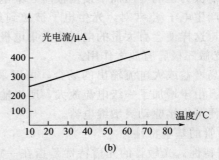

图 9-17 光敏三极管的温度特性

从特性曲线可以看出，温度变化对光电流影响很小 ［图 (b)］，而对暗电流影响很大 ［图 (a)］，所以在电子线路中应该对暗电流进行温度补偿，否则将会导致输出误差。

可作光敏器件的还有雪崩二极管和 PIN 光电二极管。雪崩二极管是一种具有内部电流倍增作用的光电二极管；而 PIN 光电二极管则具有较高灵敏度和响应速度。

（4）光电池

光电池是一种直接将光能转换为电能的光电器件。光电池在有光线时的作用可以看成是直流电源，电路中有了这种器件就不需要外加电源。

硅光电池原理图见图 9-18。

光电池的工作原理是基于"光生伏特效应"。它实质上是一个大面积的 PN 结。当光照射到 PN 结的一个面，例如 P 型面时，若光子能量大于半导体材料的禁带宽度，那么 P 型区每吸收一个光子就产生一对自由电子和空穴，电子-空穴对从表面向内迅速扩散，在结电场的作用下，建立一个与光照强度有关的电动势。

光电池应用如自动干手器。图 9-19 为自动干手器电路原理图。

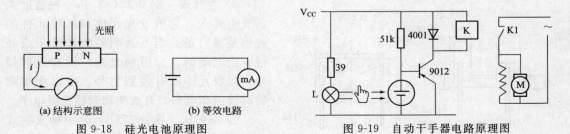

图 9-18 硅光电池原理图   图 9-19 自动干手器电路原理图

将手放入干手器时，手遮住灯泡发出的光，光电池不受光照，三极管基极正偏而导通，继电器吸合。风机和电热丝通电，热风吹出烘手。当手风干后抽出，灯泡发出光直接照射到光电池上，产生光生电动势，使三极管基射极反偏而截止，继电器释放，从而切断风机和电热丝的电源。

9.1.3 光电耦合器件

光电耦合器件是由发光元件（如发光二极管）和光电接收元件合并使用，以光作为媒介传递信号的光电器件。根据其结构和用途不同，它又可分为用于实现电隔离的光电耦合器和用于检测有无物体的光电开关。

（1）光电耦合器

光电耦合器的发光元件和接收元件都封装在一个外壳内，发光元件为发光二极管，受光元件为光敏三极管或光敏晶闸管。它以光为媒介，实现输入电信号耦合到输出端。光电耦合器典型结构见图 9-20。

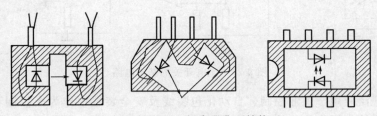

图 9-20 光电耦合器典型结构

发光器件通常采用砷化镓发光二极管，其管芯由一个 PN 结组成，随着正向电压的增大，正向电流增加，发光二极管产生的光通量也增加。光电接收元件可以是光敏二极管和光敏三极管，也可以是达林顿光敏管。光电耦合器组合形式见图 9-21。

为了保证光电耦合器有较高的灵敏度，应使发光元件和接收元件的波长匹配。

光电耦合器的特点如下。

① 强弱电隔离。输入和输出极之间绝缘电阻达 10^{10} Ω，耐压达 2000V 以上。能避免输出端对输入端地线等的干扰。

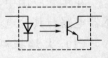

图 9-21 光电耦合器组合形式

② 对系统内部噪声有很强的抑制作用。发光二极管为电流驱动元件，动态电阻很小，对系统内部的噪声有旁路作用。

（2）光电开关

光电开关是一种利用感光元件对变化的入射光加以接收，并进行光电转换，同时加以放大和控制，最终获得"开"、"关"信号的器件。

光电开关有透射式和反射式两种结构，见图 9-22。

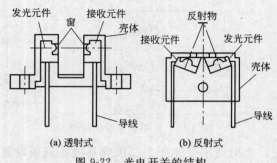

(a) 透射式　　(b) 反射式

图 9-22　光电开关的结构

① 透射式　图 9-22（a）是一种透射式的光电开关，它的发光元件和接收元件的光轴是重合的。当不透明的物体位于或经过它们之间时，会阻断光路，没有透射信号，接收元件没有收到信号。所以无被测物时输出高电平；有被测物时输出低电平。

② 反射式　图 9-22（b）是一种反射式的光电开关，它的发光元件和接收元件的光轴在同一平面且以某一角度相交，交点一般即为待测物所在处。当有物体经过时，接收元件将接收到从物体表面反射的光，没有物体时则没有反射信号。所以无被测物时输出低电平，有被测物时输出高电平。

用光电开关检测物体时，大部分情况是输出信号为开关量。所以其输出直接接高输入阻抗的施密特整形电路或比较器等即可。

图 9-23 是光电开关的基本电路示例。图（a）、（b）表示负载为 CMOS 比较器；图（c）表示负载为三极管。

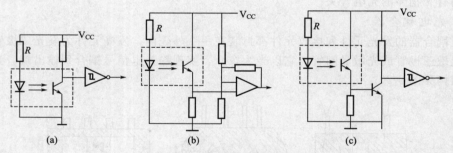

(a)　　　　　(b)　　　　　(c)

图 9-23　光电开关的基本电路

光电开关广泛应用于工业控制、自动化包装线及安全装置中作为光控制和光探测装置。可在自动控制系统中用作物体检测、产品计数、料位检测、尺寸控制、安全报警及计算机输入接口等。

9.1.4　光电传感器的应用

在实际应用中，主要利用光电池的光照特性、光谱特性、频率特性和温度特性，通过传感器电路与其他电子线路的组合实现自动控制的目的。

（1）火焰探测报警器

图 9-24 是采用以硫化铅光敏电阻为探测元件的火焰探测器电路图。

硫化铅光敏电阻的暗电阻为 $1M\Omega$，亮电阻为 $0.2M\Omega$（在光强度 $0.01W/m^2$ 下测试），

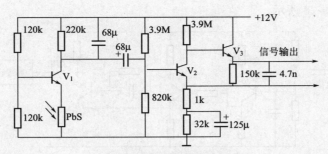

图 9-24　火焰探测报警器电路图

峰值响应波长为 $2.2\mu m$，硫化铅光敏电阻处于 V_1 管组成的恒压偏置电路，按照图 9-24 的设计，其偏置电压约为 6V，电流约为 $6\mu A$。V_1 管集电极电阻两端并联 $68\mu F$ 的电容，可以抑制 100Hz 以上的高频，使其成为只有几十赫兹的窄带放大器。V_2、V_3 构成二级负反馈互补放大器，火焰的闪动信号经二级放大后送给中心控制站进行报警处理。采用恒压偏置电路是为了在更换光敏电阻或长时间使用后，器件阻值的变化不至于影响输出信号的幅度，保证火焰报警器能长期稳定地工作。

（2）自动照明灯

自动照明灯电路如图 9-25 所示。VD_1 为触发二极管，触发电压约为 30V 左右。

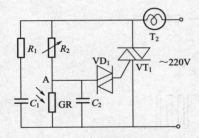

图 9-25　自动照明灯电路

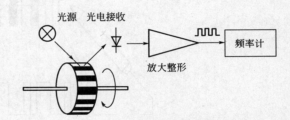

图 9-26　折射式光电数字转速表工作原理图

白天，光敏电阻的阻值低，A 点分压低于 30V，触发二极管截止，双向晶闸管无触发电流，VT_1、T_2 之间呈断开状态。晚上天黑，光敏电阻的阻值增加，A 点电压大于 30V，触发二极管导通，双向晶闸管呈导通状态，电灯亮。

（3）光电式数字转速表

① 折射式　折射式光电数字转速表原理图如图 9-26 所示。

在电机的转轴上涂上黑白相间的双色条纹，当电机轴转动时，反光与不反光交替出现，所以光电元件间断地接收光的反射信号，输出电脉冲。再经过放大整形电路，输出整齐的方波信号，由数字频率计测出电机的转速。

② 透射式　透射式光电数字转速表工作原理图如图 9-27 所示。

在电机轴上固定一个调制盘，盘上开有相同间距的缝隙或孔洞，安装时将光电收发元件放在缝隙的两边。当电机转轴转动时，将发光管发出的恒定光调制成随时间变化的调制光。经光电元件接收、放大以及整形，输出方波脉冲；对脉冲计数后，可计算出转速。放大整

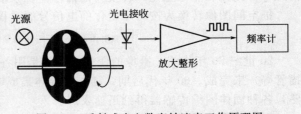

图 9-27　透射式光电数字转速表工作原理图

形电路原理图如图 9-28 所示。

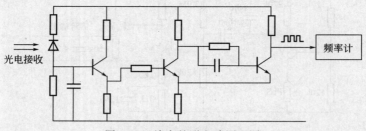

图 9-28 放大整形电路原理图

转速 n 与输出的方波脉冲频率 f 以及孔数或黑白条纹数 N 的关系为 $n=\dfrac{60f}{N}$。

（4）条形码扫描笔

扫描笔的前方为光电读入头，它由一个发光二极管和一个光敏三极管组成，当扫描笔头在条形码上移动时，黑色线条吸收光线，白色间隔反射光线。光敏三极管将条形码黑色线条和白色间隔变成了一个个电脉冲信号，脉冲列经计算机处理后，完成对条形码信息的识别。

条形码扫描工作示意图如图 9-29 所示。

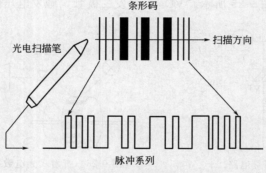

图 9-29 条形码扫描工作示意图

9.2 电荷耦合器件 CCD

现代人类生活中，人们迫切需要获取信息，而人类获取的总信息量的 80% 以上是通过视觉器官得到的。图像传感器（Imaging Sensor, IS）作为现代视觉信息获取的一种基础器件，因其能实现信息的获取、转换和视觉功能的扩展（光谱拓宽、灵敏度范围扩大），能给出直观、真实、层次最多、内容最丰富的可视图像信息，在现代社会中得到了越来越广泛的应用。

IS 的功能是把光学图像转换为电信号，即把入射到传感器光敏面上按空间分布的光强信息（可见光和非可见光）转换为电信号→视频信号，视频信号是光辐射图像的再现方式。

把空间图像转换为按时序变化的电信号的过程称为扫描。

光辐射图像 → IS → 视频信号 → 图像处理

20 世纪 50 年代前，摄像的任务主要都是用各种电子束摄像管（如光导摄像管、飞点扫描管等）来完成。60 年代后期，随着半导体集成电路技术，特别是 MOS 集成电路工艺的成熟，各种固体图像传感器得到迅速发展。

固体图像传感器（Solid State Imaging Sensor, SSIS）主要有三大类型。一种是电荷耦合器件（Charge Coupled Device，CCD），第二种是 MOS 图像传感器，又称自扫描光电二极管阵列（Self Scanned Photodiode Array，SSPA），第三种是电荷注入器件（Charge Injection Device，CID）。

同电子束摄像管相比，SSIS 有以下显著优点。

① 全固体化，体积小，重量轻，低功耗，耐冲击性好，可靠性高，寿命长。

② 基本上不保留残像（电子束摄像管有残像），无像元烧伤、扭曲现象。

③ 不受电磁干扰。

④ 红外线敏感。

⑤ 像元尺寸的几何位置精度高，因而可用于不接触精密尺寸测量系统。

⑥ 视频信号与微机接口容易。

SSIS 的主要应用领域：小型化黑白/彩色 TV 摄像机；传真通信系统；光学字符识别（OCR：Optical Character Recognition）；工业检测与自动控制；医疗仪器；多光谱机载和星载遥感；天文；军事。

CCD 是一种大规模金属氧化物半导体 MOS 集成电路光电器件。它以电荷为信号，能进行图像信息的光电转换、存储、延时和按顺序传送。CCD 将光敏二极管阵列和读出移位寄存器集成为一体，构成具有自扫描功能的图像传感器。

9.2.1 CCD 器件的工作原理

（1）MOS 光敏元

CCD 器件完成对物体的成像，在其内部形成与光像图形相对应的电荷分布图形。这就要求它的基本单元具有存储电荷的功能，同时还具有电荷转移和输出功能。CCD 是由若干个电荷耦合单元组成的。其基本单元是 MOS 电容器，如图 9-30(a) 所示。

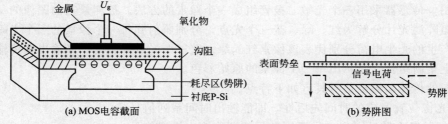

图 9-30 MOS 电容器

MOS 电容器以 P 型半导体为衬底，上面覆盖一层厚度约 120nm 的 SiO_2，再在 SiO_2 表面依次沉积一层金属电极，称为栅极。该栅极和衬底就形成了规则的 MOS 电容器阵列。单个 MOS 结构称为一个光敏元或一个像素，是 CCD 器件的最小工作单元。将 MOS 阵列加上两端的输入及输出二极管就构成了 CCD 器件。

若有光照射在硅片上，在光子作用下，半导体硅产生了电子-空穴对，由此产生的光生电子就被附近的势阱所吸收，势阱内所吸收的光生电子数量与入射到该势阱附近的光强成正比。无光照的 MOS 电容器则无光生电荷。

（2）电荷图像的输出

图 9-31 是 CCD 输出端结构示意图。

在 CCD 阵列的 P 型硅衬底上扩散形成输出二极管，当输出二极管加上反向偏压时，在 PN 结形成耗尽层。输出栅 OG 的电压使电荷转移到二极管的耗尽区，作为二极管的少数载流子形成反向电流 I_0 输出。输出电流的大小与信号电荷大小成正比，并通过负载电阻 R_L

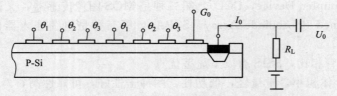

图 9-31 CCD 输出端结构

变为信号电压 U_0 输出。

用 CCD 器件构成的传感器称为 CCD 固态传感器。CCD 摄像机、照相机光电转换见图 9-32。

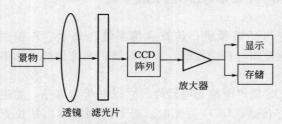

图 9-32 面阵 MOS 电容器的光电转换

CCD 的集成度很高，在一块硅片上制造了紧密排列的许多 MOS 电容器光敏元件。线阵的光敏元件数目从 256 个到 4096 个或更多。面阵的光敏元件的数目可以是 $500×500$ 个（25 万个），甚至 $2048×2048$ 个（约 400 万个）以上，现在已出现 800 万以上的了。

在 CCD 芯片上同时集成有扫描电路，它们能在外加时钟脉冲的控制下，产生三相时序脉冲信号，由左到右，由上到下，将存储在整个面阵的光敏元件下面的电荷逐位、逐行快速地以串行模拟脉冲信号输出。

9.2.2　CCD 图像传感器的应用

CCD 电荷耦合器件单位面积光敏元件位数很多，一个光敏元件形成一个像素，成像分辨率高，信噪比大，动态范围大，可以在微光下工作。

彩色图像传感器采用三个光敏二极管组成一个像素的方法。被测景物的图像的每一个光点由彩色矩阵滤光片分解为红、绿、蓝三个光点，分别照射到每一个像素的三个光敏二极管上，各自产生的光生电荷分别代表该像素红、绿、蓝三个光点的亮度。经输出和传输后，可在显示器上重新组合，显示出每一个像素的原始彩色。

固态图像传感器输出信号具有如下特点。

① 与光像位置对应的时间先后性，即能输出时间系列信号。

② 串行的各个脉冲可以表示不同信号，即能输出模拟信号。

③ 能够精确反映焦点面信息，即能输出焦点面信号。

将不同的光源或光学透镜、光导纤维、滤光片及反射镜等光学元件灵活地与这三个特点组合，可以获得固态图像传感器的各个用途，如图 9-33 所示。

固态图像传感器的各种用途如下

① 组成测试仪器可测量物位、尺寸、工件损伤等。

② 作为光学信息处理装置的输入环节。例如，用于传真技术、光学文字识别技术以及图像识别技术、传真、摄像等方面。

③ 作自动流水线装置中的敏感器件。例如，可用于机床、自动售货机、自动搬运车以及自动监视装置等方面。

④ 作为机器人的视觉，监控机器人的运行。

（1）线阵 CCD 器件检测工件尺寸

CCD 图像传感器具有高分辨率和高灵敏度，具有较宽的动态范围，这些特点决定了它

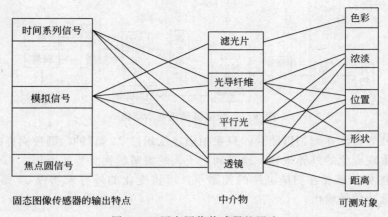

图 9-33　固态图像传感器的用途

可以广泛应用于自动控制和自动测量，尤其适用于图像识别技术。CCD 图像传感器在检测物体的位置、工件尺寸的精确测量及工件缺陷的检测方面有独到之处。

图 9-34 为 CCD 图像传感器工件尺寸检测系统。

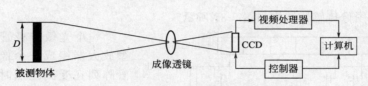

图 9-34　CCD 图像传感器工件尺寸检测系统

物体成像聚焦在图像传感器的光敏面上，视频处理器对输出的视频信号进行存储和数据处理，整个过程由微机控制完成。微机可对多次测量求平均值，精确得到被测物体的尺寸。

根据光学几何原理，可以推导被测物体尺寸的计算公式：

$$D = \frac{np}{M} \tag{9-2}$$

式中，n 为覆盖的光敏像素数；p 为像素间距；M 为光学系统放大率。

任何能够用光学成像的零件都可以用这种方法，实现不接触的在线自动检测的目的。

（2）CCD 文字图像识别系统

CCD 邮政编码识别系统示意图见图 9-35。

写有邮政编码的信封被放在传送带上，传感器光敏元的排列方向与信封的运动方向垂直，光学镜头将编码的数字聚焦到光敏元上。当信封运动时，传感器以逐行扫描的方式把数字依次读出。读出的数字经二值化等处理，与计算机中存储的数字特征比较，最后识别出数字码。由数字码，计算机控制分类机构，把信件送入相应分类箱中。

（3）数字摄像机

数字摄像大多是用 CCD 彩色图像传感器做成的，可以是线型图像传感器，也可以是面型图像传感器。其基本

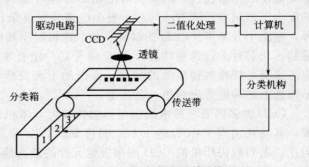

图 9-35　邮政编码识别系统

结构如图 9-36 所示。

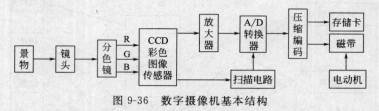

图 9-36　数字摄像机基本结构

　　对变化的外界景物连续拍摄图片，只要拍摄速度超过 24 幅/秒，则按同样的速度播放这些图片，可以重现变化的外界景物，这是利用了人的眼睛的视觉暂留原理。

　　CCD 彩色图像传感器在扫描电路的控制下，可将变化的外界景物以 25 幅/秒的速度转换为串行模拟脉冲信号输出。

9.3　CMOS 图像传感器

9.3.1　光敏二极管型 CMOS 图像传感器结构

　　CMOS 线型图像传感器结构如图 9-37 所示。

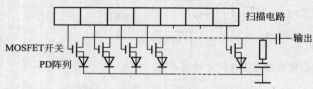

图 9-37　CMOS 线型图像传感器构成

　　一个光敏二极管和一个 CMOS 型放大器组成一个像素。光敏二极管阵列在受到光照时，便产生相应于入射光量的电荷。

　　扫描电路以时钟脉冲的时间间隔轮流给 CMOS 型放大器阵列的各个栅极加上电压，CMOS 型放大器轮流进入放大状态，将光敏二极管阵列产生的光生电荷放大输出。

　　CMOS 线型图像传感器由光敏二极管和 CMOS 型放大器阵列以及扫描电路集成在一块芯片上制成。

9.3.2　CMOS 的特点

　　CMOS 图像传感器与 CCD 图像传感器一样，可用于自动控制、自动测量、摄影摄像、图像识别等各个领域。

　　CCD 和 CMOS 使用相同的光敏材料，因而受光后产生电子的原理相同，并且具有相同的灵敏度和光谱特性，但是读取信息的过程有很大的差别。CCD 是在同步信号和时钟信号的配合下以帧或行的方式转移，整个电路非常复杂；CMOS 则以类似 DRAM 的方式读出信号，电路十分简单。CCD 的时钟驱动、逻辑时序和信号处理等其他辅助功能难以与 CCD 集成到一块芯片上，这些功能可由 3～8 个芯片组合实现，同时还需要一个多通道非标准供电电压来满足特殊时钟驱动的需要；而借助于大规模集成制造工艺，CMOS 图像传感器能容易地把上述功能集成到单一芯片上。

　　CCD 大多需要三种电源供电，功耗较大，体积也比较大。CMOS 只需一个 3～5V 单电源，其功耗相当于 CCD 的 1/10；高度集成 CMOS 芯片可以做得比人的大拇指还小。到目前为止，面向数码相机的 CCD 固体摄像元件的最高像素已超过 800 万，而像素最高为 1680 万的 CMOS 图像传感器正在开发中。

CMOS 主要问题是在处理快速变化的影像时，由于电流变化过于频繁而过热。暗电流抑制得好就问题不大，如果抑制得不好就十分容易出现杂点。

9.3.3　CMOS 的应用

彩信手机目前大都采用 CMOS 彩色图像传感器。彩信手机的照相机功能由相机模组（摄像头）实现。相机模组组成如图 9-38 所示。

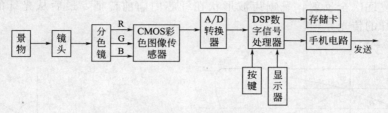

图 9-38　彩信手机相机模组组成框图

相机模组属于有彩信功能的手机的基本配置，有内置式和外置式两种，现在使用的已基本都是内置式。开启面板上的照相功能键后，就可进行照相。

被摄景物通过镜头照射到 CMOS 彩色图像传感器上。CMOS 彩色图像传感器将图像转换为串行模拟脉冲信号，经 A/D 转换，送 DSP 数字信号处理器处理。处理后的数字图像信号，以 YUV422 的亮度和色度信号比例，送存储卡存储和液晶屏显示。亦可将图像数据与话音信号一样，调制到射频频率上发送到对方手机。

CMOS 传感器被认为是相机电话的理想解决方案，它的优点是制造成本较 CCD 更低，功耗也低得多（手机可接受的功耗为 80～100mW），速度快。只是 CMOS 摄像头对景物光源的要求要高一些，也无法达到 CCD 那样高的分辨率。

对发送到对方手机最实用的 640×480 分辨率（35 万像素）的手机摄像头来说，CMOS 已足以应付。

9.4　光纤传感器

光导纤维（简称光纤）是 20 世纪 70 年代的重要发明之一，它与激光器、半导体传感器一起构成了新的光学技术。光纤的出现产生了光纤通信技术，光纤在有线通信上的优势日益突出，它为 21 世纪的通信模式——信息高速公路奠定了基础，为多媒体通信（符号、数字、语音、图形和动态图像的信息传输）的实现提供了必需条件。

由于光纤具有许多新的特性，所以不仅在通信方面，而且在其他方面也提出了新的应用方法。例如，把待测量与光纤内的导光联系起来就形成光纤传感器。光纤传感器（Fiber Optical Sensor，FOS）是一种基于光导纤维的新型传感器。

FOS 是光纤和光通信技术发展的产物，它与以电为基础的传感器有本质区别。FOS 用光作为敏感信息的载体，用光纤作为传递敏感信息的媒质，同时具有光纤及光学测量的特点：电绝缘性能好；抗电磁干扰能力强；非侵入性；高灵敏度；容易实现远距离监控。

光纤传感器可测量位移、速度、加速度、液位、应变、压力、流量、振动、温度、电流、电压、磁场等各种物理量。

9.4.1　光导纤维导光原理

光是一种电磁波，一般采用波动理论来分析导光的基本原理。但按照光学理论：在尺寸远大于波长而折射率变化缓慢的空间，可以用"光线"即几何光学的方法来分析光波的传播现象，这对于光纤中的多模光纤非常适用。

光纤的传输是基于光的全内反射。设有一段圆柱形光纤，如图 9-39 所示，它的两个端面均为光滑的平面。当光线射入一个端面并与圆柱的轴线成 θ_i 角时，在端面发生折射进入光纤后，又以 θ_i 角入射至纤芯与包层的界面，光线有一部分透射到包层，一部分反射回纤芯。但当入射角 θ_i 小于临界入射角 θ_c 时，光线就不会透射界面，而全部被反射，光在纤芯和包层的界面上反复逐次全反射，呈锯齿波形状在纤芯内向前传播，最后从光纤的另一端面射出，这就是光纤的传光原理。

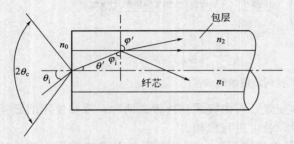

图 9-39 光纤的传光原理

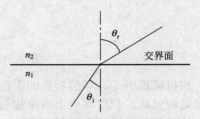

图 9-40 光的折射示意图

（1）斯乃尔定理（Snell's Law）

当光由光密物质（折射率 n_1）入射至光疏物质（折射率 n_2）时发生折射，当 $n_1 > n_2$ 时，其折射角大于入射角 $\theta_r > \theta_i$，且入射角 θ_i 增大时，折射角 θ_r 也随之增大。如图 9-40 所示。

n_1、n_2、θ_r、θ_i 之间的数学关系为

$$n_1 \sin\theta_i = n_2 \sin\theta_r$$

当 $\theta_r = 90°$ 时，仍有 $\theta_i < 90°$，此时，出射光线沿界面传播，如图 9-41 所示，称为临界状态。这时有 $\sin\theta_r = \sin 90° = 1$，$\sin\theta_{i0} = n_2/n_1$，$\theta_{i0} = \arcsin(n_2/n_1)$，称 θ_{i0} 为临界角。

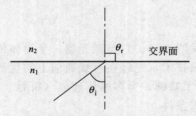

图 9-41 临界状态示意图

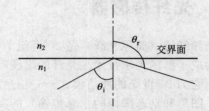

图 9-42 光全反射示意图

当 $\theta_i > \theta_{i0}$ 并继续增大时，$\theta_r > \sin 90°$，这时便发生全反射现象，如图 9-42 所示，其出射光不再折射而全部反射回来。

一般光纤所处环境为空气，则

$$\theta_i \leqslant \theta_c = \arcsin \sqrt{n_1^2 - n_2^2}$$

实际工作时需要光纤弯曲，但只要满足全反射条件，光线仍然继续前进。可见这里的光线"转弯"实际上是由光的全反射所形成的。

（2）光纤结构

分析光纤导光原理，除了应用斯乃尔定理外，还需结合光纤结构来说明。

光纤呈圆柱形，它由玻璃纤维芯（纤芯）和玻璃包皮（包层）两个同心圆柱的双层结构

组成，见图9-43。

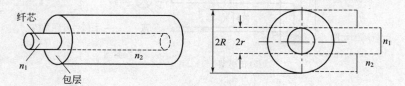

图9-43 光纤结构

纤芯位于光纤的中心部位，光主要在这里传输。纤芯折射率 n_1 比包层折射率 n_2 稍大些，两层之间形成良好的光学界面，光线在这个界面上反射传播。

纤芯材料的主体是二氧化硅或塑料，制成很细的圆柱体，其直径在 $5\sim75\mu m$ 内。有时在主体材料中掺入极微量的其他材料如二氧化锗或五氧化二磷等，以便提高折射率。围绕纤芯的是一层圆柱形套层（包层），包层可以是单层，也可以是多层结构，层数取决于光纤的应用场所，但总直径控制在 $100\sim200\mu m$ 范围内。包层材料一般为 SiO_2，也有的掺入极微量的三氧化二硼或四氧化硅。与纤芯掺杂的目的不同，包层掺杂的目的是为了降低其对光的折射率。包层外面还要涂一些涂料，其作用是保护光纤不受外来的损害，增加光纤的机械强度。光纤最外层是一层塑料保护管，其颜色用以区分光缆中各种不同的光纤。光缆是由多根光纤组成。并在光纤间填入阻水油膏，以此保证光缆传光性能。

9.4.2 光纤传感器

光纤通信实际上是研究外界信号（温度、压力、应变、位移、振动、电场等）与光的相互作用；研究外界信号可能引起光的强度、波长、频率、相位、偏振态等光学性质的变化，即所谓光被外界参数的调制方法。

（1）光纤传感器结构原理

以电为基础的传统传感器是一种把测量的状态转变为可测的电信号的装置。它的电源、敏感元件、信号接收和处理系统以及信息传输均用金属导线连接，见图9-44(a)。

光纤传感器则是一种把被测量的状态转变为可测的光信号的装置。由光发送器、敏感元件（光纤或非光纤的）、光接收器、信号处理系统以及光纤构成，见图9-44(b)。

由光发送器发出的光经源光纤引导至敏感元件。这时，光的某一性质受到被测量的调制，已调光经接收光纤耦合到光接收器，使光信号变为电信号，经处理后得到被测量。

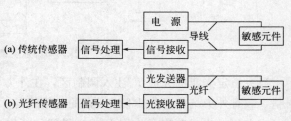

图9-44 传统传感器与光纤传感器

可见，光纤传感器与以电为基础的传统传感器相比较，在测量原理上有本质的差别。传统传感器是以机-电测量为基础，而光纤传感器则以光学测量为基础。

（2）光纤传感器的组成

光纤传感器由光源、敏感元件（光纤或非光纤的）、光传感器、信号处理系统以及光纤等组成，如图9-45所示。

由光源发出的光通过源光纤引到敏感元件，被测参数作用于敏感元件，在光的调制区内，使光的某一性质受到被测量的调制，调制后的光信号经接收光纤耦合到光传感器，将光

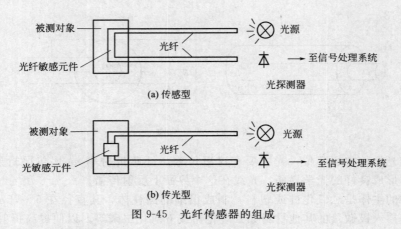

图 9-45　光纤传感器的组成

信号转换为电信号，最后经信号处理得到所需要的被测量。

9.4.3　光纤传感器的调制器原理

光纤传感器就是如何利用光纤的各种效应，实现对外界被测参数的"传"和"感"，其关键就是外界输入信号对光的调制。研究光调制器，研究光在调制区与外界被测参数的相互作用，外界信号可能引起某些光特性的变化，从而构成强度、波长、频率、相位和偏振态等调制。下面将分别介绍几种常用的调制原理。

（1）强度调制

利用被测量的作用改变光纤中光的强度，再通过光强的变化来测量被测量，称为强度调制。其原理如图 9-46 所示。

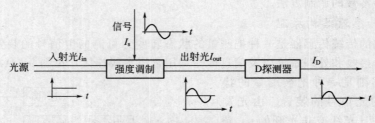

图 9-46　强度调制原理

当一恒定光源的光波 I_{in} 注入调制区，在外力场强 I_s 的作用下，输出光波的强度被 I_s 所调制，载有外力场信息的出射光 I_{out} 的包络线与 I_s 形状相同，光（强度）传感器的输出电流 I_D（或电压）也反映出了作用力场。同理，可以利用其他各种对光强的调制方式，如光纤位移、光栅、反射式、微弯、模斑、斑图、辐射等来调制入射光，从而形成相应的调制器。强度调制是光纤传感器使用最早的调制方法，其特点是技术简单可靠、价格低廉。可采用多模光纤，光纤的连接器和耦合器均已商品化。

（2）频率调制

利用外界作用改变光纤中光的波长或频率的调制方式称为波长调制或频率调制，解调则是通过检测光纤中光的波长或频率的变化来测量各种物理量。

波长调制技术比强度调制技术用得少，其原因是技术比较复杂。

频率调制技术目前主要利用多普勒效应来实现。光纤常采用传光型光纤。

光学多普勒效应告诉人们：当光源 S 发射出的光，经运动的物体散射后，观察者所见到

的光波频率 f_1 相对于原频率 f_0 发生了变化，如图 9-47 所示。

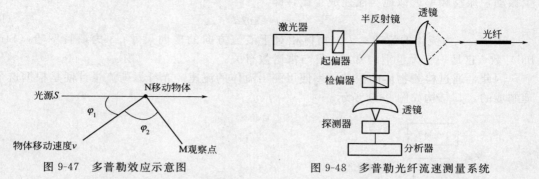

图 9-47　多普勒效应示意图　　　　图 9-48　多普勒光纤流速测量系统

图 9-48 为激光多普勒光纤流速测量系统。设激光光源频率为 f_0，经半反射镜和聚焦透镜进入光纤射入到被测物流体，当流体以速度 v 运动时，根据多普勒效应，其向后散射光的频率为 $f_0+\Delta f$ 或 $f_0-\Delta f$（视流向而定），向后散射光与光纤端面反射光（参考光）经聚焦透镜和半反射镜，由检偏器检出相同振动方向的光，传感器检测出端面反射光 f_0 与向后散射光 $f_0+\Delta f$ 或 $f_0-\Delta f$ 的差拍的拍频 Δf，由此可知流体的流速。

9.4.4　光纤传感器的应用

（1）温度的检测

图 9-49 为利用双金属热变形的遮光式光纤温度计。

当温度升高时，双金属片的变形量增大，带动遮光板在垂直方向产生位移，从而使输出光强发生变化。这种形式的光纤温度计能测量 10～50℃ 的温度。检测精度约为 0.5℃。

（2）压力的检测

采用弹性元件的光纤压力传感器，利用弹性体的受压变形，半导体透射将压力信号转换成位移信号，从而对光强进行调制。因此，只要设计好合理的弹性元件及结构，就可以实现压力的检测。

图 9-50 为简单的利用 Y 形光纤束的膜片反射式光纤压力传感器。在 Y 形光纤束前端放置一感压膜片，当膜片受压变形时，使光纤束与膜片间的距离发生变化，从而使输出光强受到调制。

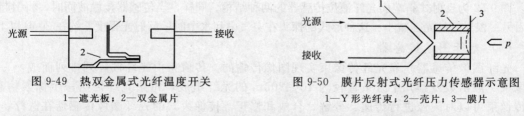

图 9-49　热双金属式光纤温度开关　　　　图 9-50　膜片反射式光纤压力传感器示意图
1—遮光板；2—双金属片　　　　　　　　1—Y 形光纤束；2—壳片；3—膜片

弹性膜片材料是恒弹性金属，如殷钢、铍青铜等。但金属材料的弹性模量有一定的温度系数，因此要考虑温度补偿。若选用石英膜片，则可减小温度的影响。

（3）流量、流速的检测

以下以光纤旋涡流量计为例。

当一个非流线体置于流体中时，在某些条件下会在液流的下游产生有规律的旋涡。这种旋涡将会在该非流线体的两边交替地离开。当每个旋涡产生并泻下时，会在物体壁上产生一

侧向力。这样，周期产生的旋涡将使物体受到一个周期的压力。若物体具有弹性，它便会产生振动，振动频率近似地与流速成正比，即

$$f = sv/d \tag{9-3}$$

式中，v 为流体的流速；d 为物体相对于液流方向的横向尺寸；s 为斯特罗哈（Strouhal）数，它是一个无量纲的常数，仅与雷诺数有关。

因此，通过检测物体的振动频率便可测出流体的流速。光纤涡街流量计便是根据这个原理制成的，其结构如图 9-51 所示。

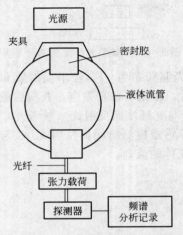

图 9-51　光纤涡街流量计结构示意图

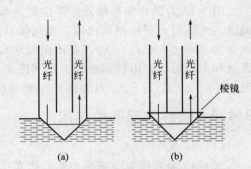

图 9-52　反射式斜端面光纤液位传感器

在横贯流体管道的中间装有一根绷紧的多模光纤，当流体流动时，光纤就发生振动，其振动频率近似与流速成正比。由于使用的是多模光纤，故当光源采用相干光源（如激光器）时，其输出光斑是模式间干涉的结果。当光纤固定时，输出光斑花纹稳定；当光纤振动时，输出光斑亦发生移动。对于处于光斑中某个固定位置的小型传感器，光斑花纹的移动反映为传感器接收到的输出光强的变化。利用频谱分析，即可测出光纤的振动频率。根据上式或实验标定得到流速值，在管径尺寸已知的情况下，即可计算出流量。

光纤涡街流量计特点：可靠性好，无任何可动部分和连接环节，对被测体流阻小，基本不影响流速。但在流速很小时，光纤振动会消失，因此存在一定的测量下限。

（4）液位的检测

图 9-52 为反射式斜端面光纤液位传感器的两种结构。同样，当传感器接触液面时，将引起反射回另一根光纤的光强减小。这种形式的探头在空气中和水中时，反射光强度差约在 20dB 以上。

（5）光纤图像传感器

光纤图像传感器是靠光纤传像束实现图像传输的。传像束由光纤按阵列排列而成，一根传像束一般由数万到几十万条直径为 $10 \sim 20 \mu m$ 的光纤组成，每条光纤传送一个像素信息。用传像束可以对图像进行传递、分解、合成和修正。传像束式的光纤图像传感器在医疗、工业、军事部门有着广泛的应用。

医用内窥镜的示意图如图 9-53 所示。它由末端的物镜、光纤图像导管（传像束）、顶端的目镜和控制手柄组成。照明光是通过图像导管外层光纤照射到被观察物体上，反射光通过传像束输出。

由于光纤柔软，自由度大、末端通过手柄控制能偏转，传输图像失真小，因此，它是检查和诊断人体各部位疾病和进行某些外科手术的重要仪器。

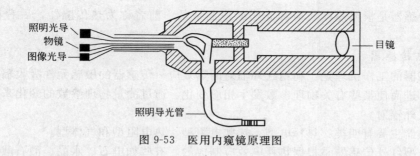

图 9-53 医用内窥镜原理图

9.5 红外传感器

9.5.1 红外辐射的概念

红外射线就是红外光,是一种不可见光,是太阳光谱的一部分。由于位于可见光中红色光以外的光线,亦称红外线。其波长大致在 $0.76\sim1000\mu m$ 范围内。

红外辐射的物理本质是热辐射。自然界中任何物体,只要其温度在绝对零度之上,都能产生热辐射。物体向外辐射的能量大部分是通过红外线辐射出来的。物体的温度越高,辐射出来的红外线越多,辐射的能量就越强。

红外光与所有电磁波一样,具有反射、折射、散射、干涉、吸收等特性,它在真空中也以光速传播,并具有明显的波粒二象性。

红外辐射所依据的定律是基尔霍夫定律、斯忒藩-玻尔兹曼定律及维恩位移定律。从三大定律可以知道:一个物体若是热的良吸收体,也应该是热的良辐射体;物体温度越高,它辐射出来的能量越大;物体热量辐射波长与物体的自身的热力学温度成反比,即温度越高,辐射波长越短。

9.5.2 红外传感器分类

能将红外辐射量变化转换成电量变换的装置称为红外线传感器,或称红外传感器。从不同的角度,红外传感器有不同的分类。

① 根据工作温度可分为低温(液 He、N 制冷)、中温(195～200K 的热电制冷)和室温传感器。

② 根据响应波长可分为近红外、中红外、远红外传感器。

③ 根据用途可分为单元型、多元列阵和成像传感器。

④ 根据传感器探测机理可分为热传感器和光子传感器。

常用的分类方法是按照探测机理分类,见图 9-54。

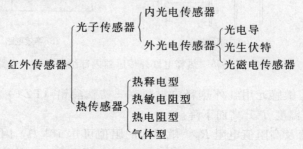

图 9-54 按照探测机理分类方法

红外传感器是根据热电效应和光子效应制成的。前者称为热传感器，后者称为光子传感器。

（1）热传感器

热传感器的工作机理是：利用红外辐射的热效应，传感器的敏感元件吸收辐射能后引起温度升高，进而使某些有关物理参数发生相应变化，通过测量物理参数的变化来确定传感器所吸收的红外辐射。

热传感器主要有四类：热释电型、热敏电阻型、热电阻型和气体型。

热释电型红外传感器是根据热释电效应制成的。有些如电石、水晶、酒石酸钾钠、钛酸钡等，当晶体受热产生温度变化时，其原子排列将发生变化，晶体自然极化，在其两表面产生电荷现象，称为热释电效应。用此效应制成的"铁电体"，其极化强度（单位面积上的电荷）与温度有关。当红外辐射照射到已经极化的铁电体薄片表面上时，引起薄片温度升高，使其极化强度降低，表面电荷减少，这相当于释放一部分电荷，所以叫热释电型传感器。

如果将负载电阻与铁电体薄片相连，则负载电阻上便产生一个电信号输出。

热释电型传感器在热传感器中探测率最高，频率响应最宽。

（2）光子传感器

光子传感器利用入射光辐射的光子流与传感器材料中的电子互相作用，从而改变电子的能量状态，引起各种电学现象——这种现象称为光子效应。根据所产生的不同电学现象，可制成各种不同的光子传感器。具体介绍见本章 9.1 节。

9.5.3　热释电红外传感器的结构

热释电红外传感器是一种被动式调制型温度敏感器件，利用热释电效应工作，利用被测物体与背景的温差来探测目标。

热释电红外传感器由敏感元、场效应管、高阻电阻等组成，并向壳内充入氮气封装起来，内部结构如图 9-55 所示。

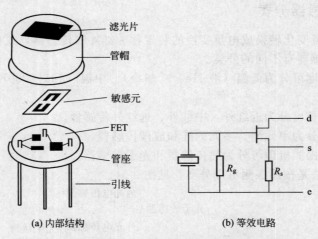

图 9-55　热释电红外传感器内部结构及等效电路

① 敏感元　敏感元用红外热释电材料——锆钛酸铅（PZT）制成，经极化处理后，其剩余极化强度随温度 T 升高而下降。

② 场效应管及高阻值电阻 R_g　敏感元的阻值可达 $10^{13}\,\Omega$，因此需用场效应管进行阻抗变换才能应用。场效应管构成源极跟随器，而高阻值电阻 R_g 的作用是释放栅极电荷，使场

效应管安全正常工作。

③ 滤光片（FT） PZT制成的敏感元件是一种广谱材料，能探测各种波长辐射。为了使传感器对人体最敏感，而对太阳、电灯光等有抗干扰性，传感器采用了滤光片作窗口。

9.5.4 红外传感器的一般组成

红外传感器一般由光学系统、敏感元件、前置放大器和信号调制器组成。光学系统是红外传感器的重要组成部分。根据光学系统的结构分为反射式光学系统的红外传感器和透射式光学系统的红外传感器两种，见图9-56、图9-57。

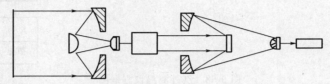

图 9-56 反射式红外传感器示意图

反射式光学系统的红外传感器一般由四面玻璃反射镜组成，其表面镀金、铝和镍铬等红外波段反射率很高的材料构成反射式光学系统。为了减小像差或使用上的方便，常另加一片次镜，使目标辐射经两次反射聚焦到敏感元件上，敏感元件与透镜

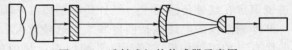

图 9-57 透射式红外传感器示意图

组一体前置放大器接收热电转换后的电信号，并对其进行放大。

透射式红外传感器的部件用红外光学材料做成，不同的红外光波长应选用不同的光学材料。例如，在测量700℃以上的高温时（波长多为750～3000nm范围内近红外光），一般用光学玻璃和石英等材料作透镜材料；测量100～700℃范围的温度时（多为3～5μm的中红外光），多用氟化镁、氧化镁等热敏材料；测量100℃以下的温度（波长为5～14μm的中远红外光），多采用锗、硅、硫化锌等热敏材料。除近红外光外，获取透射红外光的光学材料一般比较困难，反射式光学系统可避免这一困难。

9.5.5 红外传感器的应用

红外传感器应用可以用于非接触式的温度测量、气体成分分析、无损探伤、热像检测、红外遥感以及军事目标的侦察、搜索、跟踪和通信等。

红外传感器按其应用可分为以下几方面。

① 红外辐射计，用于辐射和光谱辐射测量。

② 用于搜索和跟踪红外目标，确定其空间位置并对它的运动进行跟踪。

③ 热成像系统，可产生整个目标的红外辐射图像，如红外图像仪、多光谱扫描仪等。

④ 红外测距和通信系统。

⑤ 混合系统，以上各类系统中的两个或多个的组合。

（1）红外测温仪

红外测温仪是利用热辐射体在红外波段的辐射通量来测量温度的。当物体的温度低于1000℃时，它向外辐射的不再是可见光而是红外光了，可用红外传感器检测其温度。

图9-58是目前常见的红外测温仪方框图。它是一个包括光、机、电一体化的红外测温系统，图中的光学系统是一个固定焦距的透射系统，滤光片一般采用只允许8～14μm的红外辐射能通过的材料。步进电机带动调制盘转动，将被测的红外辐射调制成交变的红外辐

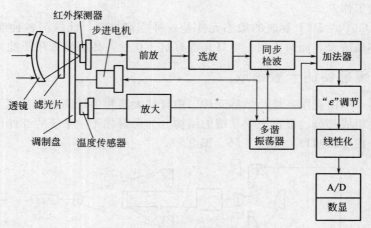

图 9-58　红外测温仪方框图

射线。

红外传感器一般为热释电传感器，透镜的焦点落在其光敏面上。被测目标的红外辐射通过透镜聚焦在红外传感器上，红外传感器将红外辐射变换为电信号输出。

红外测温仪的电路包括前置放大、选频放大、温度补偿、线性化、发射率（ε）调节等。目前已有一种带单片机的智能红外测温器，利用单片机与软件的功能，大大简化了硬件电路，提高了仪表的稳定性、可靠性和准确性。

红外测温仪的光学系统可以是透射式，也可以是反射式。反射式光学系统多采用凹面玻璃反射镜，并在镜的表面镀金、铝、镍或铬等对红外辐射反射率很高的金属材料。

（2）红外线气体分析仪

红外线气体分析仪根据气体对红外线具有选择性吸收的特性来对气体成分进行分析。如二氧化碳对于波长为 $2.7\mu m$、$4.33\mu m$ 和 $14.5\mu m$ 红外光吸收比较强烈，而且吸收频谱很宽，即存在吸收带，因此可以利用这个吸收带来判别大气中的 CO_2 的含量。二氧化碳对红外光的透射光谱如图 9-59 所示。

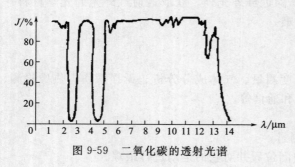

图 9-59　二氧化碳的透射光谱

二氧化碳红外线气体分析仪由光源、气体样品室（含 CO_2）、参比室（无 CO_2）、切光片、反射镜系统、滤光片、红外检测器和选频放大器等组成，见图 9-60。

光源由镍铬丝通电加热发出 $3\sim10\mu m$ 的红外线，切光片将连续的红外线调制成脉冲状的红外线，以便于红外线检测器信号的检测，称为斩光调制。

测量时，两束红外线经反射、切光后射入测量气室和参比气室，并使待测气体连续流过样品室。由于测量气室中含有一定量的 CO_2 气体，该气体对 $4.33\mu m$ 的红外线有较强的吸收能力。而参比气室则封入不吸收红外线的气体如 N_2 等，参比气室不吸收红外线。这样射入红外传感器的两个吸收气室的红外线光造成能量差异，则敏感元件所接收到的就是交变辐射，这时检测电路输出不为零。经过标定后，就可以从输出信号的大小来推测 CO_2 的含量。

（3）红外无损探伤仪

红外无损探伤仪可以用来检查部件内部缺陷，对部件结构无任何损伤。例如，检查两块

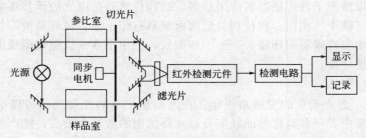

图 9-60　红外线气体分析仪结构原理图

金属板的焊接质量，利用红外辐射探伤仪能十分方便地检查漏焊或缺焊；为了检测金属材料的内部裂缝，也可利用红外探伤仪。

红外无损探伤仪的工作原理如图 9-61 所示。

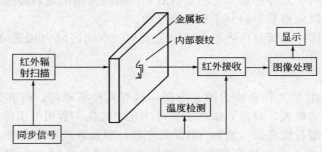

图 9-61　红外无损探伤仪原理示意图

用红外辐射扫描器连续发射一定波长的红外光对金属板进行均匀照射，在金属板另一侧的接收器也同时连续接收到经过金属板衰减的红外光。

如果金属板内部无断裂，辐射扫描器在扫描过程中，红外接收器收到的是等量的红外辐射；如果金属板内部存在断裂，红外接收器在辐射扫描器在扫描到断裂处时所接收到的红外辐射值与其他地方不一致，利用金属对红外辐射的吸收与缝隙（含有某种气体或真空）对红外辐射的吸收所存在的差异，可以探测出金属断裂空隙。

然后利用图像处理技术，就可以显示出金属板内部缺陷的形状。

9.6　激光传感器

9.6.1　激光的概念

激光是 20 世纪 60 年代出现的最重大科技成就之一，具有高方向性、高单色性和高亮度三个重要特性。激光波长从 $0.24\mu m$ 到远红外整个光频波段范围。

（1）激光产生的机理

原子在正常分布状态下，总是稳定地处于低能级 E_1，如无外界作用，原子将长期保持这种稳定状态。一旦受到光子的作用，赋予原子一定的能量 E 后，原子就从低能级 E_1 跃迁到高能级 E_2，这个过程称为光的受激吸收。光受激后，其能量有下列关系：

$$E=h\nu=E_2-E_1 \tag{9-4}$$

式中，ν 为光的频率；h 为普朗克常数（$6.623\times10^{-23}J\cdot s$）。

激光式传感器按工作原理不同可分为三类：激光干涉传感器、激光衍射传感器和激光扫描传感器。其中以激光干涉传感器的应用居多，这种传感器是以光的干涉现象为基础。从物理学可知，波长（频率）相同、相位相关的两束光具有相干性，也就是说，当它们互相交叠时，会出现光强增强或减弱的现象，产生干涉条纹，利用干涉条纹随被测长度的变化而变化的原理可实现长度计量。

（2）激光的特性

① 方向性强　激光光束的发散角很小，在几公里之外的光斑直径可以小于几厘米。由于它的能量高度集中，一台高能量的红宝石激光器发射的激光会聚后，能产生几百万度的高温，可以瞬间熔化一切金属。

② 单色性好　激光的频率宽度很窄，是最好的单色光。

③ 相干性好　激光的时间相干性和空间相干性都很好。所谓相干性好就是指两束光在相遇区域内相互叠加后，能形成较清晰的干涉图样或能接收到稳定的拍频信号。

时间相干性是指同一光源在相干时间 τ 内的不同时刻发出的光，经过不同路程相遇可以产生的干涉现象，可以用路程差即相干长度来反映。

空间相干性是指同一光源发出的光，在一定大小的空间区域内相遇可以产生干涉现象，可以用相干面积来度量。

（3）常用激光器

① 固体激光器　它的工作介质为固态物质。尽管其种类很多，但其结构大致相同，特点是体积小而坚固，功率大。目前，输出功率可达几十兆瓦。常用的固体激光器有红宝石激光器、掺铷的钇铝石榴石激光器（简称 YAG 激光器）和铷玻璃激光器等。

② 液体激光器　它的工作物质是液体。液体激光器最大的特点是它发出的激光波长可在一定的波段内连续可调，可连续工作而不降低效率。液体激光器可分为有机液体染料激光器、无机液体激光器和聚合物激光器等。较为重要的是有机染料激光器。

③ 气体激光器　它的工作物质是气体。其特点是小巧，能连续工作，单色性好，但是输出功率不及固体激光器。目前已开发了各种气体原子、离子、金属蒸气、气体分子激光器。常用的有 CO_2 激光器、氦氖激光器和 CO 激光器等。

④ 半导体激光器　半导体激光器是继固体和气体激光器之后发展起来的一种效率高、体积小、重量轻、结构简单，但输出功率小的激光器。其中有代表性的是砷化镓激光器。半导体激光器广泛应用于飞机、军舰、坦克、火炮上瞄准、制导、测距等和家用电器上。

9.6.2　激光传感器的应用

激光技术有着非常广泛的应用，如激光精密机械加工、激光通信、激光音响、激光影视、激光武器和激光检测等。激光检测具有测量精度高、范围大、检测时间短及非接触式测量等优点，主要用来测量长度、位移、速度、振动等参数。

（1）激光测距

激光测距是激光测量中一个很重要的方面。如飞机测量其前方目标的距离、激光潜艇定位等。激光测距首先测量激光射向目标，然后测量经目标反射到激光器的往返一次所需要的时间间隔 t，则传感器到目标的距离 D 为

$$D = \frac{1}{2}ct \tag{9-5}$$

式中，c 为激光传播速度（$3 \times 10^8\,\text{m/s}$）；$t$ 为激光射向目标而又返回激光接收器所需要的时间间隔。t 可利用精密时间间隔测量仪测量。目前，国产时间间隔测量仪的单次分辨率达 $\pm 20\text{ps}$。

由于激光方向性强，功率大，单色性好，这些对于测量远距离、判别目标方位、提高接收系统的信噪比和保证测量的精确性等起着很重要的作用。

激光测距的精度主要取决于时间间隔测量的精度和激光的散射。例如，$D = 1500\text{km}$，激光往返一次所需要的时间间隔 t 为 $10\text{ms} \pm 1\text{ns}$，$\pm 1\text{ns}$ 为测时误差。若忽略激光散射，则测距误差为 $\pm 15\text{cm}$；若测时精度为 $\pm 0.1\text{ns}$，则测距误差可达 $\pm 1.5\text{cm}$。若采用无线电波测量，其误差比激光测距误差大得多。在激光测距的基础上，发展了激光雷达。

（2）激光测流速

激光测速应用得最多的是激光多普勒流速计，它可以测量火箭燃料的流速，飞行器喷射气流的速度，风洞气流速度以及化学反应中粒子的大小及会聚速度等。

流速计主要包括光学系统和多普勒信号处理两大部分，见图 9-62。

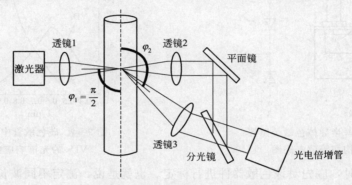

图 9-62　激光多普勒流速计原理图

激光器发射出来的单色平行光经聚焦透镜 1 聚焦到被测流体区域内，运动粒子使一部分激光散射，散射光与未散射光之间发生频移。散射光与未散射光分别由两个接收透镜 2 和 3 接收，再经平面镜和分光镜重合后，在光电倍增管中叠加产生差拍，光电倍增管将输出一个与拍频 Δf 相同的交流信号；对这个拍频信号进行处理，即可获得动粒子的流速 v。运动物体所引起的光学多普勒频偏为：

$$\Delta f = f_1 - f_0 = \frac{v}{c}(\cos\varphi_1 + \cos\varphi_2) = \frac{v}{c}\cos\varphi_2 \tag{9-6}$$

式中，c 为光波的波速，所以频偏与速度 v 成正比。

激光多普勒流速测量的另一个优点是通过改变透镜的会聚点，可测量出流场中不同位置的流速，这是其他测量手段无法比拟的。

9.7　色敏传感器

半导体色敏传感器是半导体光敏感器件中的一种，它是基于内光电效应将光信号转换为电信号的光辐射传感器件。半导体色敏器件的特点是可用来直接测量从可见光到近红外波段内单色辐射的波长。这是近年来出现的一种新型光敏器件。

9.7.1　半导体色敏传感器

半导体色敏传感器相当于两只结构不同的光电二极管的组合，故又称光电双结二极管。其结构原理及等效电路如图 9-63 所示。

双结光电二极管的 P^+-N 结为浅结，N-P 结为深结。当光照射时，P^+，N，P 三个区域及其间的势垒区均有光子吸收，但是吸收的效率不同。紫外光部分吸收系数大，经过很短距离就被吸收完毕，因此，浅结对紫外光有较高灵敏度。而红外光部分吸收系数小，光子主要在深结处被吸收，因此，深结对红外光有较高的灵敏度。即半导体中不同的区域对不同波长分别具有不同灵敏度，这一特性为识别颜色提供了可能性。利用不同结深二极管的组合，即可构成测定波长的半导体色敏传感器。

图 9-64 表示两种不同结深二极管的光谱响应曲线，VD_1 代表浅结二极管，VD_2 代表深结二极管。

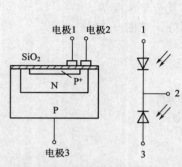

图 9-63 半导体色敏传感器
结构和等效电路图

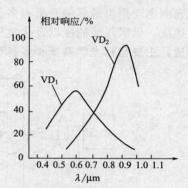

图 9-64 硅色敏管中 VD_1 和
VD_2 的光谱响应曲线

在具体应用时，应先对该色敏器件进行标定。也就是说，测定不同波长的光照射下，该器件中两只光电二极管短路电流的比值为 I_{SD2}/I_{SD1}，I_{SD1} 是浅结二极管的短路电流，它在短波区较大，I_{SD2} 是深结二极管的短路电流，它在长波区较大，因而二者的比值与入射单色光波长的关系就可以确定。根据标定的曲线，实测出某一单色光时的短路电流比值，即可确定该单色光的波长。

9.7.2 半导体色敏传感器的应用

图 9-65 为彩色信号处理电路，由半导体色敏传感器、两路对数电路及运算放大器 OP_3 构成。

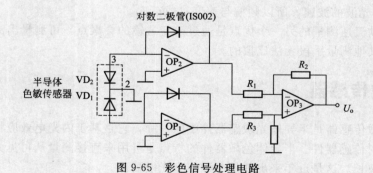

图 9-65 彩色信号处理电路

识别色彩，必须获得两个光电二极管的短路电流比。故采用对数放大器电路，在电流比较小的时候，二极管两端加上的电压和流过电流之间存在近似对数关系，即 OP_1、OP_2 输出分别跟 $\ln I_{SD1}$、$\ln I_{SD2}$ 成比例，OP_3 取出它们的差。输出为

$$U_o = C(\ln I_{SD2} - \ln I_{SD1}) = C\ln\left(\frac{\ln I_{SD2}}{\ln I_{SD1}}\right) \tag{9-7}$$

其正比于短路电流比 I_{SD2}/I_{SD1} 的对数。其中 C 为比例常数。将电路输出电压经 A/D 变换、处理后即可判断出与电平相对应的波长（即颜色）。

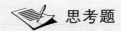 思考题

1. 简述光电效应过程。

2. 什么是辐射式光电传感器？什么是透射式、反射式光电传感器？

3. 叙述外光电效应的光电倍增管的工作原理。

4. 简述光电耦合器和光电开关的特点。

5. 试述光敏电阻、光敏二极管、光敏三极管和光电池的工作原理；如何正确选用这些器件？举例说明。

6. 试将光电开关用于自动装配流水线上工件的计数检测装置。试设计电路，说明工作原理。

7. 如何理解电荷耦合器件有"电子自扫描"作用？

8. 光在光纤中是怎样传输的？对光纤及入射光的入射角有什么要求？

9. 光纤传感器由哪几部分组成？各有什么作用？

10. 简述光纤传感器的调制原理。

11. 利用光纤传感器详细设计一个工业探伤成像系统。

12. 红外探测器有哪些类型？试说明它们的工作原理。红外传感器一般由哪几部分组成？各有什么作用？

13. 图9-60所示红外线气体分析仪中为什么要设置参比气室？

14. 什么叫作激光、激光器和激光传感器？叙述激光产生的机理。

15. 若利用二氧化碳激光装置测量距离激光器100m外的靶物，激光往退的时间间隔 $t=6.66\mu s\pm1ns$，则其距离实测数是多少？

16. 简述半导体色敏传感器的工作原理。

第10章

湿敏传感器

　　湿敏传感器或叫湿度传感器，是能够感受外界湿度变化，并通过器件材料的物理或化学性质变化，将湿度转化成可测电信号的器件。

　　湿度检测较其他物理量的检测显得困难，这首先是因为空气中水蒸气含量要比空气少得多；另外，液态水会使一些高分子介质材料溶解，一部分水分子电离后与溶入水中的空气中的杂质结合成酸或碱，使湿敏材料不同程度地受到腐蚀和老化，从而丧失其原有的性质；再者，湿信息的传递必须靠水对湿敏器件直接接触来完成，因此湿敏器件只能直接暴露于待测环境中，不能密封。

　　通常，对湿敏器件有下列要求：在各种气体环境下稳定性好，响应时间短，寿命长，有互换性，耐污染和受温度影响小等。微型化、集成化及廉价是湿敏器件的发展方向。

10.1　湿敏传感器概述

10.1.1　湿度与露点

　　通常将空气或其他气体中的水分含量（即水蒸气的含量）称为"湿度"，而将固体物质中的水分含量称为"含水量"。测量湿度的参数通常用质量分数和体积分数、绝对湿度、相对湿度和露点（或露点温度）来表示。

　　（1）质量分数和体积分数

　　在质量为 M 的混合气体中，若含水蒸气的质量为 m，则质量分数为 $m/M \times 100\%$。

　　在体积为 V 的混合气体中，若含水蒸气的体积为 v，则体积分数为 $v/V \times 100\%$。

　　这两种方法统称为水蒸气百分含量法。

　　（2）绝对湿度 H_a

　　绝对湿度是指单位体积的空气中含水蒸气的质量，其表达式为

$$H_a = \frac{m_v}{V} \tag{10-1}$$

　　其中，m_v 为待测空气中水蒸气质量；V 为待测空气的总体积。

　　（3）相对湿度 H_r

　　因为水的"水蒸气的含量"为 100%，称为饱和水汽压。相对湿度为待测空气中水汽压与相同温度下水的饱和水汽压的比值的百分数：

$$H_r = \left(\frac{p_v}{p_w}\right) \times 100\% \tag{10-2}$$

　　相对湿度给出大气的潮湿程度，它是一个无量纲的量，在实际使用中多使用相对湿度这一概念。

（4）露点

水的饱和水汽压随温度的降低而逐渐下降。在同样的空气水汽压下，温度越低，则空气的水汽压与同温度下水的饱和汽压差值越小。当空气温度下降到某一温度时，空气中的水汽压与同温度下水的饱和水汽压相等。此时，空气中的水蒸气将向液相转化而凝结成露珠，相对湿度为100%。该温度称为空气的露点温度。如果这一温度低于0℃，水蒸气将结霜，又称为霜点温度。两者统称为露点。

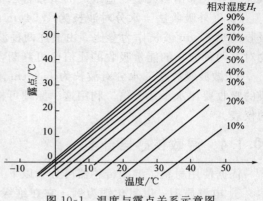

图 10-1 温度与露点关系示意图

空气中水汽压越小，露点越低，因而可用露点表示空气中的湿度，温度与露点关系示意图如图10-1所示。

10.1.2 湿敏传感器的主要性能指标

湿敏传感器是由湿敏元件及转换电路组成的，具有把环境湿度转变为电信号的能力。其主要性能指标有以下几点。

① 感湿特性 感湿特性为湿敏传感器特征量（如电阻值、电容值、频率值等）随湿度变化的关系。

② 相对湿度特性 在规定的工作湿度范围内，湿敏传感器的电阻值随环境湿度变化的关系特性曲线。

③ 感湿灵敏度 感湿灵敏度又叫湿度系数。指在某一相对湿度范围内，相对湿度改变1%时，湿敏传感器电参量的变化值或百分率。

④ 感湿温度系数 感湿温度系数指环境温度每变化1℃时，所引起的湿敏传感器的湿度误差。

$$感湿温度系数(H_r/℃) = \frac{H_1 - H_2}{\Delta T} \tag{10-3}$$

其中，ΔT 为温度25℃与另一规定环境温度之差；H_1 为温度25℃时湿敏传感器某一电阻值（或电容值）对应的相对湿度；H_2 为另一规定环境温度下湿敏传感器另一电阻值（或电容值）对应的相对湿度。

⑤ 电压特性 当用湿敏传感器测量湿度时，所加的测试电压，不能用直流电压。这是由于加直流电压引起感湿体内水分子的电解，致使电导率随时间的增加而下降，故测试电压采用交流电压。电压特性指湿敏传感器的电阻与外加交流电压之间的关系。

10.1.3 含水量检测方法

水分含量的检测方法大致有称重法、电导法、电容法、红外吸收法和微波吸收法。

① 称重法 测出被测物质烘干前后的质量 G_H 和 G_D，则含水量的百分数便是

$$w = \frac{G_H - G_D}{G_H} \times 100\% \tag{10-4}$$

② 电导法 固体物质吸收水分后电阻变小，用测定电阻率或电导率的方法便可判断含水量。

③ 电容法 水的介电常数远大于一般干燥固体物质，因此用电容法测物质的介电常数

从而测含水量相当灵敏，造纸厂的纸张含水量便可用电容法测量。

④ 红外吸收法　水分对波长为 $1.94\mu m$ 的红外射线吸收较强，并且可用几乎不被水分吸收的 $1.81\mu m$ 波长作为参比。由上述两种波长的滤光片对红外光进行轮流切换，根据被测物对这两种波长的能量吸收的比值便可判断含水量。

⑤ 微波吸收法　水分对波长为 $1.36cm$ 附近的微波有显著吸收现象，而植物纤维对此波段的吸收要比水小几十倍。利用这一原理可构成测木材、烟草、粮食、纸张等物质中含水量的仪表。

10.1.4　湿敏传感器分类

依据使用材料，湿敏传感器可分为以下几种。

① 电解质型　以氯化锂为例，它在绝缘基板上制作一对电极，涂上氯化锂盐胶膜。氯化锂极易潮解，并产生离子导电，随湿度升高而电阻减小。

② 陶瓷型　一般以金属氧化物为原料，通过陶瓷工艺，制成一种多孔陶瓷。利用多孔陶瓷的阻值对空气中水蒸气的敏感特性而制成。

③ 高分子型　先在玻璃等绝缘基板上蒸发梳状电极，通过浸渍或涂覆，使其在基板上附着一层有机高分子感湿膜。有机高分子的材料种类也很多，工作原理各不相同。

④ 单晶半导体型　所用材料主要是硅单晶，利用半导体工艺制成，制成二极管湿敏器件和 MOSFET 湿度敏感器件等。其特点是易于和半导体电路集成在一起。

10.2　半导体陶瓷湿敏电阻

半导体陶瓷湿敏电阻通常是用两种以上的金属氧化物半导体材料混合烧结而成的多孔陶瓷。这些材料有 $ZnO\text{-}LiO_2\text{-}V_2O_5$ 系、$Si\text{-}NaO\text{-}V_2O_5$ 系、$TiO_2\text{-}MgO\text{-}CrO_3$ 系、Fe_3O_4 等，前三种材料的电阻率随湿度增加而下降，故称为负特性湿敏半导体陶瓷，最后一种的电阻率随湿度增大而增大，故称为正特性湿敏半导体陶瓷。为叙述方便，这里将湿敏半导体陶瓷简称为 HSE（Humidity Semiconductor Earthen）

（1）负特性 HSE 的导电机理

由于水分子中的氢原子具有很强的正电场，当水在 HSE 表面吸附时，就有可能从表面俘获电子，使表面带负电，增加了 HSE 的导电能力，其电阻率随湿度的增加而下降。

（2）正特性 HSE 的导电机理

图 10-2 给出了 Fe_3O_4 正特性 HSE 湿敏电阻阻值与湿度的关系曲线。

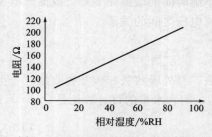

图 10-2　Fe_3O_4 HSE 的正湿敏特性

正特性 HSE 材料的结构、电子能量状态与负特性材料有所不同。当水分子附着 HSE 的表面使电势变负时，导致其表面层电子浓度下降，但还不足以使表面层的空穴浓度增加到出现反型程度，此时仍以电子导电为主。于是，表面电阻将由于电子浓度下降而加大，这类 HSE 材料的表面电阻将随湿度的增加而加大。而且通常 HSE 材料都是多孔的，表面电导占的比例很大，故表面层电阻的升高，必将引起总电阻值的明显升高。

一般地说，负特性材料的阻值下降速率要高于正特性材料阻值的上升速率。

10.3　湿敏传感器

10.3.1　陶瓷型湿敏传感器

陶瓷表面多孔性吸湿后，导致电阻值将发生改变。陶瓷湿敏元件随外界湿度变化而使电阻值变化的特性便是用来制造湿敏传感器的依据。

利用半导体陶瓷材料制成的陶瓷湿敏传感器具有许多优点：测湿范围宽，可实现全湿范围内的湿度测量；工作温度高，常温湿敏传感器的工作温度在 $150℃$ 以下，而高温湿敏传感器的工作温度可达 $800℃$；响应时间较短；精度高；抗污染能力强；工艺简单；成本低廉。

典型产品是烧结型陶瓷湿敏元件 $MgCr_2O_4$-TiO_2 系。此外还有 TiO_2-V_2O_5 系、ZnO-Li_2O-V_2O_5 系、$ZnCr_2O_4$ 系、ZrO_2-MgO 系、Fe_3O_4 系、Ta_2O_5 系等。这类湿敏传感器的感湿特征量大多数为电阻。除 Fe_3O_4 外，都为负特性湿敏传感器，即随着环境相对湿度的增加，阻值下降。也有少数陶瓷湿敏传感器，它的感湿特性量为电容。

（1）$MgCr_2O_4$-TiO_2 系湿敏传感器

该湿敏传感器的感湿体是 $MgCr_2O_4$-TiO_2（氧化镁复合氧化物-二氧化钛湿敏材料），系多孔陶瓷、负特性 HSE，$MgCr_2O_4$ 为 P 型半导体，它的电阻率低，阻值温度特性好，结构如图 10-3 所示。

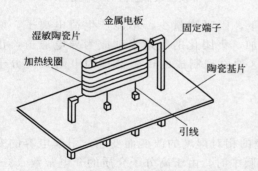

图 10-3　$MgCr_2O_4$-TiO_2 陶瓷传感器结构

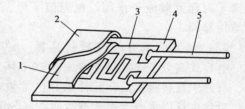

图 10-4　ZrO_2 湿敏传感器的结构图
1—电极引线；2—印制的 ZrO_2 感湿层（厚为几十微米）；
3—瓷衬底；4—由多孔高分子膜制成的防尘过滤膜；
5—用丝网印刷法印制的 Au 梳状电极

在 $MgCr_2O_4$-TiO_2 陶瓷片的两面涂覆有多孔金电极。金电极与引出线烧结在一起，为了减少测量误差，在陶瓷片外设置由镍铬丝制成的加热线圈，以便对器件加热清洗，排除恶劣空气对器件的污染。整个器件安装在陶瓷基片上，电极引线一般采用铂-铱合金。气孔大部分为粒间气孔，气孔直径随 TiO_2 添加量的增加而增大。粒间气孔与颗粒大小无关，相当于一种开口毛细管，容易吸附水分，是一种典型的多孔陶瓷湿度测量器件。具有灵敏度高、响应特性好、测湿范围宽和高温清洗后性能稳定等优点。

（2）ZrO_2 系厚膜型湿敏传感器

ZrO_2 系厚膜型湿敏传感器其结构如图 10-4 所示。

ZrO_2 系厚膜型湿敏传感器的感湿层是用一种多孔 ZrO_2 系厚膜材料制成的，它可用碱金属调节阻值的大小并提高其长期稳定性。

10.3.2 有机高分子湿敏传感器

用有机高分子材料制成的湿敏传感器，主要是利用其吸湿性与胀缩性。某些高分子介质吸湿后，介电常数明显改变，据此制成了电容式湿敏传感器；某些高分子介质吸湿后，电阻明显变化，据此制成了电阻式湿敏传感器；利用胀缩性高分子（如树脂）材料和导电粒子在吸湿之后的开关特性，制成了结露传感器。

（1）电阻式高分子湿敏传感器

电阻式高分子湿敏传感器结构示意图见图 10-5。

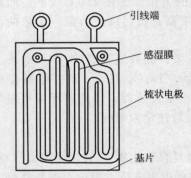

图 10-5　电阻式高分子湿敏传感器结构

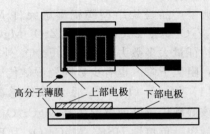

图 10-6　电容式高分子薄膜电介质湿敏传感器的基本结构

水吸附在有极性基的高分子膜上，在低湿下，因吸附量少，不能产生荷电离子，所以电阻值较高。相对湿度增加时，吸附量也增加，集团化的吸附水就成为导电通道，正负离子对起到载流子作用，电阻值下降。利用这种原理制成的传感器称为电阻式高分子湿敏传感器。

（2）电容式高分子湿敏传感器

电容式高分子湿敏传感器如图 10-6 所示。

高分子材料吸水后，元件的介电常数随环境的相对湿度的改变而变化，引起电容的变化。当含水量以水分子形式被吸附在高分子介质膜中时，由于高分子介质的介电常数（3～6）远远小于水的介电常数（81），所以介质中水的成分对总介电常数的影响比较大，使元件对湿度有较好的敏感性能。

电容式湿敏传感器的主要特性如下。

① 电容-湿度特性　其电容随着环境湿度的增加而增加，基本上呈线性关系，见图10-7。

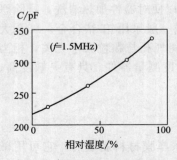

图 10-7　电容-湿度特性曲线

当测试频率为 1.5MHz 左右时，其输出特性有良好的线性度。对其他测试频率，如 1kHz、10kHz，尽管传感器的电容量变化很大，但线性度欠佳。可外接转换电路，使电容-湿度特性趋于理想直线。

② 响应特性　由于高分子薄膜可以做得极薄，所以吸湿响应时间都很短，一般都小于 5s，有的响应时间仅为 1s。

③ 电容-温度特性　电容式高分子湿敏传感器的感湿特性受温度影响非常小，在 5～50℃ 范围内，电容温度系数约为 0.06% Hr/℃。

10.3.3 半导体型湿敏传感器

硅 MOS 型 Al_2O_3 湿敏传感器是在 Si 单晶上制成 MOS 晶体管。其栅极是用热氧化法生长厚度为 80nm 的 SiO_2 膜,在此 SiO_2 膜上用蒸发及阳极化方法制得多孔 Al_2O_3 膜,然后再蒸镀上多孔金(Au)膜而制成。这种传感器具有响应速度快、化学稳定性好及耐高低温冲击等特点。其结构如图 10-8 所示。

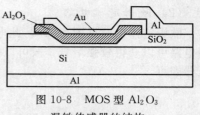

图 10-8 MOS 型 Al_2O_3
湿敏传感器的结构

10.4 湿敏传感器常用检测电路

10.4.1 检测电路的选择

(1)电源选择

一切电阻式湿敏传感器都必须使用交流电源,否则性能会劣化甚至失效。其原因是:湿敏传感器的电导是靠离子的移动实现的,在直流电源作用下,正、负离子必然向电源两极运动,产生电解作用,使感湿层变薄甚至被破坏;在交流电源作用下,正、负离子往返运动,不会产生电解作用,感湿膜不会被破坏。

交流电源的频率选择是,在不产生正、负离子定向积累情况下尽可能低一些。在高频情况下,测试引线的容抗明显下降,会把湿敏电阻短路。另外,湿敏膜在高频下也会产生集肤效应,阻值发生变化,影响到测湿灵敏度和准确性。

(2)温度补偿

湿敏传感器具有正或负的温度系数,其温度系数大小不一,工作温区有宽有窄,所以要考虑温度补偿问题。

(3)线性化

湿敏传感器的感湿特征量与相对湿度之间的关系不是线性的,这给湿度的测量、控制和补偿带来了困难。需要通过一种变换使感湿特征量与相对湿度之间的关系线性化。

10.4.2 典型测量电路

对电阻式湿敏传感器,其测量电路主要有两种形式。

(1)电桥电路

振荡器对电路提供交流电源。电桥的一臂为湿敏传感器,由于湿度变化使湿敏传感器的阻值发生变化,于是电桥失去平衡,产生信号输出,放大器可把不平衡信号加以放大,整流器将交流信号变成直流信号,由直流毫安表显示。振荡器和放大器都由 9V 直流电源供给。电桥法适合于氯化锂湿敏传感器,电桥测湿电路框图见图 10-9。

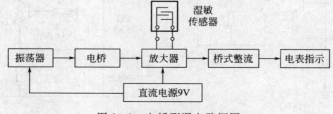

图 10-9 电桥测湿电路框图

（2）欧姆定律电路

欧姆定律电路见图 10-10。此电路适用于可以流经较大电流的陶瓷湿敏传感器。由于测湿电路可以获得较强信号，故可以省去电桥和放大器，可以用市电作为电源，只要用降压变压器即可。

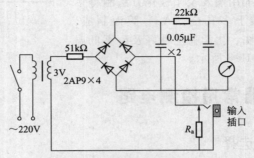

图 10-10 欧姆定律电路

例如，便携式湿度计的实际电路如图 10-11 所示。

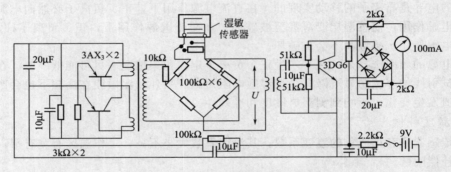

图 10-11 便携式湿度计的实际电路

10.5 湿敏传感器应用

（1）自动去湿装置

自动去湿装置电路见图 10-12。

图中，H 为湿敏传感器，其等效电阻为 R_H，R_s 为加热电阻丝。在常温常湿情况下调好各电阻值，使 V_1 导通，V_2 截止。当阴雨等天气使室内环境湿度增大而导致 H 的阻值下降

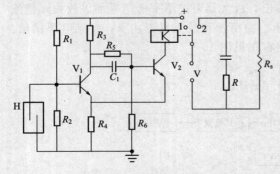

图 10-12 自动去湿装置电路

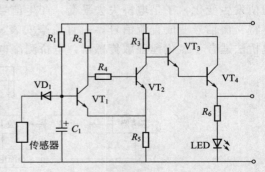

图 10-13 录像机结露报警电路

到某值时，R_H 与 R_2 并联之阻值小到不足以维持 V_1 导通。由于 V_1 截止而使 V_2 导通，其负载继电器 K 通电，其常开触点 2 闭合，加热电阻丝 R_s 通电加热，驱散湿气。当湿度减小到一定程度时，电路又翻转到初始状态，V_1 导通，V_2 截止，常开触点 2 断开，R_s 断电停止加热。

（2）录像机结露报警控制电路

录像机结露报警控制电路如图 10-13 所示，该电路由 $VT_1 \sim VT_4$ 组成。结露时，LED 亮（结露信号），并输出控制信号使录像机进入停机保护状态。

在低湿时，结露传感器的电阻值为 $2k\Omega$ 左右，VT_1 因其基极电压低于 $0.5V$ 而截止，VT_2 集电极电位低于 $1V$，所以 VT_3 及 VT_4 也截止，结露指示灯不亮，输出的控制信号为低电平。在结露时，结露传感器的电阻值大于 $50k\Omega$，VT_1 饱和导通，VT_2 截止，从而使 VT_3 及 VT_4 导通，结露指示灯亮，输出的控制信号为高电平。

 思考题

1. 什么是绝对湿度和相对湿度？
2. 水分含量的检测方法大致有哪几种？各有什么特点？
3. 湿敏传感器有哪些类型？各有什么特点？
4. 分析电阻式湿敏传感器的典型测量电路图 10-11。
5. 设计一个恒湿控制装置，恒湿的控制值可任意设置。

第11章
电磁波传感器

11.1 微波传感器

11.1.1 微波传感器的测量原理

微波是波长为 1mm～1m 的电磁波，可以细分为三个波段：分米波、厘米波、毫米波。微波的性质介于普通无线电波和光波两者之间，对无线电波和光波的性质兼而有之。

微波具有下列特点。

① 定向辐射的装置容易制造。

② 遇到各种障碍物易于反射，绕射能力差。

③ 传输特性好，传输过程中受烟雾、火焰、灰尘、强光的影响很小。

④ 介质对微波的吸收与介质的介电常数成比例，水对微波的吸收作用最强。

微波传感器是利用微波特性来检测某些物理量的器件或装置。由发射天线发出微波，此波遇到被测物体时将被吸收或反射，使微波功率发生变化。然后利用微波接收天线，接收到透过被测物体或由被测物体反射回来的微波，并将它转换为电信号，再经过信号处理电路，即可以显示出被测量，从而实现了微波检测。

根据微波传感器的原理，微波传感器可以分为反射式和遮断式（透射式）两类，如图 11-1 所示。

① 反射式微波传感器　反射式微波传感器是通过检测被测物反射回来的微波功率或经过的时间间隔来测量被测量的。通常它可以测量物体的位置、位移、厚度等参数。

② 遮断式微波传感器　遮断式微波传感器是通过检测穿透被测物体后，接收天线收到的微波功率大小来判断有无被测物体，或反映被测物体的厚度、含水量等参数。

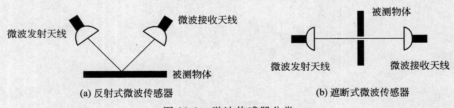

(a) 反射式微波传感器　　　　　　(b) 遮断式微波传感器

图 11-1　微波传感器分类

11.1.2 微波传感器的组成

微波传感器通常由微波发射器（微波振荡器）、微波天线及微波检测器三部分组成。

（1）微波振荡器及微波天线

微波振荡器是产生微波的装置。由于微波波长很短，振荡频率很高（300MHz～300GHz），要求振荡回路中具有非常小的电感器与电容器。同时分布参数的影响随着频率的升高越来越大。因此，不能用普通的电子管与晶体管构成微波振荡器。可以构成微波振荡器的器件有调速管、磁控管或某些固态器件，微型微波振荡器也可以采用体效应管。

由微波振荡器产生的振荡信号需要用波导管（管长为 10cm 以上，可用同轴电缆）传输，并通过天线发射出去。为了使发射的微波具有尖锐的方向性，天线要具有特殊的结构。常用的天线如图 11-2 所示，其中有喇叭形天线［图（a）、（b）］、抛物面天线［图（c）、（d）］、介质天线与隙缝天线等。

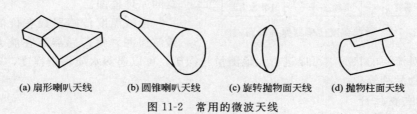

(a) 扇形喇叭天线　　(b) 圆锥喇叭天线　　(c) 旋转抛物面天线　　(d) 抛物柱面天线

图 11-2　常用的微波天线

喇叭形天线结构简单，制造方便，可以看作是波导管的延续。喇叭形天线在波导管与空间之间起连接及阻抗匹配作用，可以获得最大能量输出。抛物面天线的聚焦作用使微波发射方向性得到很大改善。

（2）微波检测器

电磁波以行波的方式在空间传播，可以使用电流-电压特性呈现非线性的电子元件，比如检波器作为探测它的敏感探头。与其他传感器相比，微波探头在其工作频率范围内必须有足够快的响应速度。作为非线性的电子元件，在几兆赫以下的频率通常可用半导体 PN 结，而对于频率比较高的可使用肖特基结。在灵敏度特性要求特别高的情况下可使用超导材料的约瑟夫逊结检测器、SIS 检测器等超导隧道结元件，而在接近光的频率区域可使用由金属-氧化物-金属构成的隧道结元件。

微波的检测方法有两种，一种是将微波变化为电流的视频变化方式，另一种是将微波信号通过乘法器变成较低频率的、含有相同信息的信号，称为外差法。

微波检测器性能参数有：频率范围、灵敏度-波长特性、检测面积、FOV（视角）、输入耦合率、电压灵敏度、输出阻抗、响应时间常数、噪声特性、极化灵敏度、工作温度、可靠性、温度特性、耐环境性等。

11.1.3　微波传感器的特点

微波传感器作为一种新型的非接触传感器具有如下特点。

① 有极宽的频谱可供选用，可根据被测对象的特点选择不同的测量频率。

② 在烟雾、粉尘、水汽、化学气氛以及高、低温环境中对检测信号的传播影响较小，可在恶劣环境下长期工作。

③ 时间常数小，反应速度快，可以进行动态检测与实时处理，便于自动控制。

④ 测量信号本身就是电信号，无需进行非电量与电量之间的转换，从而简化了传感器与微处理器间的接口，便于实现遥测和遥控。

⑤ 微波传感器能量较小，无显著辐射公害。

11.1.4　微波传感器的应用

（1）微波辐射计（温度传感器）

任何物体，当它的温度高于环境温度时，都能够向外辐射热能。微波辐射计能测量对象

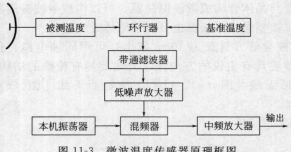

图 11-3 微波温度传感器原理框图

的温度。当辐射热到达接收机输入端口时，若仍然高于基准温度或室温，在接收机的输出端将有信号输出，这就是辐射计或噪声温度接收机的基本原理。

微波频段的辐射计就是一个微波温度传感器。图 11-3 给出了微波温度传感器的原理框图。

微波温度传感器最有价值的应用是微波遥测，将传感器装在航天器上，可以遥测大气对流层的状况，可以进行大地测量与探矿，可以遥测水质污染程度，确定水域范围，判断植物品种等。

（2）微波液位计

微波液位计测量原理图见图 11-4。

接收功率 P_r、发射功率 P_t、接收天线与发射天线之间的距离 s 以及液面高度 d 之间的关系为

$$P_r = \left(\frac{\lambda}{4\pi}\right)^2 \frac{P_t G_t G_r}{s^2 + 4d^2} \tag{11-1}$$

从公式中可以看出，接收功率 P_r 是两个天线之间的距离 s 以及液面高度 d 的函数。当发射功率、波长、增益均恒定时，只要测得接收功率 P_r，就可获得被测液面的高度。

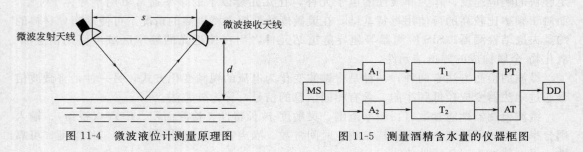

图 11-4　微波液位计测量原理图　　　　图 11-5　测量酒精含水量的仪器框图

（3）微波湿度传感器

水分子是极性分子，常态下成偶极子形式杂乱无章地分布着。在外电场作用下，偶极子会形成定向排列。而交变的微波场中有水分子时，偶极子受场的作用而反复取向，不断从电场中得到能量（储能），又不断释放能量（放能），前者表现为微波衰减，后者表现为微波信号的相移。这个特性可用水分子自身介电常数 ε 来表征，即

$$\varepsilon = \varepsilon_1 + \alpha \varepsilon_2 \tag{11-2}$$

式中，ε_1 为储能的度量；ε_2 为衰减的度量；α 为常数。

ε_1 与 ε_2 不仅与材料有关，还与测试信号频率有关。

所有为极性分子的材料均有此特性。一般干燥的物体，如木材、皮革、谷物、纸张、塑料等，其 ε_1 在 1～5 范围内，而水的 ε_1 则高达 64，因此如果材料中含有少量水分子时，其复合 ε_1 将显著上升，ε_2 也有类似现象。

使用微波传感器，测量干燥物体与含一定水分的潮湿物体所引起的微波信号的相移与衰减量，就可以换算出物体的含水量。

图 11-5 给出了测量酒精含水量的仪器框图。

图中，MS 产生的微波功率经分功率器分成两路，再经衰减器 A_1、A_2 分别注入到两个完全相同的转换器 T_1、T_2 中。其中，T_1 放置无水酒精，T_2 放置被测样品。相位与衰减测定仪（PT、AT）分别反复接通两电路（T_1 和 T_2）输出，自动记录与显示它们之间的相位差与衰减差，从而确定样品酒精的含水量。

（4）微波测厚仪

微波测厚仪是利用微波在传播过程中遇到被测物体金属表面被反射，且反射波的波长与速度都不变的特性进行测厚的。

微波测厚仪原理图如图 11-6 所示。

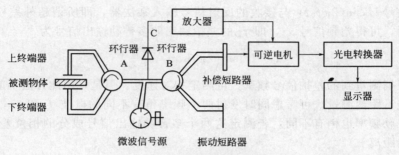

图 11-6　微波测厚仪原理图

在被测金属物体上下两表面各安装一个终端器。微波信号源发出的微波，经过环行器 A、上传输波导管传输到上终端器，由上终端器发射到被测物体上表面上，微波在被测物体上表面全反射后又回到上终端器，再经过传输导管、环行器 A、下传输波导管传输到下终端器。由下终端器发射到被测物体下表面的微波，经全反射后又回到下终端器，再经过传输导管回到环行器 A。因此被测物体的厚度与微波传输过程中的行程长度有密切关系，当被测物体厚度增加时，微波传输的行程长度便减小。

一般情况下，微波传输的行程长度的变化非常微小。为了精确地测量出这一微小变化，通常采用微波自动平衡电桥法，上面讨论的微波传输行程作为测量臂，而完全模拟测量臂微波的传输行程另行设置一个参考臂（图 11-6 的右半部分）。若测量臂与参考臂行程完全相同，则反相叠加的微波经过检波器 C 检波后，输出为零。若两臂行程长度不同，两路微波叠加后不能相互抵消，经检波器后便有不平衡信号输出。此不平衡差值信号经放大后控制可逆电机旋转，带动补偿短路器产生位移，改变补偿短路器的长度，直到两臂行程长度完全相同，放大器输出为零，可逆电机停止转动为止。

补偿短路器的位移与被测物厚度增加量之间的关系式为

$$\Delta S = L_B - (L_A - \Delta L_A) = L_B - (L_A - \Delta h) = \Delta h \tag{11-3}$$

式中　L_A——电桥平衡时测量臂行程长度；

　　　L_B——电桥平衡时参考臂行程长度；

　　　ΔL_A——被测物厚度变化 Δh 后引起的测量臂行程长度变化值；

　　　Δh——被测物厚度变化；

　　　ΔS——补偿短路器位移值。

由上式可知，补偿短路器位移值 ΔS 即为被测物厚度变化值 Δh。

（5）微波测定移动物体的速度和距离

微波测定移动物体的速度和距离是利用雷达能动地将电波发射到被测对象，并接受返回的反射波的主动型传感器。若对在距离发射天线为 r 的位置上以相对速度 v 运动的物体发射微波，则由于多普勒效应，反射波的频率 f_r 发生偏移，如下式所示：

$$f_r = f_0 + f_D$$

式中，f_D 是多普勒频率，并可表示为 $f_D = \dfrac{2f_0 v}{c}$。

当物体靠近靶时，多普勒频率 f_D 为正；远离靶时，f_D 为负。

输入接收机的反射波的电压 u_e 可用下式表示：

$$u_e = U_e \sin\left[2\pi(f_0 + f_D)t - \frac{4\pi f_0 r}{c} \right] \tag{11-4}$$

上式方括号内的第二项是因电波在距离 r 上往返而产生的相位滞后。用接收机将来自发射机的参照信号 $U_e \sin(2\pi f_0 t)$ 与接收的反射信号输入乘法器，即所谓超外差检波，进行积化和差运算后，可得差频信号 u_d，即 f_D 的差拍频率的多普勒输出信号为

$$u_d = U_d \sin\left(2\pi f_D t - \frac{4\pi f_0 r}{c} \right) \tag{11-5}$$

因此，根据测量到的差拍信号频率，可测定相对速度。但是，用此方法不能测定距离。

若需要进行距离测量，可考虑同时发射两个频率稍有不同的电波 f_1 和 f_2，这两个波的反射波的多普勒频率也稍有不同。若测定这两个多普勒输出信号成分的相位差为 $\Delta\phi$，则可利用下式求出距离 r：

$$r = \frac{c\Delta\phi}{4\pi(f_2 - f_1)} \tag{11-6}$$

（6）微波无损检测

微波无损检测是综合利用微波与物质的相互作用：一方面，微波在不连续界面处会产生波的反射、散射、透射现象；另一方面，微波还与被检材料产生相互作用，产生物理甚至化学反应。此时，微波场会受到材料中的电磁参数和几何参数的影响而产生改变。通过测量微波信号基本参数的改变量即可达到检测材料内部缺陷的目的。

采用微波进行无损探伤的原因是：很多复合材料在生产工艺过程中，由于增强了纤维的表面状态、树脂黏度、低分子物含量、线性高聚物向体型高聚物转化的化学反应速度、树脂与纤维的浸渍性、组分材料热膨胀系数的差异以及工艺参数控制的影响等因素，因此，在复合材料制品中难免会出现气孔、疏松、树脂开裂、分层、脱黏等缺陷。这些缺陷在复合材料制品中的位置、尺寸以及在温度和外载荷作用下对产品性能的影响，都可用微波无损检测技术进行评定。

微波无损检测系统主要由天线、微波电路、记录仪等部分组成，如图 11-7 所示。

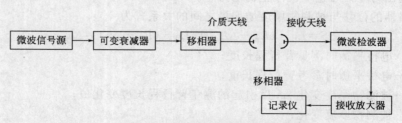

图 11-7　微波无损检测方框图

当以金属介质内的气孔作为散射源，产生明显的散射效应时，最小气隙的半径与波长的关系符合下列公式：

$$K\alpha \approx 1 \tag{11-7}$$

式中，$K = 2\pi/\lambda$，其中 λ 为波长；α 为气隙的半径。

例如，当微波的工作频率为 36.5GHz 时，$a=1.0$mm，也就是说，$\lambda=6$mm 时，可检出的孔隙的最小直径约为 2.0mm。从原理上讲，当微波波长为 1mm 时，可检出最小的孔径大约为 0.3mm。通常，根据所需检测的介质中最小气隙的半径来确定微波的工作频率。

11.2　核辐射传感器

核辐射传感器的测量原理是基于核辐射粒子的电离作用、穿透能力及物体吸收、散射和反射等物理特性，利用这些特性制成的传感器可用来测量物质的密度、厚度，分析气体成分，探测物体内部结构等，它是现代检测技术的重要部分。

11.2.1　核辐射的特性

（1）测量技术常用的核辐射源

核辐射是放射性同位素衰变时，放射出具有一定能量和较高速度的粒子束或射线。

测量技术常用四种核辐射源：

① α 射线，带正电荷的高速粒子流；

② β 射线，带负电荷的高速粒子流-电子流；

③ γ 射线，一种光子流，不带电，以光速运动，由原子核内放射出；

④ X 射线，由原子核外的内层电子被激发而放出的电磁波能量。

具有相同核电荷数，而有不同质量数的原子所构成的元素称为同位素。假如某种同位素的原子核在没有任何外因作用下自动变化，衰变中将放射出射线，这种变化称为放射性衰变，相应的同位素称为放射性同位素，其衰减规律为

$$J=J_0 e^{-\lambda t} \tag{11-8}$$

式中，J、J_0 分别为 t 和 t_0 时刻的辐射强度；λ 为衰变常数。

核辐射检测要采用半衰期比较长的同位素。半衰期是指放射性同位素的原子核数衰变到一半所需要的时间，这个时间又称为放射性同位素的寿命。半衰期是不受任何外界作用影响而且和时间无关的恒定量，不同放射性元素的半衰期不同。半衰期为：

$$\tau=\frac{\ln 2}{\lambda}=\frac{0.693}{\lambda}$$

核辐射检测除了要求使用半衰期比较长的同位素外，还要求放射出来的射线要有一定的辐射能量。

（2）辐射源的特性

① 源强度 A　它用单位时间内发生的裂变数来表示，用居里作为强度单位。1 居里对应于每秒内有 3.700×10^{10} 个原子核衰变。每秒产生 3×10^{10} 次核衰变的放射性物质，称其源强度 A 为 1 居里。居里的单位太大，常用毫居里或微居里来表示。

② 核辐射强度　单位时间内在垂直于射线前进方向的单位截面积上穿过的能量的大小，称为核辐射强度 J_0。一个点源照射在面积为 S 的检测器上，其辐射强度 J_0 为

$$J_0=AC\frac{KS}{4\pi r_0^2} \tag{11-9}$$

式中　r_0——辐射源到检测器之间的距离；

　　　A——源强度；

　　　C——在源强度为 1 居里时，每秒放射出的粒子数；

K——次裂变放射出的射线数；

S——检测器的工作面积。

如果知道粒子的能量，则辐射强度的计算公式为

$$J_0 = ACE \times 1.6 \times 10^{-13} \quad (\text{W/m}^2)$$

其中，E 为粒子的能量（MeV）。

（3）核辐射线与物质的相互作用

① 电离作用　当具有一定能量的带电粒子穿透物质时，在它们经过的路程上就会产生电离，形成许多离子对，电离作用是带电粒子和物质互相作用的主要形式。

带电粒子在物质中穿行时其能量逐渐耗尽而停止运动，其穿行的一段直线距离（起点和终点的距离）叫粒子的射程。射程是表示带电粒子在物质中被吸收的一个重要参数。

α 粒子质量大，电荷也大，因而在物质中引起很强的电离，射程很短。一般 α 粒子在空气中的射程不过几厘米，在固体中不超过几十微米。

β 粒子质量小，其电离能力比同样能量的 α 粒子要弱，同时容易改变运动方向而产生散射。实际上，β 粒子穿行的路程是弯弯曲曲的。

γ 光子电离的能力就更小了。

在辐射线的电离作用下，每秒产生的离子对的总数，即离子对形成的频率可由下式表示：

$$f_N = \frac{1}{2} \times \frac{E}{\Delta E} CA \tag{11-10}$$

式中　E——带电粒子的能量；

ΔE——离子对的能量；

A——源强度；

C——在源强度为 1 居里时，每秒放射出的粒子数。

② 核辐射的吸收和散射　一个细的平行的射线束穿过物质层后其辐射强度衰减经验公式为：

$$J = J_0 e^{-\mu_m \rho x} \tag{11-11}$$

式中　J——穿过厚度为 $x$mm 的物质后的辐射强度；

J_0——射入物质前的辐射强度；

x——吸收物质的厚度；

μ_m——物质的质量吸收系数；

ρ——物质的密度。

β 射线的质量吸收系数近似公式：

$$\mu_m = \frac{2.2}{E_{\beta max}^{\frac{4}{3}}} \tag{11-12}$$

其中，$E_{\beta max}$ 为 β 粒子的最大能量。

③ 散射问题　β 射线在物质中穿行时容易改变运动方向面产生散射现象。当产生相反方向散射时，即出现了反射现象。反射的大小取决于散射物质的厚度和散射物质的原子序数 Z，Z 越大，则 β 粒子的散射百分比也越大。当原子序数增大到极限情况时，投射到反射物质上的粒子几乎全部反射回来。

反射的大小与反射板的厚度有关：

$$J_s = J_{smax}(1 - e^{-\mu_s x}) \tag{11-13}$$

式中　J_s——反射板为 $x$mm 时，放射线被反射的强度；

J_{smax}——当 x 趋于无穷大时的反射强度；

μ_s——取决于辐射能量的常数。

J_{smax}、μ_s 等已知后，只要测出 J_s 就可求出其穿透厚度 x。亦可用来测量物质的密度。

11.2.2 核辐射传感器

核辐射与物质的相互作用是核辐射传感器检测物理量的基础。利用电离、吸收和反射作用以及 α、β、γ 和 X 射线的特性可以检测多种物理量。常用电离室、气体放电计数管、闪烁计数器和半导体等设备来检测核辐射强度，分析气体，鉴别各种粒子等。

（1）电离室

利用电离室测量核辐射强度的示意图见图 11-8。

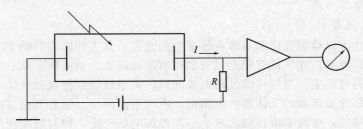

图 11-8 电离室结构示意图

在电离室两侧的互相绝缘的电极上，施加极化电压，使两极板间形成电场。在射线作用下，两极板间的气体被电离，形成正离子和电子，带电粒子在电场作用下定向运动形成电流 I，在外接电阻上便形成压降。电流 I 与气体电离程度成正比，电离程度又正比于射线辐射强度，因此，测量电阻 R 上的电压值就可得到核辐射强度。

电离室主要用于探测 α、β 粒子。电离室的窗口直径约 100mm 左右，不必太大。γ 射线的电离室同 α、β 的电离室不太一样，由于 γ 射线不直接产生电离，因而只能利用它的反射电子和增加室内气压来提高 γ 光子与物质作用的有效性，因此，γ 射线的电离室必须密闭。

（2）盖格计数管

盖格计数管又称为气体放电计数管，其中心有一根金属丝并与管子绝缘，它是计数管的阳极；管壳内壁涂有导电金属层，为计数管的阴极，并在两极间加上适当电压。计数管内充有氩、氮等气体。盖格计数管示意图见图 11-9。

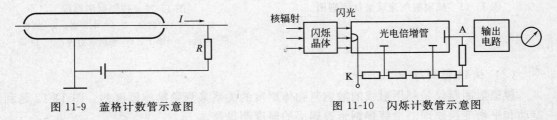

图 11-9 盖格计数管示意图　　　　　　　图 11-10 闪烁计数管示意图

当核辐射进入计数管内后，管内气体被电离。当电子在外电场的作用下向阳极运动时，由于碰撞气体产生次级电子，次级电子又碰撞气体分子，产生新的次级电子，这样次级电子急剧倍增，发生"雪崩"现象使阳极放电。

在外电压 U 相同的情况下，入射的核辐射强度越强，盖格计数管内产生的脉冲 N 越多。

盖格计数管常用于探测 α 射线和 β 粒子的辐射量（强度）。

（3）闪烁计数管

闪烁计数管由闪烁晶体（受激发光物体，常有气体、液体和固体三种，分为有机和无机两类）和光电倍增管组成，如图 11-10 所示。

当辐射照射到闪烁晶体上，便激发出微弱的闪光，闪光射到光电倍增管上（由于闪光很微弱，必须使用光电倍增管才会有光电流输出），就会在其阳极形成脉冲电流，从而得到与核辐射有关的电信号。

11.2.3　核辐射传感器的应用举例

核辐射传感器除了用于核辐射的测量外，也能用于气体分析、流量、物位、重量、温度、探伤以及医学等方面。

（1）核辐射流量计

核辐射流量计可以检测气体和液体在管道中的流量，其工作原理如图 11-11 所示。

若测量气体的流量，在气流管壁上装有如图所示的两个活动电极，其一的内侧面涂覆有放射性物质构成的电离室。当气体流经两电极间时，由于核辐射使被测气体电离，产生电离电流；电离子一部分被流动的气体带出电离室，电离电流减小。随着气流速度的增加，带出电离室的离子数增加，电离电流也随之减小。当外加电场一定，辐射强度恒定时，离子迁移率基本是固定的，因此可以比较准确地测出气体流量。

若在流动的液体中，掺入少量放射性物质，也可以运用放射性同位素跟踪法求取液体流量。

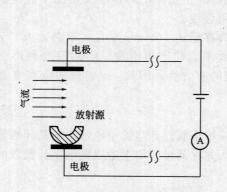

图 11-11　核辐射气流流量计原理图

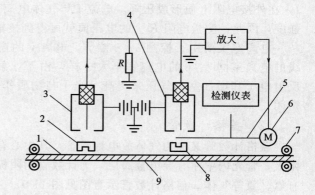

图 11-12　核辐射测厚仪

1—锡层；2—放射源；3,4—电离室；5—挡板；
6—电机；7—滚子；8—辅助放射源；9—钢带

（2）核辐射测厚仪

核辐射测厚仪是利用射线的散射与物体厚度的关系来测量物体厚度的。图 11-12 是利用差动和平衡变换原理测量镀锡钢带镀锡层的厚度测量仪。

图中，3、4 为两个电离室，电离室外壳加上极性相反的电压，形成相反的栅极电流使电阻 R 上的压降正比于两电离室辐射强度的差值。电离室 3 的辐射强度取决于放射源 2 的放射线经镀锡钢带镀锡层后的反向散射，电离室 4 的辐射强度取决于 8 的辐射线经挡板 5 位置的调制程度。利用 R 上的电压，经过放大后，控制电机转动，以此带动挡板 5 位移，使电极电流相等。用检测仪表测出挡板的位移量，即可测量镀锡层的厚度。

 思考题

1. 微波传感器通常由哪几部分组成？各有什么作用？
2. 微波传感器有哪些特点？
3. 简要说明用微波测量物体厚度的原理。

第12章
位移、流量传感器

12.1 位移传感器

12.1.1 机械位移传感器

机械位移传感器是用来测量物体位移、相对距离、位置、尺寸、角度、角位移等几何学量的一种传感器，是应用最多的传感器之一。

常见物体的运动方式最后都可以分解为直线运动和旋转运动，相对的位移称作线性位移和角位移。

根据传感器信号的采集和输出形式，传感器可以分为模拟式和数字式两大类，如图12-1所示。

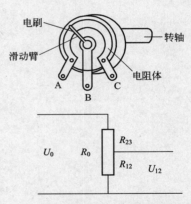

图 12-1　机械位移传感器的分类　　　　图 12-2　电位器的结构及电路图

（1）电位器式位移传感器

① 电位器的基本结构　图 12-2 为电位器的结构及电路图。

它由电阻体、电刷、转轴、滑动臂、焊片等组成，电阻体的两端和焊片 A、C 相连，因此，A、C 两端之间的电阻值就是电阻体的总阻值，为固定值。转轴是和滑动臂相连的，在滑动臂的一端装有电刷，它靠滑动臂的弹性压在电阻体上并与之紧密接触，滑动臂的另一端与焊片 B 相连。转动转轴，AC、CB 之间的电阻值一个增大，一个减小。

电位器转轴上的电刷将电阻体电阻 R_0 分为 R_{12} 和 R_{23} 两部分，输出电压为 U_{12}。改变电刷的接触位置，电阻 R_{12} 亦随之改变，输出电压 U_{12} 也随之变化。

常见用于传感器的电位器有：线绕式电位器、合成膜电位器、金属膜电位器、导电塑料电位器、导电玻璃釉电位器和光电电位器。

② 电位器的主要技术参数

• 最大阻值和最小阻值，指电位器阻值变化能达到的最大值和最小值。

- 电阻值变化规律，指电位器阻值变化的规律，例如对数式、指数式、直线式等。
- 线性电位器的线性度，指阻值直线式变化的电位器的非线性误差。
- 滑动噪声，指调电位器阻值时，滑动接触点打火产生的噪声电压的大小。

（2）电容式位移传感器

电容式位移传感器的形式很多，常使用变极距式电容传感器和变面积式电容传感器进行位移的测量。

图 12-3 是空气介质变极距式电容传感器工作原理图。

一个电极板固定不动，称为固定极板，极板的面积为 A，另一极板可左右移动，引起极板间距离 d 相应变化。

变极距式电容传感器的初始电容可由下式表示：

$$C_0 = \varepsilon_0 A/d$$

只要测出电容变化量 ΔC，便可计算得到极板间距的变化量，即极板的位移量 Δd。

除用变极距式电容传感器测位移外，还可以用变面积式电容传感器测角位移。

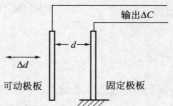

图 12-3　变极距式电容
传感器工作原理图

（3）螺管式电感位移传感器

螺管式电感位移传感器主要由螺管线圈和铁芯组成，铁芯插入线圈中并可来回移动。螺管式电感位移传感器示意图见图 12-4。

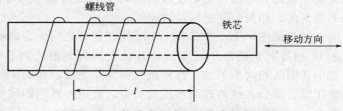

图 12-4　螺管式电感位移传感器示意图

当铁芯发生位移时，将引起线圈电感的变化。线圈的电感量与铁芯插入线圈的长度有如下的关系：

$$L = \frac{4\pi N^2 \mu A}{l} \times 10^{-7} (\text{H}) \tag{12-1}$$

式中，l 为铁芯插入线圈的长度；N 为线圈圈数；A 为通过的电流。

铁芯随被测物体一起移动，导致线圈电感量发生变化。其检测位移量可从数毫米到数百毫米。缺点是灵敏度低。

（4）差动变压器

差动变压器结构原理图如图 12-5 所示。初级线圈加交流励磁电压 U_{in}，次级线圈上由于电磁感应而产生感应电压。

由于两个次级线圈相反极性串接，所以两个次级线圈中的感应电压 U_{out1} 和 U_{out2} 的大小相等、相位相反，当铁芯处于中心对称位置时，则 $U_{out1} = U_{out2}$，所以 $U_{out} = 0$。

当铁芯向两端位移时，U_{out1} 大于或小于 U_{out2}，使 U_{out} 不等于零，其值与铁芯的位移成正比。

12.1.2　光栅位移传感器

（1）莫尔条纹

由大量等宽等间距的平行狭缝组成的光学器件称为光栅，如图 12-6 所示。

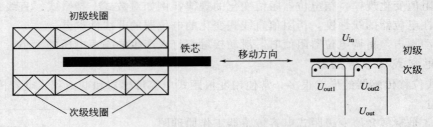

图 12-5　差动变压器结构原理图

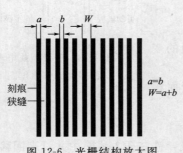

图 12-6　光栅结构放大图

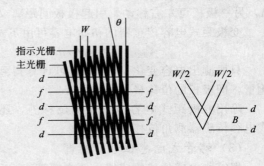

图 12-7　莫尔条纹

用玻璃制成的光栅称为透射光栅，它是在透明玻璃上刻出大量等宽等间距的平行刻痕，狭缝每条刻痕处是不透光的，而两刻痕之间是透光的。

光栅的刻痕密度一般为每厘米 10、25、50、100 线。刻痕之间的距离称栅距 W。

如果把两块栅距 W 相等的光栅面平行安装，且让它们的刻痕之间有较小的夹角 θ 时，这时光栅上会出现若干条明暗相间的条纹，这种条纹称莫尔条纹。如图 12-7 所示。

莫尔条纹是光栅非重合部分光线透过而形成的亮带，它由一系列四棱形图案组成，如图中 d-d 线区所示。图中 f-f 线区则是由于光栅的遮光效应形成的。

莫尔条纹有两个重要的特性。

① 当指示光栅不动，主光栅左右平移时，莫尔条纹将沿着指示栅线的方向上下移动。查看莫尔条纹的上下移动方向，即可确定主光栅左右移动方向。

② 莫尔条纹有位移的放大作用。当主光栅沿与刻线垂直方向移动一个栅距 W 时，莫尔条纹移动一个条纹间距 B。

当两个等距光栅的栅间夹角 θ 较小时，主光栅移动一个栅距 W，莫尔条纹移动 KW 距离，K 为莫尔条纹的放大系数：

$$K = B/W \approx 1/\theta$$

条纹间距与栅距的关系为

$$B = W/\theta$$

当 θ 角较小时，例如 $\theta = 30'$，则 $K = 115$，表明莫尔条纹的放大倍数相当大。这样，可把肉眼看不见的光栅位移变成为清晰可见的莫尔条纹移动，可以用测量条纹的移动来检测光栅的位移，可以实现高灵敏的位移测量。

（2）光栅位移传感器的结构及工作原理

如图 12-8 所示，由移动光栅（主光栅）、

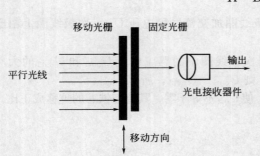

图 12-8　光栅位移传感器的结构原理图

固定光栅、光源和光电器件等组成。

主光栅和被测物体相连，它随被测物体的直线位移而产生移动。当主光栅产生位移时，莫尔条纹便随着产生位移。用光电器件扫描并记录莫尔条纹通过某点的数目，便可知主光栅移动的距离，也就测得了被测物体的位移量。

（3）光栅位移传感器的应用

光栅位移传感器测量精度高（分辨率为 $0.1\mu m$），动态测量范围广（$0\sim1000mm$），可进行无接触测量，容易实现系统的自动化和数字化。

在机械工业中得到了广泛的应用，特别是在量具、数控机床的闭环反馈控制、工作母机的坐标测量等方面。

12.1.3 磁栅位移传感器

磁栅是一种有磁化信息的标尺。它是在非磁性体的平整表面上镀一层约 0.02mm 厚的 Ni-Co-P 磁性薄膜，并用录音磁头沿长度方向按一定的激光波长 λ 录上磁性刻度线而构成的，因此又把磁栅称为磁尺。

磁栅录制后的磁化结构相当于一个个小磁铁按 NS、SN、NS……的状态排列起来。磁栅位移传感器的结构如图 12-9 所示。它由磁尺（磁栅）、磁头和检测电路组成。

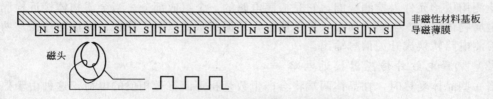

图 12-9 磁栅位移传感器的结构示意图

当磁尺与磁头之间产生相对位移时，磁头的铁芯使磁尺的磁通有效地通过输出绕组，在绕组中产生感应电压。该电压随磁尺磁场强度周期的变化而变化，从而将位移量转换成电信号输出。磁头输出信号经检测电路转换成电脉冲信号并以数字形式显示出来。

磁栅的种类可分为单型直线磁栅、同轴型直线磁栅和旋转型磁栅等。

磁栅主要用于大型机床和精密机床作为位置或位移量的检测元件。磁栅和其他类型的位移传感器相比，具有结构简单、使用方便、动态范围大（$1\sim20m$）和磁信号可以重新录制等优点。缺点是需要屏蔽和防尘。

12.1.4 接近传感器

接近传感器是一种具有感知物体接近能力的器件。

利用位移传感器对所接近的物体具有的敏感特性来识别物体的接近，并输出相应开关信号。通常又把接近传感器称为接近开关。

常见的接近传感器有电容式、涡流式、霍尔效应式、光电式、热释式、多普勒式、电磁感应式、微波式、超声波式。

（1）电容式接近传感器

电容式接近传感器是一个以电极为检测端的静电电容式接近开关。由高频振荡电路、检波电路、放大整形电路及输出电路组成，如图 12-10 所示。

被测物体越靠近检测电极，检测电极上的电荷就越多，电容 C 随之增大，使振荡电路的振荡减弱，直至停止振荡。振荡电路的振荡与停振这两种状态被检测电路转换为开关信号

图 12-10　电容式接近传感器的电路框图

向外输出。

（2）电感式接近传感器

电感式接近传感器由高频振荡电路、检波电路、放大整形电路及输出电路组成，如图 12-11 所示。

图 12-11　电感式接近传感器工作原理框图

检测用敏感元件为检测线圈，它是振荡电路的一个组成部分。当金属物体接近检测线圈时，金属物体就会产生涡流而吸收振荡能量，使振荡减弱以至于停振。振荡与停振这两种状态经检测电路转换成开关信号输出。

（3）热释电红外传感器接近电路

当一些晶体受热时，在晶体两端将会产生数量相等而符号相反的电荷，这种由于热变化产生的电极化现象，称为热释电效应。

能产生热释电效应的晶体称为热释电体，又称热释电元件。

热释电红外传感器是用热释电元件的热释电效应探测人体发出的红外线的一种传感器，它用于防盗、报警、来客告之及非接触开关等设备中。

图 12-12 为热释电红外报警器电路原理图，由热释电传感器、滤波器、放大器、比较器、驱动器和报警电路组成。

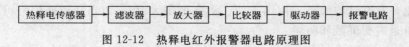

图 12-12　热释电红外报警器电路原理图

低通滤波器的作用是滤除热释电传感器感应的高频干扰，将信号放大到一定量后输入比较器。比较器设有阈值电压，当输入信号高于阈值电压时，比较器输出开关信号，经驱动放大后推动报警器。

12.1.5　转速传感器

（1）磁电式转速传感器

磁电式转速传感器由永久磁铁、感应线圈、磁盘等组成，见图 12-13。

在磁盘上加工有齿形凸起，磁盘装在被测转轴上，与转轴一起旋转。

当转轴旋转时，磁盘的凸凹齿形将引起磁盘与永久磁铁间气隙大小的变化，从而使永久磁铁组成的磁路中磁通量随之发生变化。感应线圈会感应出一定幅度的脉冲电势，其频率与转速成正比。根据测定的脉冲频率，即可得知被测物体的转速。如果磁电式转速传感器配接上数字电路，便可组成数字式转速测量仪，可直接读出被测物体的转速。

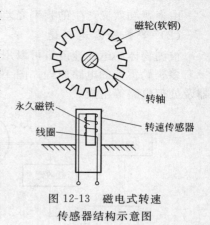

图 12-13　磁电式转速传感器结构示意图

当被测转速很低时，输出脉冲电势的幅值很小，以致无法测量出来。所以，这种传感器不适合测量过低的转速，其测量转速下限一般为 50r/s 左右，上限可达数百千转/秒。

（2）光电式转速传感器

如图 12-14 所示，由装在输入轴上的开孔圆盘、光源、光敏元件以及缝隙板所组成，输入轴与被测轴相连接旋转。从光源发射的光，通过开孔圆盘和缝隙照射到光敏元件上，使光敏元件感光，产生脉冲信号，将脉冲信号送测量电路进行计数，经计算后得出转速。

光电脉冲变换电路如图 12-15 所示。

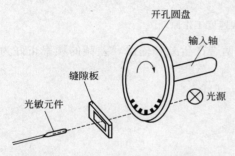

图 12-14　直射式光电转速传感器原理

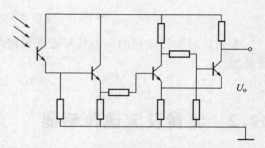

图 12-15　光电脉冲变换电路原理图

12.1.6　多普勒传感器

（1）多普勒效应

假若发射机与接收机之间的距离发生变化，则发射机发射信号的频率与接收机收到信号的频率就不同。此现象是由奥地利物理学家多普勒发现的，所以称为多普勒效应。

设发射机向被测物体发射定向无线电波，电波频率为 f_0。被测物体以速度 v 向发射机运动，如图 12-16 所示。

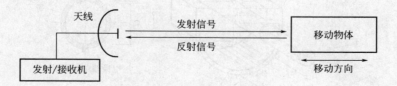

图 12-16　多普勒效应示意图

被测物体作为接收机接收到的频率为 $f_1 = f_0 + v/\lambda_0$，其中 λ_0 为移动距离。

经过反射后，接收机接收到的信号频率为

$$f_2 = f_1 + v/\lambda_1 = f_0 + v/\lambda_0 + v/\lambda_1$$

由于被测物体的运动速度远小于电磁波的传播速度，可近似认为接收、反射时，被测物体移动距离相等，即 $\lambda_0 = \lambda_1$，则

$$f_2 = f_0 + 2v/\lambda_0$$

由多普勒效应产生的频率之差称为多普勒频率 f_d，$f_d = 2v/\lambda_0$。

（2）多普勒雷达测速

被测物体的运动速度 v 可以用多普勒频率来描述。

多普勒雷达的电路原理如图 12-17 所示。它由发射器、接收器、混频器、检波器、放大器及处理电路等组成。

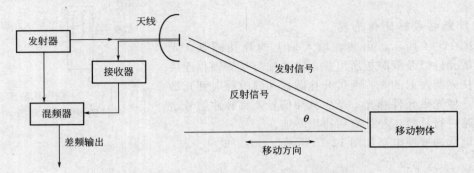

图 12-17　多普勒雷达检测线速度工作原理图

发射信号和接收到的回波信号经混频器混频，两者产生差频输出，差频的频率正好为多普勒频率：

$$f_d = 2v\cos\theta/\lambda_0 = kv\,(\text{Hz})$$

12.2　流量及流速传感器

流量及流速传感器的种类有电磁式流量传感器、涡流式流量传感器、超声波式流量传感器、热导式流速传感器、激光式流速传感器、光纤式流速传感器、浮子式流量传感器、涡轮式流量传感器、空间滤波器式流量传感器等。

（1）电磁式流量传感器

① 电磁式流量传感器的工作原理　电磁式流量传感器的工作原理见图 12-18。

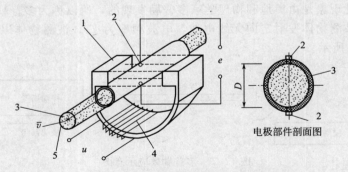

图 12-18　电磁式流量传感器工作原理图

1—铁芯；2—电极；3—绝缘导管；4—励磁线圈；5—液体

在励磁线圈加上励磁电压后，绝缘导管便处于磁力线密度为 B 的均匀磁场中，当导电性液体流经绝缘导管时，电极上便会产生如下式所示的电动势：

$$e = B\bar{v}D$$

管道内液体流动的容积流量与电动势的关系为：

$$Q = \frac{\pi D^2}{4} \overline{v} = \frac{\pi D}{4B} \cdot e$$

可以通过对电动势的测定，求出容积流量。

② 电磁式流速传感器　电磁式流速传感器电路如图 12-19 所示。

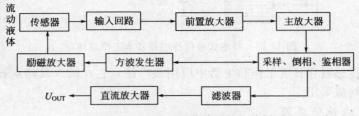

图 12-19　电磁式流速传感器的电路框图

　　励磁电压信号为方波信号，由方波发生器发出的方波信号一路经励磁放大器功率放大后，送入传感器的励磁线圈进行励磁；另一路作为采样、鉴相脉冲信号。

　　流动液体在电极上产生的信号经输入回路阻抗变换和前置放大，再由主放大器进行放大。放大后的信号经采样、倒相、鉴相，所得信号滤去杂波后由直流放大器放大输出，为检测到的流速信号 U_{OUT}。用于自来水、工业用水、农业用水、海水、污水、污泥、化学药品、食品、矿浆等流量检测。

　　（2）涡轮式流量传感器

　　涡轮式流量传感器是利用放在流体中的叶轮的转速进行流量测试的一种传感器。

　　叶轮转速的测量如图 12-20 所示。叶轮的叶片可以用导磁材料制作，由永久磁铁、铁芯及线圈与叶片形成磁路。

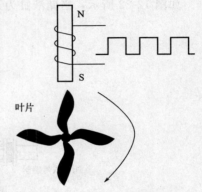

图 12-20　涡轮式流量传感器结构原理图

　　当叶片旋转时，磁阻将发生周期性的变化，从而使线圈中感应出脉冲电压信号。该信号经放大、整形后输出，作为供检测转速用的脉冲信号。

　　涡轮式流量传感器亦可以用霍尔元件制作，更加简单可靠。

12.3　液位传感器

　　液位传感器按测定原理可分为浮子式液位传感器、平衡浮筒式液位传感器、压差式液位传感器、电容式液位传感器、导电式液位传感器、超声波式液位传感器、放射线式液位传感器等。

　　（1）导电式液位传感器

　　导电式液位传感器如图 12-21 所示。

　　电极可根据检测水位的要求进行升降调节，当水位低于检测电极时，检测电极与地之间呈绝缘状态，方波信号全部送入比较器，比较器的输出控制没有报警或显示。

　　如果水位上升到与检测电极端都接触时，由于水有一定的导电性，因此方波信号被水短路，比较器没有信号输入，比较器输出控制报警器报警或显示。若把输出电压和控制电路连接起来，便可对供水系统进行自动控制。

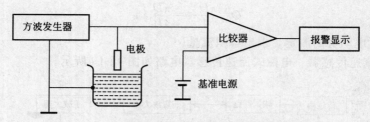

图 12-21　导电式液位传感器基本工作原理图

导电式液位传感器在日常工作和生活中应用很广泛，它在抽水及储水设备、工业水箱、汽车水箱等方面均被采用。

（2）压差式液位传感器

压差式液位传感器是根据液面的高度与液压成比例的原理制成的。如果液体的密度恒定，则液体加在测量基准面上的压力与液面到基准面的高度成正比，因此通过压力的测定便可得知液面的高度。

如图 12-22 所示，当储液缸为开放型时，其基准面上的压力由下式确定：

$$p = kh = k(h_1 + h_2) \tag{12-2}$$

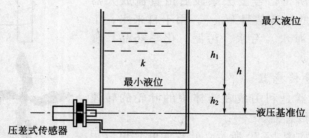

图 12-22　开放罐测压示意图

需要测定的是 h_1 高度，因此移动压力传感器的零点，把零点提高 kh_2，就可以得到压力与液面高度 h_1 成比例的输出。

当储液缸为密封型时（见图 12-23），压差、液位高度及零点的移动关系如下：

$$\Delta p = p_1 - p_2 = k(h_1 + h_2) - k_0(h_3 + h_2) = kh_1 - (k_0 h_3 + k_0 h_2 - kh_2)$$

同样，只要移动压差式传感器的零点，就可以得到压差与液面 h_1 成比例的输出。

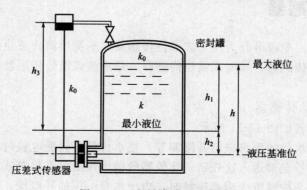

图 12-23　密封罐测压示意图

压差传感器实际上是一个差动电容式压力传感器，它由动电极感压膜片、固定电极隔液膜片加上相应的检测电路组成。

图 12-24 是压差式液位传感器的结构原理图。

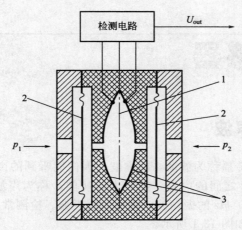

图 12-24　压差式液位传感器结构原理图
1—感压膜片（动电极）；2—隔液膜片；3—固定电极

当被测的压力差加在高压侧和低压侧的输入口时，该压力差经隔液膜片的传递作用于感压膜片上，感压膜片便产生位移，从而使动电极与固定电极之间的电容量发生变化。

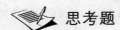 思考题

1. 简述空气介质变极距式电容传感器工作原理。
2. 简述光栅位移传感器的工作原理。
3. 什么是多普勒效应？如何用多普勒效应测量物体运动速度？
4. 分析图 12-21 所示导电式液位传感器电路原理。

第13章
超声波传感器

13.1 声波与超声波

振动在弹性介质内的传播称为波动,简称波。人们能听到的声音是由物体振动产生的,振动频率在 $16 \sim 2 \times 10^4\,Hz$ 之间的声音,能为人耳所闻,称为声波;低于 $16\,Hz$ 的振动波,称为次声波;而高于 $2 \times 10^4\,Hz$ 的振动波,则称为超声波。检测常用的超声波频率范围为几十千赫兹到几十兆赫兹。如图 13-1 所示。

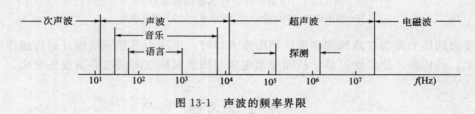

图 13-1 声波的频率界限

(1) 超声波的波形

超声波是一种在弹性介质中的机械振荡。声源在介质中施力方向与波在介质中传播方向不同,超声波可分为纵波、横波、表面波三种波形。

① 纵波 是指质点振动方向与波的传播方向一致的波;它能在固体、液体和气体中传播。当纵波以某一角度入射到第二介质(固体)的界面上时,除有纵波的反射、折射外,还发生横波的反射和折射,在某种情况下,还能产生表面波。为了测量各种状态下的物理量,应多采用纵波。

② 横波 是指质点振动方向垂直于传播方向的波;只能在固体中传播。

③ 表面波 是指质点的振动介于横波与纵波之间,沿着表面传播的波。表面波随深度增加衰减很快,振动轨迹是椭圆形。

纵波、横波及其表面波的传播速度取决于介质的弹性常数及介质密度,气体中声速为 $344\,m/s$,液体中声速在 $900 \sim 1900\,m/s$。

超声波的频率越高,与光波的某些性质越相似。

(2) 超声波的传播速度

超声波的传播速度与介质的密度和弹性特性有关,也与环境条件有关。超声波在气体和液体中传播时,由于不存在剪切应力,所以仅有纵波的传播,其传播速度为

$$c = (\rho B_g)^{-0.5} \tag{13-1}$$

式中,ρ 为介质的密度;B_g 为绝对压缩系数。ρ、B_g 都是温度的函数,使超声波在介质中的传播速度随温度的变化而变化。

① 在气体中的传播速度 超声波在气体中的传播速度与气体种类、压力及温度有关,在空气中传播速度 c 为

$$c = 331.5 + 0.607t(\text{m/s})$$

② 超声波在固体中的传播速度分为两种情况

• 纵波在固体介质中传播的声速。固体中纵波的传播速度与介质形状有关。

细棒型固体，声速：

$$c = (E\rho^{-1})^{0.5} \tag{13-2}$$

薄板型固体，声速：

$$c = \{E[\rho(1-\mu^2)]^{-1}\}^{0.5} \tag{13-3}$$

无限介质型固体，声速：

$$c = \{E(1-\mu)[\rho(1+\mu)(1-2\mu)]^{-1}\}^{0.5} = \left[\left(K + \frac{4}{3G}\right)/\rho\right]^{0.5} \tag{13-4}$$

式中，E 为杨氏模量；μ 为泊松比；K 为体积弹性模量；G 为剪切弹性模量。

• 横波声速公式为（无限介质）

$$c = \{E[2\rho(1+\mu)]^{-1}\}^{0.5} \tag{13-5}$$

在固体中，μ 介于 $0 \sim 0.5$ 之间，纵波、横波及其表面波三者的声速有一定的关系，通常可认为横波声速为纵波的一半，表面波声速为横波声速的 90%。

气体中纵波声速为 344m/s，液体中纵波声速在 $900 \sim 1900$m/s。

（3）反射与折射现象

当超声波传播到两种特性阻抗不同介质的分界面上时，一部分声波被反射；另一部分则透射过界面，在相邻介质内部继续传播，这种现象称之为声波的反射与折射。如图 13-2 所示。

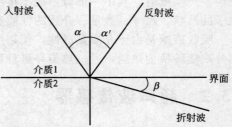

图 13-2　超声波的反射和折射

由物理学知，当波在界面上产生反射时，入射角 α 的正弦与反射角 α' 的正弦之比等于波速之比。当波在界面处产生折射时，入射角 α 的正弦与折射角 β 的正弦之比，等于入射波在第一介质中的波速 c_1 与折射波在第二介质中的波速 c_2 之比，即

$$\frac{\sin\alpha}{\sin\beta} = \frac{c_1}{c_2}$$

声波的反射系数

$$R = \frac{\dfrac{\cos\beta}{\cos\alpha} - \dfrac{\rho_2 c_2}{\rho_1 c_1}}{\dfrac{\cos\beta}{\cos\alpha} + \dfrac{\rho_2 c_2}{\rho_1 c_1}}$$

声波的透射系数

$$T = \frac{2\dfrac{\rho_2 c_2}{\rho_1 c_1}\cos\alpha}{\cos\beta + \dfrac{\rho_2 c_2}{\rho_1 c_1}}$$

式中，α、β 为声波的入射角和折射角；$\rho_1 c_1$、$\rho_2 c_2$ 分别为两介质特性阻抗。

当超声波垂直入射界面时，$\alpha = \beta = 0$，则

$$R = \frac{1 - \dfrac{\rho_2 c_2}{\rho_1 c_1}}{1 + \dfrac{\rho_2 c_2}{\rho_1 c_1}}, \quad T = \frac{2\dfrac{\rho_2 c_2}{\rho_1 c_1}}{1 + \dfrac{\rho_2 c_2}{\rho_1 c_1}}$$

若 $\sin\alpha > c_1/c_2$，入射波完全被反射，在相邻介质中没有折射波，成为全反射。如果声波斜入射到两固体介质界面或两黏滞弹性介质界面时，一列斜入射的纵波不仅会产生反射纵波和折射纵波，而且还产生反射横波和折射横波。

（4）声波传播中的衰减

声波在介质中传播时，随着传播距离的增加，能量逐渐衰减，其衰减的程度与声波的扩散、散射及吸收等因素有关。其声压和声强的衰减规律为：

距声源 x 处的声压

$$p_x = p_0 \mathrm{e}^{-\alpha x}$$

距声源 x 处的声强

$$I_x = I_0 \mathrm{e}^{-2\alpha x}$$

式中，x 为声波与声源间的距离；α 为衰减系数，单位为 $\mathrm{Np/cm}$（奈培/厘米）。

声波在介质中传播时，能量的衰减决定于声波的扩散、散射和吸收，在理想介质中，声波的衰减仅来自于声波的扩散，即随声波传播距离增加而引起声能的减弱。

散射衰减是指超声波在介质中传播时，固体介质中的颗粒界面或流体介质中的悬浮粒子使声波产生散射，其中一部分声能不再沿原来传播方向运动，而形成散射。散射衰减与散射粒子的形状、尺寸、数量、介质的性质和散射粒子的性质有关。

吸收衰减是由于介质黏滞性，使超声波在介质中传播时造成质点间的内摩擦，从而使一部分声能转换为热能，通过热传导进行热交换，导致声能的损耗。

13.2　超声波传感器

超声技术是一门以物理学、电子学、机械及材料科学为基础、应用十分广泛的通用技术之一，对提高产品质量，保障生产安全和设备安全运行，降低生产成本，提高生产效率等具有重要的意义。

超声波具有聚束、定向及反射、散射、透射等特性。按超声振动辐射大小不同大致可分为：利用超声波使物体或物件发生变化的功率应用，称之为功率超声；利用超声波获取若干信息，称之为检测超声。这两种超声的应用，同样需要借助于超声波传感器（亦称超声换能器或超声探头）来实现。

利用超声波在超声场中的物理特性和各种效应而研制的装置可称为超声波换能器、探测器或传感器。

目前，超声波技术广泛应用于冶金、船舶、机械、医疗等各个工业部门，例如超声清洗、超声焊接、超声加工、超声检测和超声医疗等方面，并取得了很好的社会效益和经济效益。

（1）超声波传感器分类

超声波传感器可根据其工作原理不同分为压电式、磁致伸缩式、电磁式等数种。在检测技术中主要采用压电式。

根据其结构不同分为直探头、斜探头、双探头、表面波探头、聚焦探头、水浸探头、空气传导探头以及其他专用探头等。

（2）超声波传感器结构

① 压电式　压电式超声波探头常用的材料是压电晶体和压电陶瓷，这种传感器统称为压电式超声波探头。它是利用压电材料的压电效应来工作的：逆压电效应将高频电振动转换成高频机械振动，从而产生超声波，可作为发射探头；而利用正压电效应，将超声振动波转

换成电信号，可用为接收探头。

　　超声波探头结构如图 13-3 所示，主要由压电晶片、吸收块（阻尼块）、保护膜组成。压电晶片多为圆板形，厚度为 δ。超声波频率 f 与其厚度 δ 成反比。压电晶片的两面镀有银层，作导电的极板。阻尼块的作用是降低晶片的机械品质，吸收声能量。如果没有阻尼块，当激励的电脉冲信号停止时，晶片将会继续振荡，加长超声波的脉冲宽度，使分辨率变差。

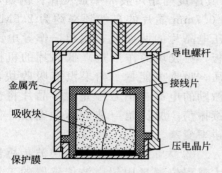

图 13-3　压电式超声波传感器结构

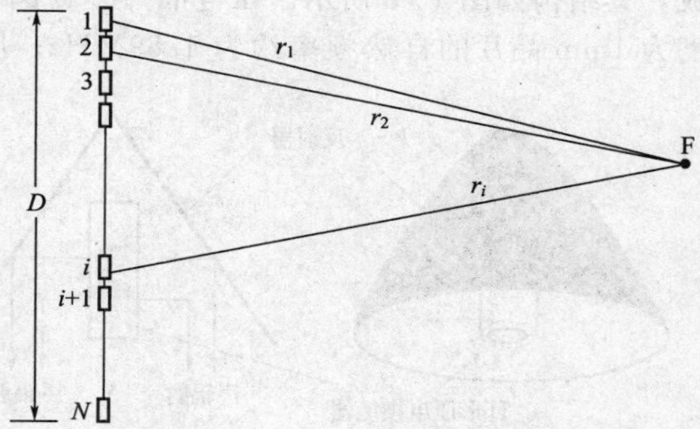

图 13-4　电子聚焦方法示意图

　　② 聚焦换能器　实现电子聚焦需用换能器阵列，线阵换能器可以用作一维聚焦，而面阵换能器则可用作二维聚焦。

　　• 线阵换能器。由 N 个单元组成的线阵，若各单元的辐射到 F 点的相位相同即可实现聚焦，见图 13-4。各单元发射的声辐射到达 F 点的时间分别为 r_i/c，以 $t=0$ 为时间基准，将各单元的电激励信号分别延迟 Δt_i，使 $\Delta t_i + r_i/c$ 对每个单元都相等即可。

　　• 面阵换能器。二维聚焦面阵如图 13-5 所示。换能器由于采用的是二维换能器面阵，所以焦点位置可在换能器前的一定空间内任意改变。

　　二维换能器面阵不仅能实现波束聚焦，还可以完成多种方式的波束扫描，工作原理与雷达中的相控阵天线是完全相同的。但是，由于工作频率比雷达低得多，所以技术难度也比相控阵雷达低。

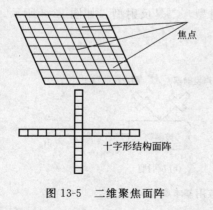

图 13-5　二维聚焦面阵

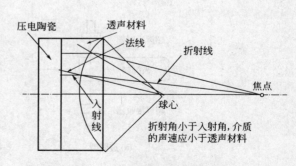

图 13-6　球面聚焦换能器示意图

　　• 球面聚焦换能器。这种换能器利用声透镜聚焦。这种换能器的使用环境多为液体介质，透镜的透声材料的声速一般总是大于液体中的声速，所以聚焦透镜为凹透镜。如图13-6所示。

　　（3）超声波传感器

　　能将（交流）电信号转换成机械振动而向介质中辐射（发射）超声波，或将超声场中的机械振动转换成相应的电信号的装置称为超声波换能器（或称为探测器、传感器、探头）。超声波传感器一般都是可逆的，既能发射也能接收超声波。

超声波探头按其结构可分为直探头、斜探头、双探头、液浸探头和聚焦探头等。超声波探头按其工作原理又可分为压电式、磁致伸缩式、电磁式等。最常用的是压电式探头。

① 普通直探头型超声波传感器　压电式直探头主要由压电晶片、吸收块、保护膜等组成，其结构如图 13-3 所示。压电晶片多为圆板形，其厚度与超声波频率成反比。例如，厚度为 1mm 晶片的自然频率约为 1.89MHz；厚度为 0.7mm 晶片的自然频率约为 2.5MHz。

压电晶片的两面镀有银层，作导电的极板，吸收块的作用是降低晶片的机械品质，吸收声能量。如果没有吸收块，当激励的电脉冲信号停止时，晶片将会继续振荡，加长超声波的脉冲宽度，使分辨率变差。

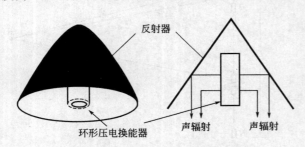

图 13-7　大量程超声波物位计用
超声波传感器结构示意图

② 大量程位测量用超声波传感器　大量程位测量用超声波传感器的工作频率不太高，一般为数十千赫兹，且需要较大的功率，所以结构往往比较特殊，如图 13-7 所示。若采用前例中的厚度振动型压电陶瓷片，其厚度将近半米；虽然可以采用加载、加压的办法降低厚度振动型压电陶瓷片的谐振频率，但是接收灵敏度会大大降低。

13.3　超声波传感器的应用

超声波传感器广泛应用于生活和生产中的各个方面，如超声波清洗、超声波焊接、超声波加工（超声钻孔、切削、研磨、抛光等）、超声波处理（搪锡、凝聚、淬火、超声波电镀、净化水质等）、超声波治疗诊断（体外碎石、B 超等）和超声波检测（超声波测厚、检漏、测距、成像等）等。

超声波传感器的应用有两种基本类型：一是透射型，二是反射型。如图 13-8 所示。

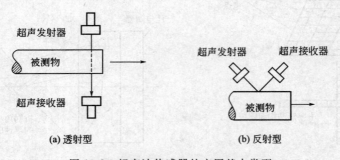

(a) 透射型　　　　　　　　(b) 反射型

图 13-8　超声波传感器的应用基本类型

① 当超声发射器与接收器分别置于被测物两侧时，这种类型称为透射型。透射型可用于遥控器、防盗报警器、接近开关等。

② 当超声发射器与接收器置于同侧时为反射型，反射型可用于接近开关、测距、测液位或料位、金属探伤以及测厚等。

当超声波发射到被测试件后，传播到有声阻抗的界面上，产生反射。反射波显示在示波器屏幕上。

（1）超声波探伤

超声波探伤是无损探伤技术中的一种主要检测手段。它主要用于检测板材、管材、锻件和焊缝等材料中的缺陷（如裂缝、气孔、夹渣等）、测定材料的厚度、检测材料的晶粒、配合断裂力学对材料使用寿命进行评价等。

① 纵波探伤　使用直探头。探伤仪面板上有一个荧光屏，通过荧光屏可知工件中是否存在缺陷、缺陷大小及缺陷的位置。如图 13-9 所示。

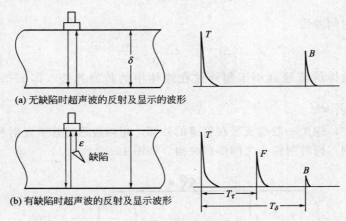

(a) 无缺陷时超声波的反射及显示的波形

(b) 有缺陷时超声波的反射及显示波形

图 13-9　超声波探伤

纵波探测分一次反射波法和多次反射波法。

一次反射波按时间顺序屏幕上显示发射波、表面反射波和底面反射波。若工件内部有缺陷，对超声波有较强的吸收，底波幅度减小。

多次反射波以多次底波反射为依据。底波反射回探头时，一部分声波被探头接收，另一部分又返回底部，多次反射，直至声能全部衰减完为止。

当试件有缺陷时，声波衰减很大，底波反射次数减少，直至消失，由此判断有无缺陷及缺陷的严重程度。

② 表面波探伤　如图 13-10 所示。当超声波的入射角 α 超过一定值后，折射角 β 可达到 90°，这时固体表面受到超声波能量引起的交替变化的表面张力作

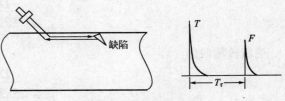

图 13-10　表面波探伤

用，质点在介质表面的平衡位置附近作椭圆轨迹振动，这种振动称为表面波。当工件表面存在缺陷时，表面波被反射回探头，可以在荧光屏上显示出来。

（2）超声波流量计

超声波流量传感器的测定原理是多样的，如传播速度变化法、波速移动法、多普勒效应法、流动听声法等。但目前应用较广的主要是超声波传输时间差法。

超声波在流体中传输时，在静止流体和流动流体中的传输速度是不同的，利用这一特点可以求出流体的速度，再根据管道流体的截面积，便可知道流体的流量。

① 时间差法　在流体中设置两个发射/接收超声波探头 A、B，流体的上、下游各安装一个，其间距离为 L，如图 13-11 所示。

设流体流动速度为 v，顺流方向流体从 A 到 B 的时间为 t_1，逆流方向流体从 B 到 A 的

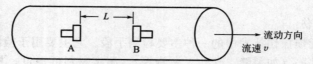

图 13-11　超声波流量传感器位置

时间为 t_2，流态时超声波传输速度为 c，则

$$t_1 = \frac{L}{c+v}, \quad t_2 = \frac{L}{c-v}$$

超声波传播时间差为

$$\Delta t = t_2 - t_1 = \frac{2Lv}{c^2 - v^2}$$

一般来说，流体的流速远小于超声波在流体中的传播速度，即 $c^2 \gg v^2$，那么，$\Delta t \approx \frac{2Lv}{c^2}$，则流速 $v = \frac{c^2}{2L}\Delta t$。

在实际应用中，探头一般都安装在管道的外部，超声波透过管壁发射和接收，不会给管道内流体带来影响，同时两探头之间形成夹角。如图 13-12 所示。

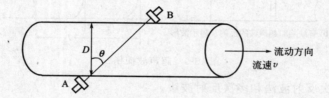

图 13-12　超声波流量传感器管外安装位置

此时超声波的传输时间及时间差是
顺流传输时间

$$t_1 = \frac{\dfrac{D}{\cos\theta}}{c + v\sin\theta}$$

逆流传输时间

$$t_2 = \frac{\dfrac{D}{\cos\theta}}{c - v\sin\theta}$$

当 $c \gg v\sin\theta$ 时，时差为

$$\Delta t = t_2 - t_1 = \frac{\dfrac{D}{\cos\theta}}{c - v\sin\theta} - \frac{\dfrac{D}{\cos\theta}}{c + v\sin\theta} \approx \frac{2vD\tan\theta}{c^2}$$

则流体的平均流速为 $v = \dfrac{c^2 \Delta t}{2D\tan\theta}$。

该方法测量精度取决于时间差的测量精度，且 c 是温度的函数，高精度测量需进行温度补偿。

超声波流量传感器具有不阻碍流体流动的特点，可测的流体种类很多，不论是非导电的流体、高黏度的流体，还是浆状流体，只要能传输超声波的流体都可以进行测量。

② 频率差法　频率差法探头安装位置同图 13-12。

测量顺流发射频率 f_1 与逆流发射频率 f_2，则频率差 $\Delta f=f_1-f_2\approx\dfrac{\sin2\theta}{D}v$。

可以看出，被测流速 v 与频率差 Δf 成正比，且与声速 c 无关。由于 c 是温度的函数，所以频率差法可以克服温度的影响。

（3）超声波物位传感器

超声波物位传感器是利用超声波在两种介质的分界面上的反射特性而制成的。

如果测得探头从发出超声脉冲到达液面，经液面反射又被探头接收所花费的时间。并且知道声波在介质中传播速度，即可求出探头与液面之间的距离。实现液位或物位的测量。

超声波发射和接收换能器可浸入液体中，让超声波在液体中传播。由于超声波在液体中衰减比较小，所以即使发生的超声脉冲幅度较小也可以传播。

超声波发射和接收换能器也可以安装在液面的上方，让超声波在空气中传播，这种方式便于安装和维修，但超声波在空气中的衰减比较厉害。

根据发射和接收换能器的功能，传感器可分为单换能器和双换能器。单换能器的传感器发射和接收超声波均使用一个换能器，而双换能器的传感器发射和接收各由一个换能器担任。

① 单换能器物位测量　单换能器物位测量示意图见图 13-13。

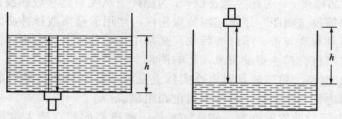

图 13-13　单换能器物位测量示意图

对于单换能器来说，超声波从发射到液面，又从液面反射到换能器的时间为 $t=\dfrac{2h}{v}$，则换能器距液面的距离 $h=\dfrac{vt}{2}$。式中，v 为超声波在介质中传播的速度。

② 双换能器物位测量　双换能器物位测量示意图见图 13-14。

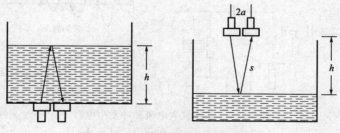

图 13-14　双换能器物位测量示意图

对于双换能器来说，超声波从发射到被接收经过的路程为 $2s$，而 $s=\dfrac{ct}{2}$。因此，液位高度为 $h=\sqrt{s^2-a^2}$。式中，s 为超声波从反射点到换能器的距离；a 为两换能器间距之半。

从以上公式中可以看出，只要测得超声波脉冲从发射到接收的间隔时间，便可以求得待测的物位。

超声物位传感器具有精度高和使用寿命长的特点，但若液体中有气泡或液面发生波动，便会有较大的误差。在一般使用条件下，它的测量误差为±0.1%，检测物位的范围为 $10^{-2} \sim 10^4$ m。

（4）超声波测厚仪

超声波测厚仪按其工作原理可以分为共振法、干涉法及脉冲回波法等几种。由于脉冲反射法不涉及共振机理，与被测物表面的光洁程度关系不密切，所以，超声波脉冲反射法是最常用的一种测厚方法。

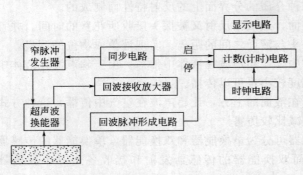

图 13-15　脉冲反射式超声测厚原理图

① 测量原理　脉冲反射式超声测厚原理是测量超声波脉冲通过试样所需的时间间隔，然后根据超声波脉冲在样品中的传播速度求出样品厚度。图 13-15 为脉冲反射式超声测厚原理图。

样品厚度

$$d = \frac{ct}{2}$$

式中，d 为样品厚度；c 为超声波速度；t 为超声波从发射到接收回波的时间间隔。

无论是超声测厚仪（测距）还是超声波探伤仪，使用的超声波脉冲必须是窄脉冲，所以超声波换能器（应具有宽频带、窄脉冲特性）必须用窄脉冲激励。否则，发射脉冲与反射脉冲以及反射脉冲之间将会产生重叠现象，影响测量。

② 超声波发射电路　超声波发射电路实际上是超声波窄脉冲信号形成电路，它由超声波大电流脉冲发射电路和抵消法窄脉冲发射电路组成。

• 超声波大电流脉冲发射电路。图 13-16 是一种典型的超声波大电流脉冲发射电路原理图。在测厚仪中，通常采用复合晶体管作开关电路。当同步脉冲到来时，复合管突然雪崩导通，充有较高电压的电容 C 迅速放电，形成前沿极陡的高压冲击，以激励超声波探头产生超声发射脉冲波。

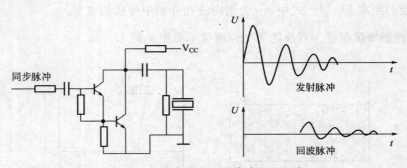

图 13-16　超声波大电流脉冲发生电路

• 抵消法窄脉冲发射电路。抵消法窄脉冲发射电路见图 13-17。

抵消法窄脉冲发射电路能发射一个只保留前半周期的窄脉冲信号。

从主控器来的正脉冲信号经过两条通路施加到换能器上。一路是经 VT_2 倒相放大成为负脉冲，通过 VD_1 加到换能器上，使它开始作固有振荡。

另一路是先经过电感 L_1、L_2 和变容二极管 VD_3、VD_4 组成的延迟电路，使脉冲信号延迟一段时间，然后再经 VT_1 倒相放大，通过 VD_2 加到换能器上，使它在原来振动的基础

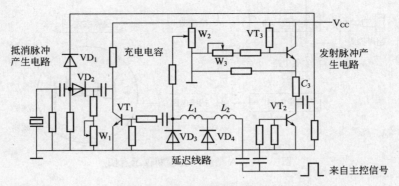

图 13-17　抵消法窄脉冲发射电路

上，选加一个振动。调节电位器 W_1 和 W_3 可控制两脉冲信号的幅度；调节 W_2 可以改变变容二极管 VD_3 和 VD_4 的结电容，从而使脉冲信号的延迟时间在一定范围内变化。通过调节幅度与滞后量，可使两个振动互相叠加后，除了开始的半个周期外，其余部分都因振幅相等、相位相反而互相抵消，使换能器输出窄脉冲。

③ 超声波接收电路　由于超声波的反射信号是很微弱的脉冲信号，因此，接收电路设计必须考虑如下因素。

- 足够大的增益，至少要 60dB 的增益，这时既要防止放大器的饱和又要防止其自激。
- 脉冲放大电路与接收换能器之间的阻抗要匹配，使接收灵敏度与信噪比最佳。
- 放大器要以足够宽的频带，使脉冲信号不失真。
- 前置级放大电路必须是低噪声的。

由于换能器是容性的，通常选用共射-共集连接的宽频带放大器。

（5）超声波诊断仪

超声波诊断仪是通过向人体内发射超声波（主要采用纵波），然后接收经人体各组织反射回来的超声波信号并加以处理和显示，根据超声波在人体不同组织中传播特性的差异进行诊断的。超声波诊断仪最常用的有 A 型超声波诊断仪、M 型超声波心动图仪和 B 型超声波断层显像仪等。

① A 型超声波诊断仪　A 型超声波诊断仪又称为振幅（Amplitude）型诊断仪，其原理类似示波器，所不同的是在垂直通道中增加了检波器，以便把正负交变的脉冲调制信号变成单向的视频脉冲信号，如图 13-18 所示。

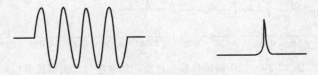

图 13-18　A 型超声波诊断仪波形

A 型超声波诊断仪结构示意图见图 13-19。

同步电路产生 50Hz～20kHz 的同步脉冲，该脉冲触发扫描电路产生锯齿波电压信号，锯齿波电压信号的频率与超声波脉冲的重复频率相同，而且与视频信号同步。

发射电路在同步脉冲作用下，产生一高频调幅振荡，产生调幅波。

发射电路一方面将调幅波送入高频放大器放大，使荧光屏上显示发射脉冲（如荧光屏上的第一个脉冲），另一方面将调幅波送到超声波探头，激励探头产生一次超声振荡，超声波

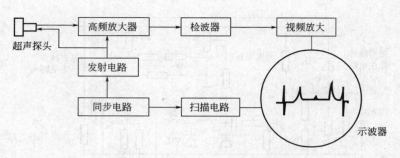

图 13-19 A 型超声波诊断仪示意图

进入人体后的反射波由探头接收并转换成电压信号,该电压信号经高频放大器放大、检波、功率放大,在荧光屏上将显示出一系列的回波,它们代表着各组织的特性和状况。

② M 型超声波诊断仪 M 型超声波诊断仪主要用于运动器官的诊断,常用于心脏疾病的诊断,故又称为超声波心动图仪。它是在 A 型超声波诊断仪的基础上发展起来的一种辉度调制式仪器。它与 A 型超声波诊断仪的不同点是 M 型的发射波和回波信号不是加到示波管的垂直偏转板上,而是加到示波管的栅极或阴极上来控制到达示波管的电子束的强度。脉冲信号幅度高,荧光屏的光点亮;反之,光点暗。光点的纵坐标代表与回波信号相对应的点到体表的距离,横坐标则表示不同时刻,这种显示方式最适用于观察运动器官的动作情况。

实际操作时,将探头固定在某一部位,如心脏部位。由于心脏搏动,各层组织与探头的距离而不同,在荧光屏上会呈现随心脏搏动而上下摆动的一系列光点,当代表时间的扫描线沿水平方向从左至右等速移动时,上下摆动的光点便横向展开,得到心动周期、心脏各层组织结构随时间变化的活动曲线,这就是超声心动图。

由 M 型超声波诊断仪显示得到的位移曲线,对时间微分可以得到速度曲线和加速度曲线,如图 13-20 所示。利用这些曲线,比较容易判断某些运动器官的疾病。

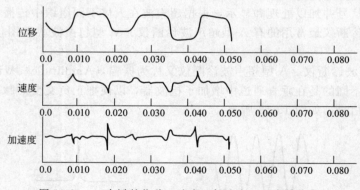

图 13-20 二尖瓣的位移、速度、加速度(二尖瓣狭窄)

③ B 型超声波诊断仪 B 型超声波诊断仪(简称为 B 超,其成像方式称为 B 型成像方式)是在 M 型诊断仪的基础上发展起来的辉度调制(Brightness Modulation)式诊断仪。B 型成像方式所得到的是与声束传播方向垂直的物体断面的图像,声束沿 z 方向传播,沿 x 方向扫描,逐次照射物体的不同区域,并接收声束所达区域内物体的散射声信号,将声信号幅度调制成荧光屏上相应位置的光点亮度,从而获得声束扫描断面内与声散射信号幅度对应的图像。扫描方式主要有线扫描和扇形扫描两种。

虽然 B 型和 M 型诊断同均属辉度调制式仪器,但是存在两个显著的不同点。

• 当 M 型超声波诊断仪工作时，探头固定在某一点，超声波定向发射；而 B 型超声波诊断仪工作时，探头是连续移动，或者探头不动而发射的超声波束不断地变动传播方向。探头由人手移动的称为手动扫描，用机械移动的称为机械扫描，用电子线路变动超声波束方向的称为电子扫描。实际工作时这两种扫描联合动作。

• M 型超声波诊断仪显示的是超声心动图像，而 B 型超声诊断仪显示的是人体组织的二维断层图像。B 型超声诊断仪要接收两种信息，一种是超声回波的强度信息，另一种是超声探头的位置信息。由探头发射和接收的超声波经电路处理后，将视频脉冲输送到存储示波管的栅极进行调解。此外，把探头在空间的某一位置定为参考位置，偏离参考位置的角度经位置传感器转换成电压加至示波管的 X，Y 偏转板上，使得探头移动线（声束截面上反射组织的 X-Y 位置）与荧光屏上亮点的 X-Y 位置相对应，于是在荧光屏上便可显示出人体内器官的影像图。

(6) 超声波空化作用

在流体动力学中指出，存在于液体中的微气泡（空化核）在声场的作用下振动，当声压达到一定值时，气泡将迅速膨胀，然后突然闭合，在气泡闭合时广生冲击波，这种膨胀、闭合、振动等一系列动力学过程称为声空化。这种声空化现象是超声学及其应用的基础之一。

液体产生空化作用与介质的温度、压力、空化核半径、含气量、声强、黏滞性、频率等因素有关。一般情况下，温度高易于空化；声强高也易于空化；频率高，空化阈值高，不易于空化。例如，在 15kHz 时，产生空化的声强只需要 0.16～2.6W/cm² ；而频率在 500kHz 时，所需要的声强则为 100～400W/cm² 。

在空化中，气泡闭合时所产生的冲击波强度最大。设气泡膨胀时的最大半径为 R_m，气泡闭合时的最小半径为 R，从膨胀到闭合，在距气泡中心为 $1.587R$ 处产生的最大压力可达到 $p_{max} = p_0 4^{-\frac{4}{3}} \left(\dfrac{R_m}{R} \right)$。

当 $R \to 0$ 时， $p_{max} \to \infty$。根据上式一般估算，局部压力可达到上千个大气压，由此足以看出空化的巨大作用。

超声波空化作用在清洗、分散、粉碎等方面得到了充分应用。

 思考题

1. 超声波在介质中传播具有哪些特性？
2. 简述超声波测量流量的工作原理，并推导出数学表达式。
3. 在脉冲回波法测量物位时，用何种方法测量时间间隔 t？若已知超声波传感器垂直安装在被测介质底部，超声波在被测介质中的传播速度为 1460m/s，测得时同间隔为 $28\mu s$，试求出物位高度。
4. 超声波物位测量有几种方式？各有什么特点？
5. 利用超声波测量厚度的基本原理是什么？试设计一个超声波液位检测仪。

第14章

其他类型传感器

14.1 机器人传感器

机器人可以被定义为计算机控制的能模拟人的感觉、手工操纵，具有自动行走能力而又足以完成有效工作的装置。按照其功能，机器人已经发展到了第三代，而传感器在机器人的发展过程中起着举足轻重的作用。机器人传感器可以定义为一种能将机器人目标物特性（或参量）变换为电量输出的装置，称为机器人的电五官。

机器人传感器大致分为机器人内部传感器和外界环境传感器两个部分。

内部检测传感器是以机器人本身的坐标轴来确定其位置，它通常由位置、加速度、速度及压力传感器组成。

外界检测传感器用于机器人对周围环境、目标物的状态特征获取信息，从而使机器人对环境有自校正和自适应能力，通常包括触觉、接近觉、视觉、听觉、嗅觉、味觉等传感器。

14.1.1 触觉传感器

人的皮肤内分布着多种感受器，能产生多种感觉。一般认为皮肤感觉主要有四种，即触觉、冷觉、温觉和痛觉。而机器人的"皮肤"实际上是一种由许多单个触觉传感器组合在一起的阵列式触觉传感器，如图 14-1 所示。其密度较大、体积较小、精度较高。"人工皮肤"传感器可用于表面形状和表面特性的检测。

（1）机器人的触觉

机器人触觉，实际上是人的触觉的某些模仿。它是有关机器人和对象物之间直接接触的感觉，包括的内容较多，通常指以下几种。

① 触觉　手指与被测物是否接触，接触图形的检测。

② 压觉　压觉指的是对于手指给予被测物的力，或者加在手指上的外力的感觉。对机器人来说，是垂直于机器人和对象物接触面上的力。压觉传感器主要是分布型压觉传感器，即通过把分散敏感元件阵列排列成矩阵式格子来设计成的。导电橡胶、感应高分子、应变计、光电器件和霍尔元件常被用作敏感元件单元。

③ 力觉　机器人动作时各自由度的力感觉。力觉传感器的作用有：感知是否夹起了工件或是否夹持在正确部位；控制装配、打磨、研磨抛光的质量；装配中提供信息，以产生后续的修正补偿运动来保证装配的质量和速度；防止碰撞、卡死和损坏机件。用于力觉传感器的主要有应变式、压电式、电容式、光电式和电磁式等。

④ 滑觉　物体向着垂直于手指把握面的方向移动或变形。机器人要抓住属性未知的物体时，必须确定自己最适当的握力目标值，因此需检测出握力不够时所产生的物体滑动。利用这一信号，在不损坏物体的情况下，牢牢抓住物体，为此目的设计的滑动检测器，叫作滑觉传感器。图 14-2 所示为一种球形滑觉传感器。球与被握物体相接触，无论滑动方向如何，只要球一转动，传感器就会产生脉冲输出。

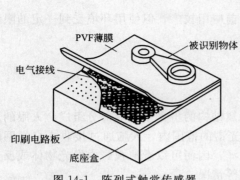

图 14-1 阵列式触觉传感器

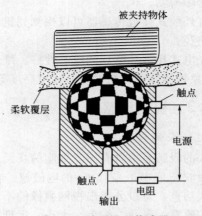

图 14-2 球形滑觉传感器

（2）机器人触觉的主要功能

① 检测功能 对操作物进行物理性质检测，如光滑性、硬度等，其目的是：感知危险状态，实施自我保护；灵活地控制手爪及关节以操作对象物；使操作具有适应性和顺从性。

② 识别功能 识别对象物的形状（如识别接触到的表面形状）。

14.1.2 接近觉传感器

接近觉是机器人能感知相距几毫米至几十厘米内对象物或障碍物的距离、对象物的表面性质等的传感器。其目的是在接触对象前得到必要的信息，以便后续动作。

（1）电磁式

电磁式接近传感器如图 14-3 所示，加有高频信号 i_s 的励磁线圈 L 产生的高频电磁场作用于金属板，在其中产生涡流，该涡流反作用于线圈。

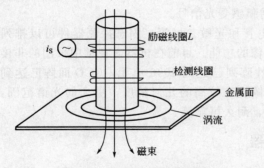

图 14-3 电磁式接近传感器

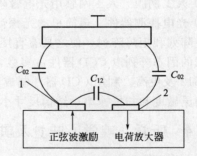

图 14-4 电容式接近传感器

通过检测线圈的输出可反映出传感器与被接近金属间的距离。

（2）电容式

电容式接近传感器如图 14-4 所示。利用电容量的变化产生接近觉。传感器本身作为一个极板，被接近物作为另一个极板。将该电容接入电桥电路或 RC 振荡电路，利用电容极板距离的变化产生电容的变化，可检测出与被接近物的距离。

电容式接近传感器具有对物体的颜色、构造和表面都不敏感且实时性好的优点。

（3）超声波式、红外线式、光电式

超声波式接近传感器适于较长距离和较大物体的探测，一般把它用于机器人的路径探测和躲避障碍物。

红外线式接近传感器可以探测到机器人是否靠近人或其他热源，用于保护和改变机器人行走路径。

光电式接近传感器的应答性好，维修方便，目前应用较广，但使用环境受到一定的限制（如对象物体颜色、粗糙度、环境亮度等）。

14.1.3 视觉传感器

（1）人的视觉

人的眼睛是由含有感光细胞的视网膜和作为附属结构的折光系统等部分组成。人眼的适宜刺激波长是 370～740nm 的电磁波。在这个可见光谱的范围内，人脑通过接收来自视网膜的传入信息，可以分辨出视网膜像的不同亮度和色泽，因而可以看清视野内发光物体或反光物体的轮廓、形状、颜色、大小、远近和表面细节等情况。

人眼视网膜上有两种感光细胞，视锥细胞主要感受白天的景象，视杆细胞感受夜间景象。人的视锥细胞大约有 700 多万个，是听觉细胞的 3000 多万倍。

（2）机器人视觉

机器人的视觉系统通常是利用光电传感器构成的。机器人的视觉作用的过程如图 14-5 所示。

图 14-5　视觉作用过程

机器人视觉系统要能达到实用，至少要满足以下几方面的要求：首先是实时性，其次是可靠性，再次是要求有柔性，最后是价格适中。

在空间中判断物体的位置和形状一般需要两类信息：距离信息和明暗信息。

获得距离信息的方法可以有超声波、激光反射法、立体摄像法等，而明暗信息主要靠电视摄像机、CCD 固态摄像机来获得。

（3）视觉传感器

① 人工网膜　人工网膜用光电管阵列代替网膜感受光信号。

② 光电探测器件　最简单的光探测器是光电管和光敏二极管。固态探测器件可以排列成线性阵列和矩阵阵列，使之具有直接测量或摄像的功能。目前在机器人视觉中采用的非接触测试的固态阵列以 CCD 器件占多数，单个线性阵列已达到 4096 单元，CCD 面阵已达到 512×512 及更高。利用 CCD 器件制成的固态摄像机有较高的几何精度，更大的光谱范围，更高的灵敏度和扫描速率，结构尺寸小，功耗小，耐久可靠等。

14.1.4 听觉、嗅觉、味觉及其他传感器

（1）听觉

人的听觉的外周感受器官是耳，耳的适宜刺激是一定频率范围内的声波振动。

听觉也是机器人的重要感觉器官之一。从应用的目的来看，可以将识别声音的系统分为两大类：发音人识别系统和语义识别系统。

机器人听觉系统中的听觉传感器的基本形态与麦克风相同，多为利用压电效应、磁电效应等。识别系统借助于计算机技术和语言学编制的计算机软件。

（2）嗅觉

人的嗅觉感受器是位于上鼻道及鼻中隔后上部的嗅上皮，两侧总面积约 5cm^2。不同性质的气味刺激有其相对专用的感受位点和传输线路。非基本的气味则由它们在不同线路上引

起的不同数量冲动的组合，在中枢引起特有的主观嗅觉感受。

机器人的嗅觉用于检测空气中的化学成分、浓度；用于检测放射线、可燃气体及有毒气体；用于了解环境污染、预防火灾和毒气泄漏报警。

机器人的嗅觉传感器主要是采用气体传感器、射线传感器等。

（3）味觉

人的味觉感受器是味蕾，主要分布在口腔内及舌部。味蕾由味觉细胞组成，是味觉感受器的关键部位。

要做出一个好的机器人味觉传感器，还要通过努力，在发展离子传感器与生物传感器的基础上，配合微型计算机进行信息的组合来识别各种味道。

14.2　谐振式传感器

14.2.1　谐振式传感器概述

自从人类创造了音乐，谐振技术就问世了。远古石器时代的人已会应用长度和直径不同的乐管吹奏不同的音调。后来发展了弦乐器和乐鼓，改变弦的粗细和长度，或者改变鼓皮的张紧度和厚度，就可改变它们的发声频率。然而，在传感器上利用谐振技术却是从 20 世纪70 年代才开始的。

基于谐振技术的谐振式传感器，本身为周期信号输出，只需用简单的数字电路即可转换为微处理器容易接受的数字信号，便于与计算机连接和远距离传输；传感器系统是一个闭环结构，处于谐振状态，决定了传感器系统的输出自动跟踪输入；谐振子固有的谐振特性，决定其具有高的灵敏度和分辨率；相对于谐振子的振动能量，系统的功耗是极小量。表明传感器系统的抗干扰性强，稳定性好。

谐振式传感器适于多种参数测量，如压力、力、转角、流量、温度、湿度、液位、黏度、密度和气体成分等，使得这类传感器已发展成为一个新的传感器家族。

目前的谐振式传感器种类很多，包括以精密合金用精密机械加工制成的谐振筒、谐振梁、谐振膜、谐振弯管；以及利用微机械加工技术，以硅和石英为基底制出的微结构谐振式传感器；声表面波传感器则是一种基于高的机械振动频率的谐振式传感器。

14.2.2　谐振式传感器工作原理

谐振式传感器原理示意图见图 14-6。

谐振子即谐振敏感元件，是传感器的核心元件，工作时以其自身固有的振动模态持续振动。谐振子的振动特性直接影响谐振式传感器的性能。谐振子有多种，包括谐振梁、复合音叉、谐振筒等。

信号检测器和激励器实现机电转换，提供闭环自激的条件。激励方式有电磁、静电、（逆）压电效应等；检测方式有磁电、电容、（正）压电效应、光电检测等。

放大器用于调节信号的幅值和相位，使系统可靠稳定地工作于闭环自激状态。

系统检测输出装置用于检测周期信号的频率、幅值或相位。

补偿装置主要对温度误差进行补偿。

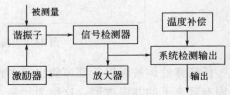

图 14-6　谐振式传感器原理示意图

谐振子的 Q 值定义为

$$Q = \frac{\text{每周平均储存的能量}}{\text{每周由阻尼损耗的能量}}$$

由定义可见，Q 值表示阻尼的大小及消耗能量快慢的程度。Q 值越高，相对于储存的能量来说所需付出的能量就少，储能效率就越高，谐振频率稳定度越好，传感器也就越稳定，抗外界振动干扰的能力越强，传感器的重复性就越好。

高 Q 值的谐振子对于构成闭环自激系统及提高系统的性能是有利的，应采取各种措施提高谐振子的 Q 值。

影响谐振子 Q 值的主要因素：材料自身的特性，加工工艺，谐振子的结构以及使用环境等。

14.2.3 振动筒式传感器

振动筒式压力传感器是一种典型的谐振式传感器，利用振动筒的固有频率来测量压力。

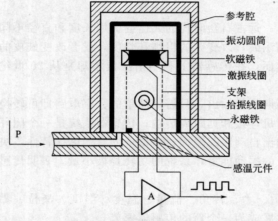

图 14-7 绝对压力测量振动筒压力传感器结构图

绝对压力测量振动筒压力传感器结构图见图 14-7。

振动筒压力传感器大致分以下几个部分。

① 振动圆筒 为传感器的敏感元件，通常为壁厚仅为 0.08mm 左右的薄壁圆筒。改变筒壁的厚度，可以获得不同的测压范围。圆筒材料必须是能够构成闭环磁路的磁性材料，应具有很低的弹性温度系数。

② 激振线圈与拾振线圈 激振线圈和拾振线圈在筒内相隔一定距离成十字交叉排列，以防止或尽量减少两只线圈的耦合作用。

③ 基座 基座上安装有振动圆筒和线圈组件，并有通入被测压力的进气孔。

④ 屏蔽与外壳 避免外界电磁场的干扰，要加屏蔽，有时外壳也可代替屏蔽。

（1）工作过程

振动筒式压力传感器原理图如图 14-8 所示。

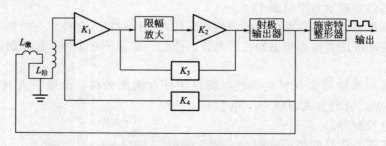

图 14-8 振动筒式压力传感器原理图

任何弹性体被激振后都可能出现多种振动波形。一般情况下，对弹性体系统只考虑其最低固有频率下的共振波形，这称为"基本振形"。

薄壁圆筒的振动可以分为两个方向来考虑：轴向截面的振动和径向截面的振动。图14-9

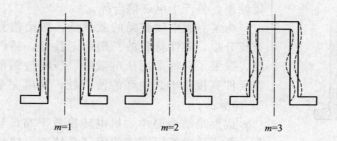

图 14-9　几种轴向振形

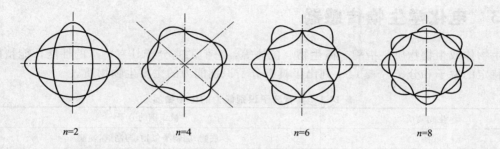

图 14-10　几种径向振形

和图 14-10 是几种不同的振形。

　　当 $m=n=4$ 时，较容易启振，抗干扰能力强，具有很高的灵敏度；$m=1$、$n=4$ 振形图如图 14-11 所示。

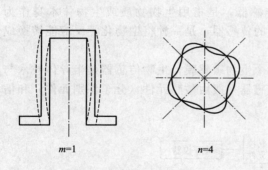

图 14-11　$m=1$、$n=4$ 振形图

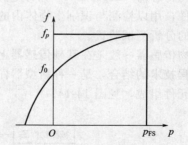

图 14-12　压力-频率输出特性

　　当振筒不受压力时，筒内外的压力相等，如果忽略介质质量、金属内摩擦，以及气体介质的黏滞阻尼，则振筒在零压力下的固有频率 f_0 仅和振筒材料、形状尺寸有关。压力-频率输出特性如图 14-12 所示，当满足一定条件时，可以得到传感器输出频率与压力的关系式为：

$$f_p=f_0\sqrt{1+Ap}$$

　　其中，p 为待测压力；A 为圆筒常数，与圆筒材料和物理尺寸有关，当压力通入振筒内时取正值，通入外腔时取负值。

　　（2）激励方式

　　电磁方式激励、拾振最突出的优点是与壳体无接触。但电磁转换效率低，磁性材料的稳

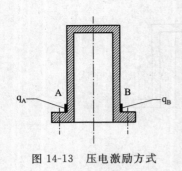

图 14-13 压电激励方式

定性差，易产生电磁耦合等。

为了克服电磁激励的效率低，激励信号中需引入较大的直流分量，磁性材料的长期稳定性差，易产生电磁耦合等不足，发展了一种采用压电激励、压电拾振的新方案，压电陶瓷元件直接贴于圆柱壳的波节处，筒内完全形成空腔。如图 14-13 所示。

优点是结构简单，机电转换效率高，易于小型化，功耗低，便于构成不同方式的闭环系统等。缺点是迟滞误差较电磁方式略大些。

14.3 电化学生物传感器

生物体或生物物质是指酶、微生物、抗体等，它们的高分子具有特殊的性能，能精确地识别特定的原子和分子。表 14-1 列出了具有分子识别能力的主要生物物质。

表 14-1 具有分子识别能力的生物物质

生物物质	被识别的分子
酶	底物，底物类似物，抑制剂，辅酶
抗体	抗原，抗原类似物
结合蛋白质	维生素 H，维生素 A 等
植物凝血素	糖链，具有糖链的分子或细胞
激素受体	激素

生物传感器（Biosensor）亦称电化学生物传感器，是指用生物物质或生物体本身作为敏感元件，用以检测与识别生物体内的化学成分的传感器，是一种将生物化学反应能转换成电信号的分析测试装置。

生物传感器一般是在基础传感器上再耦合一个生物敏感膜，生物传感器是半导体技术与生物工程技术的结合，是一种新型器件。生物传感器一般由敏感元件（分子识别元件）和信号转换元件组成，见图 14-14。

图 14-14 生物传感器基本构成示意图

电化学生物传感器大致有这样几类：酶传感器、免疫传感器、组织传感器和细胞传感器。

14.3.1 酶传感器

酶传感器的基本原理是用电化学装置检测酶在催化反应中生成或消耗的物质（电极活性物质），将其变换成电信号输出。

固定化酶传感器是由 Pt 阳极和 Ag 阴极组成的极谱记录式 H_2O_2 电极与固定化酶膜构成的。它通过电化学装置测定由酶反应生成或消耗的离子，通过电化学方法测定电极活性物质的数量，以测定被测成分的浓度。

（1）酶的固定化技术

① 惰性载体——物理吸附法　酶分子通过极性键、氢键、疏水力或 π 电子相互作用等吸附于不溶性载体上。常用的载体有：多孔玻璃、活性炭、氧化铝、石英砂、纤维素酯、葡聚糖、琼脂精、聚氯乙烯、聚苯乙烯等。已用此法固定化的酶有脂肪酶、α-D 葡萄糖苷酶、过氧化物酶等。

② 离子载体——交换法　选用具有离子交换剂的载体，在适宜的 pH 下，使酶分子与离子交换剂通过离子键结合起来，形成固定化酶。常用的带有离子交换剂的载体有 DEAE _ 纤维素、TEAE _ 纤维素、AE _ 纤维素、CM _ 纤维素、DEAE _ 葡萄糖、肌酸激酶。

③ 活化载体——共价结合法　共价结合法有重氮法、叠氮法、卤化氰法、缩合法、烷基化法等。

④ 物理包埋法　将酶分子包埋在凝胶的细微格子里制成固定化。常用的有凝胶聚丙烯酰胺、淀粉、明胶、聚乙烯醇、海藻酸钙、硅树脂等。用凝胶包埋法制备的固定化酶有木瓜蛋白酶、纤维素酶、乳酸脱氢酶。

（2）酶传感器应用

① 葡萄糖传感器　测定血液和尿中葡萄糖浓度对糖尿病患者作临床检查是很必要的。

现已研究出对葡萄糖氧化反应起一种特异催化作用的酶——葡萄糖氧化酶（GOD），并研究出用它来测定葡萄糖浓度的葡萄糖传感器。

② 微生物传感器　酶传感器利用单一的酶，而微生物传感器利用了复合酶，即多种酶有机组合。

微生物的种类是非常多的，菌体中的复合酶、能量再生系统、辅助酶再生系统、微生物的呼吸及新陈代谢为代表的全部生理机能都可以加以利用。

因此，用微生物代替酶，有可能获得具有复杂及高功能的生物传感器。

微生物传感器是由微生物固定化膜及电化学装置组成，如图 14-15 所示。微生物膜的固定化法与酶的固定方式相同。

图 14-15　微生物传感器基本结构

由于微生物有好氧与厌氧之分，则传感器也根据这一物性而有所区别：好氧性微生物传感器将微生物呼吸量转化为电流值来测定；厌氧性微生物传感器利用 CO_2 电极或离子选择电极测定代谢产物。

14.3.2　免疫传感器

抗原是能够刺激动物机体产生免疫反应的物质。抗体是由抗原刺激机体产生的具有特异免疫功能的球蛋白，又称免疫球蛋白。

抗原与抗体一经固定于膜上，就形成具有识别免疫反应强烈的分子功能性膜。根据抗体膜的膜电位的变化，就可测定抗原的吸附量。免疫传感器就是根据这种原理而研制。

酶联免疫吸附测定法临床应用如下。

酶电极在 40nL 的微池中检测 D-Dimer 浓度应用于临床试验。检测到 D-Dimer 浓度范围为 0.1～100nmol/L，抚育时间从几小时减少到 5min。

利用抗原抗体反应前后电位的变化检测 B 型肝炎抗原。检测浓度范围为 4～800ng/mL，检测限达 1.3ng/mL。此方法比常规检测更加直接、快速、简单。

14.3.3 细胞传感器

以动植物细胞作为生物敏感膜的电化学传感器称为细胞传感器（细胞电极），此系酶电极的衍生型电极。动植物细胞中的酶是反应的催化剂。

与酶电极比较，细胞电极酶活性较离析酶高；酶的稳定性增大；材料易于获得。

细胞传感器可用于诊断早期癌症，用人类脐静脉内皮细胞通过三乙酸纤维素膜固定在离子选择性电极上作为传感器，肿瘤细胞中 VEGF 刺激细胞使电极电位发生变化，从而测得 VEGF 浓度来诊断癌症。

14.3.4 其他生物传感器

（1）半导体生物传感器

半导体生物传感器是由半导体传感器与生物分子功能膜、识别器件所组成。通常用的半导体器件是酶光电二极管和酶场效应管 FET，如图 14-16 所示。因此，半导体生物传感器又称生物场效应晶体管（BiFET）。

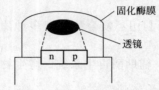
固化酶膜
透镜
n　p

图 14-16 酶光电二极管

半导体生物传感技术将酶和抗体物质（抗原或抗体）加以固定制成功能膜，并把它紧贴于 FET 的栅极绝缘膜上，构成有特殊效果的场效应晶体管。现已研制出酶 FET、尿素 FET、抗体 FET 及青霉素 FET 等。

（2）多功能生物传感器

要求传感器能像细胞检测味道一样能分辨任何形式的多种成分的物质，同时测量多种化学物质，具有这样功能的传感器称为多功能传感器。

实现这种技术的前提是各亲和物质的固定化方法。

目前按电子学方法论进行生物电子学的种种尝试，这种新进展称为第三代产品。

14.3.5 生物传感器的信号转换器

生物传感器的信号转换方式主要有以下几种：化学变化转换为电信号；热变化转换为电信号；光变化转换为电信号；直接诱导电信号方式。其电化学电极有电位型和电流型两种。

$$
电化学电极
\begin{cases}
电位型电极
\begin{cases}
离子选择电极 \\
氧化还原电极
\end{cases} \\
电流型电极——氧电极
\end{cases}
$$

（1）电位型电极

① 离子选择电极　离子选择电极是一类对特定的阳离子或阴离子呈选择性响应的电极，具有快速、灵敏、可靠、价廉等优点。在生物医学领域常直接用它测定体液中的一些成分（例如 H^+，K^+，Na^+，Ca^{2+} 等）。

② 氧化还原电极　氧化还原电极是不同于离子选择电极的另一类电位型电极。这里主要指零类电极。

（2）电流型电极

电化学生物传感器中采用电流型电极为信号转换器的趋势日益增加，这是因为这类电极和电位型电极相比有以下优点。

① 电极的输出直接和被测物浓度呈线性关系，不像电位型电极那样和被测物浓度的对数呈线性关系。

② 电极输出值的读数误差所对应的待测物浓度的相对误差比电位型电极的小。

③ 电极的灵敏度比电位型电极的高。

电流型电极最常用的是氧电极。

有不少酶特别是各种氧化酶和加氧酶在催化底物反应时要用溶解氧为辅助试剂，反应中所消耗的氧量就用氧电极来测定。此外，在微生物电极、免疫电极等生物传感器中也常用氧电极作为信号转换器，因此氧电极在生物传感器中用得很广。

14.4　智能传感器

14.4.1　智能传感器概述

国际电气电子工程师学会（IEEE）在 1998 年通过了智能传感器的定义，即"除产生一个被测量或被控量的正确表示之外，还同时具有简化换能器的综合信息以用于网络环境的功能的传感器"。

简单地说，这种传感器具有一定人工智能，即使用电路代替一部分脑力劳动。近年来传感器越来越多地和微处理机相结合，使传感器不仅有视觉、嗅觉、味觉和听觉的功能，还具有存储、思维和逻辑判断、数据处理、自适应能力等功能，从而使传感器技术提高到一个新水平。

（1）智能传感器的功能

概括而言，智能传感器的主要功能是：具有自校零、自标定、自校正功能；具有自动补偿功能；能够自动采集数据，并对数据进行预处理；能够自动进行检验、自选量程、自寻故障；具有数据存储、记忆与信息处理功能；具有双向通信、标准化数字输出或者符号输出功能；具有判断、决策处理功能。

（2）智能传感器的特点

与传统传感器相比，智能传感器的特点是：精度高；高可靠性与高稳定性；高信噪比与高的分辨力；强的自适应性；低的价格性能比。

由此可见，智能化设计是传感器传统设计中的一次革命，是世界传感器的发展趋势。

（3）典型数字信号处理器

① 微控制器 MCU(Microcontroller Units)　微控制器 MCU 实际上是专用的单片机。其包括微处理器、ROM 和 RAM 存储器、时钟信号发生器和片内输入输出端口 I/O 等。MCU 编程较容易，逻辑运算能力强，可与各种不同类型的外设连接，这为 MCU 增加了设计中的选择能力。

此外，大批量的硅芯片集成生产能力可使系统获得更低成本、更高质量和高可靠性。

② 数字信号处理器 DSP(Digital Signal Processor)　DSP 比一般单片机或 MCU 运算速度快，可供实时信号处理用。

典型的 DSP 可在不到 100ns 的时间内执行数条指令。这种能力使其可获得最高达 20MIPS（百万条指令每秒）的运行速度，是通常 MCU 的 10～20 倍。DSP 经常以 MOPS（百万次操作每秒）的速度工作，MOPS 的速度要高于 MIPS 数倍以上。

③ 专用集成电路 ASIC(Application-Specific Integrated Circuits)　ASIC 技术是利用计算机辅助设计，将可编程逻辑装置（PLD）用于小于 5000 只逻辑门的低密度集成电路上，设计成可编程的低、中密度集成的用户电路，作为数字信号处理硬件使用。ASIC 具有相对低的成本和更短的更新周期。用户电路上附加的逻辑功能可以实现某些特殊传感要求的寻

址。混合信号的 ASIC 则可同时用于模拟信号与数字信号处理。

④ 场编程逻辑门阵列 FPGA（Field-Programmable Gate Arrays）　场编程逻辑门阵列 FPGA以标准单元用于中密度（小于 100000 只逻辑门）高端电路，设计成可编程的高密度集成的用户电路，作为数字信号处理硬件使用。

FPGA 和用于模拟量处理的同系列装置场编程模拟阵列 FPAA 作为传感器接口具有特殊的吸引力。它们具有很强的计算能力，能减小开发周期，在投入使用后还可以再次重新设计信号处理程序，调整传感功能。

⑤ 微型计算机　当然，期望的数字信号处理硬件也可以用微型计算机来实现。这样组合成的计算型智能传感器就不是一个集成单片传感功能装置，而是一个智能传感器系统了。

以后的计算型智能传感器还将进一步利用人工神经网络、人工智能、多重信息融合等技术，从而具备分析、判断、自适应、自学习能力，完成图像识别、特征检测和多维检测等更为复杂的任务。

14.4.2　计算型智能传感器基本结构

计算型智能传感器通常表现为并行的多个基本传感器与期望的数字信号处理硬件结合的传感功能组件，如图 14-17 所示。

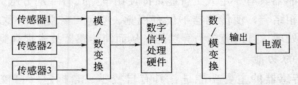

图 14-17　计算型智能传感器基本结构图

期望的数字信号处理硬件安装有专用程序，可以有效地改善测量质量，增加准确性，可以为传感器加入诊断功能和其他形式的智能。

现今已有硅芯片等多种半导体和计算机技术应用于数字信号处理硬件的开发。

14.4.3　智能传感器实例

（1）气象参数测试仪

气象参数测试仪也是一台计算型智能传感器，其结构组成如图 14-18 所示。

① 实现风向、风速、温度、湿度、气压的传感器信号采集。

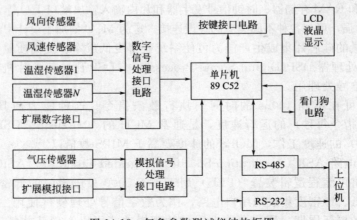

图 14-18　气象参数测试仪结构框图

② 对采集的信号进行处理、显示。

③ 实现与微型计算机的数据通信，传送仪器的工作状态、气象参数数据。

（2）汽车制动性能检测仪

制动性能的检测有路试法和台试法。台试法用得较多，它是通过在制动试验台上对汽车进行制动力的测量，并以车轮制动力的大小和左右车轮制动力的差值来综合评价汽车的制动性能。汽车制动性能检测仪由左轮、右轮制动力传感器及数据采集、处理与输出系统组成，其总体框图如图 14-19 所示。

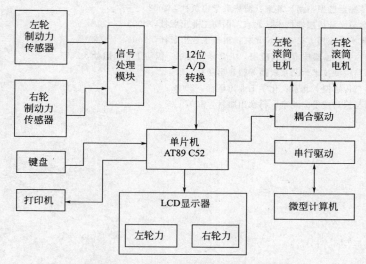

图 14-19　汽车制动性能检测仪总体框图

 思考题

1. 机器人有哪些触觉？各有什么作用？

2. 简述谐振式传感器工作原理。

3. 叙述酶、微生物分子传感器的基本工作原理。它们各有哪些固定生成技术？

4. 简述免疫传感器的基本工作原理。

5. 如何用生物传感器诊断一个人是否得了癌症？

6. 什么是智能传感器？应从哪些方面研究开发智能传感器？

参 考 文 献

[1] 郁有文等编.传感器原理及工程应用.第2版.西安：西安电子科技大学出版社，2005.

[2] 吴道悌主编.非电量电测技术.第2版.西安：西安交通大学出版社，2004.

[3] Ramon Pallas-Areny, John G. Webster 著.传感器与信号调节.第2版.张伦译.北京：清华大学出版社，2003.

[4] 何希才.传感器及其应用实例.北京：机械工业出版社，2004.

[5] 赵巧娥.自动检测与传感器技术.北京：中国电力出版社，2005.

[6] 何道清.传感器与传感器技术.北京：科学出版社，2005.

[7] 曲波.工业常用传感器选型指南.北京：清华大学出版社，2002.

[8] 王玉田.光电子学与光纤传感器技术.北京：国防工业出版社，2003.

[9] 金发庆.传感器技术与应用.第2版.北京：机械工业出版社，2004.

[10] Ahlers Horst 著.多传感器技术及其应用.王磊译.北京：国防工业出版社，2001.

[11] 宋文绪.传感器与检测技术.北京：高等教育出版社，2004.

[12] 陈艾.敏感材料与传感器.北京：化学工业出版社，2004.

[13] 俞志根.传感器与检测技术.北京：科学出版社，2007.